# DIGITAL SERIES

未来へつなぐ
デジタルシリーズ

# モバイルネットワーク

水野忠則
内藤克浩　監修

北須賀輝明　奥村幸彦　江原正規
鈴木秀和　鈴木信雄　内藤克浩
稲村　浩　吉廣卓哉　梶　克彦
太田　賢　森野博章　村尾和哉　著
今井哲朗　神崎映光

# 33

共立出版

# Connection to the Future with Digital Series
## 未来へつなぐ デジタルシリーズ

編集委員長： 白鳥則郎（東北大学）

編集委員： 水野忠則（愛知工業大学）
 高橋　修（公立はこだて未来大学）
 岡田謙一（慶應義塾大学）

編集協力委員：片岡信弘（東海大学）
 松平和也（株式会社 システムフロンティア）
 宗森　純（和歌山大学）
 村山優子（岩手県立大学）
 山田圀裕（東海大学）
 吉田幸二（湘南工科大学）
　　　　　（50音順，所属はシリーズ刊行開始時）

# 未来へつなぐ デジタルシリーズ　刊行にあたって

　デジタルという響きも，皆さんの生活の中で当たり前のように使われる世の中となりました．20世紀後半からの科学・技術の進歩は，急速に進んでおりまだまだ収束を迎えることなく，日々加速しています．そのようなこれからの21世紀の科学・技術は，ますます少子高齢化へ向かう社会の変化と地球環境の変化にどう向き合うかが問われています．このような新世紀をより良く生きるためには，20世紀までの読み書き（国語），そろばん（算数）に加えて「デジタル」（情報）に関する基礎と教養が本質的に大切となります．さらには，いかにして人と自然が「共生」するかにむけた，新しい科学・技術のパラダイムを創生することも重要な鍵の1つとなることでしょう．そのために，これからますますデジタル化していく社会を支える未来の人材である若い読者に向けて，その基本となるデジタル社会に関連する新たな教科書の創設を目指して本シリーズを企画しました．

　本シリーズでは，デジタル社会において必要となるテーマが幅広く用意されています．読者はこのシリーズを通して，現代における科学・技術・社会の構造が見えてくるでしょう．また，実際に講義を担当している複数の大学教員による豊富な経験と深い討論に基づいた，いわば"みんなの知恵"を随所に散りばめた「日本一の教科書」の創生を目指しています．読者はそうした深い洞察と経験が盛り込まれたこの「新しい教科書」を読み進めるうちに，自然とこれから社会で自分が何をすればよいのかが身に付くことでしょう．さらに，そういった現場を熟知している複数の大学教員の知識と経験に触れることで，読者の皆さんの視野が広がり，応用への高い展開力もきっと身に付くことでしょう．

　本シリーズを教員の皆さまが，高専，学部や大学院の講義を行う際に活用して頂くことを期待し，祈念しております．また読者諸賢が，本シリーズの想いや得られた知識を後輩へとつなぎ，元気な日本へ向けそれを自らの課題に活かして頂ければ，関係者一同にとって望外の喜びです．最後に，本シリーズ刊行にあたっては，編集委員・編集協力委員，監修者の想いや様々な注文に応えてくださり，素晴らしい原稿を短期間にまとめていただいた執筆者の皆さま方に，この場をお借りし篤くお礼を申し上げます．また，本シリーズの出版に際しては，遅筆な著者を励まし辛抱強く支援していただいた共立出版のご協力に深く感謝いたします．

　　　　「未来を共に創っていきましょう．」

編集委員会<br>
白鳥則郎<br>
水野忠則<br>
高橋　修<br>
岡田謙一

# はじめに

　情報処理学会において，1996年，携帯電話と携帯端末の融合が促進されることの期待を担って，モーバイルコンピューティング研究グループが誕生し，現在，研究会の名称は「モバイルコンピューティングとパーベイシブシステム」と発展してきている．

　モバイルコンピューティングとは，携帯型情報端末を使って移動中や移動先などで情報処理を行うものである．すなわち，無線通信機能を有した携帯型情報端末をネットワークに接続することができ，情報の発信，獲得，共有を必要なときに即座に実行できる情報処理環境がモバイルコンピューティング環境となる．

　研究会設立から20年が過ぎ，モバイルコンピューティング環境は，日常生活において頻繁に使用され，小学生の子供からシルバーの皆さんを初めとする多くの人まで，この環境がなければ1日の生活が過ごせないくらいになっている．

　モバイルコンピューティングの基盤となるものが無線通信である．イタリアの物理学者マルコーニによってモールス信号を用いた無線通信が始まり，無線ネットワークは移動しても利用可能な通信媒体であることもあり，技術革新が続いている．

　無線ネットワークは電波の届く範囲によって，衛星ネットワーク，無線WAN，無線LAN，無線PANおよび短距離無線というように分類される場合が多い．本書で取り上げるモバイルネットワークは，無線ネットワークとほぼ同義語であるが，衛星ネットワークは対象としておらず，無線ネットワークでなく，モバイルネットワークの用語を使用している．

　このようなモバイルネットワークを実現するためには，各種の新しい技術が必要となってくる．それら技術を本書ではわかりやすく，かつ丁寧に説明している．

　本書は次の構成となっており，15週講義用の教科書として使用することを想定している．また，各章の終わりには演習問題を設け，読者の理解度を確認できるようにしている．さらに，参考文献と推薦図書という形で，理解を一層深めることに適した関連の文献を紹介している．

　第1章では，身近なモバイルネットワーク技術の概要として，携帯電話システムの歴史とシステム概要について説明し，今後の関連技術の発展性について述べる．

　第2章では，インターネットをはじめとするコンピュータネットワークの基本技術について説明し，特にインターネットを構成するTCP/IPなどに注目して，どのように相互の情報交換を実現しているのかについて述べる．

　第3章では，スマートフォンをはじめとしたモバイル端末について，ソフトウェアとハードウェアの観点から説明を行い，近年のモバイルアプリケーションがどのように実現されているのかについて述べる．

　第4章では，モバイル通信の特性を決定づける電波伝搬の性質について説明し，モバイルシ

ステムにおいて，電波をどのように取り扱えばよいのかについて，アンテナ技術，無線伝搬路モデル，無線信号レベルの変動モデルに着目して述べる．

第5章では，無線ネットワークを構成するための基礎技術として，無線変復調技術，マルチアクセス技術，複信技術，通信品質改善技術などに注目して，無線通信システムの基礎的な概念について述べる．

第6章では，携帯電話システムの歴史と各世代の携帯電話システムの概要を説明し，今後の携帯電話システムの展望を述べる．

第7章では，無線LANシステムを実現するための要素技術として，無線変復調方式，アクセス制御方式，セキュリティ方式などについて説明し，最新の標準化動向について述べる．

第8章では，無線LANを用いた様々なサービスについて説明し，サービスを構築するために必要とされる技術について述べる．

第9章では，近年トラフィックの分散などのために利用される移動支援技術の要素技術としてMobile IPを主に説明し，サービスでの利用方法について述べる．

第10章では，端末間で自律的なデータ中継を行う無線マルチホップネットワーク技術について，無線メッシュネットワーク，無線センサネットワーク，遅延耐性ネットワーク，自動車アドホックネットワークなどを具体例として説明する．

第11章では，身の回りの機器を接続する無線PAN技術として，汎用的な標準化仕様であるBluetooth, IEEE 802.15.4などに着目して説明する．

第12章では，無線マルチホップネットワーク技術と無線PAN技術を活用することにより，広域の情報収集を実現するセンサネットワークの要素技術について説明する．

第13章では，非接触ICカード技術であるRFIDのシステム概要と要素技術について，特にパッシブ型RFタグであるHF帯タグとUFH帯タグについて説明する．

第14章では，端末の位置推定手法の要素技術として，電波強度を用いる手法，加速度センサ等を利用する手法などについて，絶対測位と相対測位の観点から説明する．

第15章では，本書で取り扱う技術の応用として，様々なモバイルアプリケーションの概要とシステムモデルについて説明する．

本書をまとめるにあたって大変なご協力をいただきました，未来へつなぐデジタルシリーズの編集委員長の白鳥則郎先生，編集委員の高橋修先生，岡田謙一先生，および編集協力委員の片岡信弘先生，松平和也先生，宗森純先生，村山優子先生，山田䛒裕先生，吉田幸二先生，ならびに共立出版編集制作部の島田誠氏，他の方々に深くお礼を申し上げます．

2016年3月

監修者　水野忠則
内藤克浩

# 目 次

はじめに　v

## 第 1 章　モバイルネットワークの概要　1

1.1 モバイルネットワークが使われているところ　1

1.2 携帯電話の大まかな仕組み　3

1.3 携帯電話に至るまでの歴史　7

1.4 モバイルサービス　10

1.5 モバイルネットワークの長所と短所　11

1.6 モバイルネットワークの発展　12

## 第 2 章　コンピュータネットワークの基礎　15

2.1 コンピュータネットワークの分類と構成要素　15

2.2 TCP/IP の基礎　18

2.3 アプリケーション層　23

2.4 トランスポート層　25

2.5 ネットワーク層　31

2.6 データリンク層　34

2.7 物理層　36

## 第3章 モバイル端末　41

- 3.1 モバイル端末概観　41
- 3.2 端末アーキテクチャ　43
- 3.3 電池稼働による稼働時間の制約　47
- 3.4 トラフィックにおけるユーザ通信と制御信号　50

## 第4章 電波伝搬　54

- 4.1 電波の分類　54
- 4.2 無線通信と電波伝搬　56
- 4.3 電波伝搬の基礎　60
- 4.4 マルチパス環境の電波伝搬　67

## 第5章 携帯電話無線アクセス技術　73

- 5.1 携帯電話システムの無線アクセス方式　73
- 5.2 無線変復調技術　75
- 5.3 無線伝送誤り制御技術　78
- 5.4 ダイバシティ技術　81
- 5.5 高効率無線伝送技術　85

## 第6章 携帯電話システム技術　89

- 6.1 携帯電話システムの進化と主要技術　89
- 6.2 多元接続技術　91
- 6.3 同時双方向通信技術　97
- 6.4 複数基地局と複数ユーザ端末による高度通信技術　99
- 6.5 次世代の携帯電話システム　104

## 第7章 無線LANシステム　110

- 7.1 無線LANの標準化活動　110
- 7.2 主な無線LANの標準　112
- 7.3 物理層　113
- 7.4 MAC層　118
- 7.5 セキュリティ　124
- 7.6 QoS　126

## 第8章 無線LANサービス　130

- 8.1 利用形態とサービス　130
- 8.2 具体的な無線LANサービス　131

| | | |
|---|---|---|
| | 8.3 サービスを提供するための技術 | 133 |
| | 8.4 サービスの構築 | 134 |
| | 8.5 環境測定と解析のためのツール | 135 |
| 第9章 移動支援技術 138 | 9.1 トラフィックオフロード | 138 |
| | 9.2 Mobile IPv4 | 142 |
| | 9.3 Mobile IPv6 | 146 |
| | 9.4 Dual Stack Mobile IPv6 | 148 |
| | 9.5 Proxy Mobile IPv6 | 149 |
| | 9.6 ハンドオーバ | 150 |
| 第10章 無線マルチホップネットワーク 155 | 10.1 無線マルチホップネットワークの種類 | 155 |
| | 10.2 ルーティングプロトコル | 158 |
| | 10.3 プロアクティブ型ルーティングプロトコル OLSR | 158 |
| | 10.4 リアクティブ型ルーティングプロトコル AODV | 164 |

| | | |
|---|---|---|
| | 10.5 ジオグラフィックルーティング | 169 |
| | 10.6 遅延耐性ネットワーク (DTN) のルーティング | 174 |
| | 10.7 マルチホップネットワークの規格 | 175 |
| **第11章** **無線PAN** 179 | 11.1 Bluetooth | 179 |
| | 11.2 無線センサネットワークの通信方式 | 184 |
| | 11.3 ZigBee | 185 |
| | 11.4 IEEE 802.15.4-2011 | 186 |
| | 11.5 IEEE 802.15.4 の拡張規格 | 189 |
| **第12章** **センサネットワークと省電力** 193 | 12.1 センシングとネットワーク | 193 |
| | 12.2 省電力 〜センサネットワークの重要課題〜 | 194 |
| | 12.3 MAC層プロトコル | 195 |
| | 12.4 ネットワーク層プロトコル | 197 |
| | 12.5 ZigBee | 199 |

## 第13章 RFID　206

- 13.1 RFID のアプリケーション　206
- 13.2 RFID システム　209
- 13.3 RFID システムの特徴　210
- 13.4 RFID の通信原理　211
- 13.5 RFID のデータ管理・制御　213
- 13.6 RFID の主要標準規格　216
- 13.7 RFID とホストシステムとの連携　219

## 第14章 位置推定　223

- 14.1 位置推定の概要と応用例　224
- 14.2 位置推定手法　225
- 14.3 マップマッチングによる推定位置の補正　231
- 14.4 その他の方式　233

## 第15章 モバイルアプリケーション　236

- 15.1 モバイルアドホックネットワーク　236
- 15.2 環境モニタリング　237
- 15.3 参加型センシング　239

| | | |
|---|---|---|
| 15.4 | 高度道路通信システム | 240 |
| 15.5 | 拡張現実技術 | 241 |
| 15.6 | ウェアラブルコンピューティング | 242 |
| 15.7 | 電子マネー，交通系ICカード | 243 |
| 15.8 | カードキー | 245 |
| 15.9 | 物流・商品管理 | 245 |
| 15.10 | スポーツ | 246 |
| 15.11 | 人数計測，同行者推定，人物検出 | 246 |
| 15.12 | 地図アプリケーション，ナビゲーション | 247 |
| 15.13 | 位置情報タグ | 248 |
| 15.14 | ジオフェンシング | 248 |
| 15.15 | 行動識別 | 248 |
| 15.16 | インタフェース | 249 |

索　引　251

# 第1章
# モバイルネットワークの概要

---

**□ 学習のポイント**

　本章では，まず携帯電話など身近に存在するモバイルネットワークを概観する．次に，最も身近なモバイルネットワークとして，携帯電話の大まかな仕組みを説明する．携帯電話に至る移動体通信の歴史も簡単に述べる．その後，モバイルネットワークを通じて提供されるサービスの多様性を見ていく．モバイルネットワークの長所と短所を有線ネットワークと比べたのち，最後に，これからモバイルネットワークがどのように発展していく可能性があるかを述べる．

- モバイルネットワークが無線通信技術を使ったネットワークであることを学ぶ．
- 携帯電話の大まかな仕組みを学ぶ．
- 携帯電話などのモバイルサービスによって生活が変わったことを学ぶ．
- 有線ネットワークと比べた無線ネットワークの長所と短所を学ぶ．

---

**□ キーワード**

　携帯電話網，移動体，パケット，ハンドオーバ，電子マネー，ナビゲーションサービス，無線通信，基地局，交換機，通信速度，通信誤り，ISM バンド，パーソナルエリアネットワーク，ライフログ，ユビキタスコンピューティング

---

## 1.1 モバイルネットワークが使われているところ

　今では，自宅や通勤先，通学先を離れているときにも携帯電話を使って，友人と会話したり，友人にメッセージを送ることができる．また，インターネットを利用しやすいスマートフォンでは，Twitter や LINE，facebook などのソーシャルネットワークサービスを通じて，どこにいても友人とつながった状態を維持できる．このような携帯電話やスマートフォンなどの携帯できる通信端末をモバイル端末と呼び，多数のモバイル端末が互いに通信できるネットワークをモバイルネットワークと呼ぶ．また，携帯電話は固定電話とも通話できるし，インターネット上のサーバなどとも通信できる．このことは，携帯電話のモバイルネットワークが，固定電話のネットワークやインターネットと相互に接続されていることを意味している．

　モバイルネットワークはコンピュータネットワークの一形態と捉えられる．モバイルネット

ワークを構成するコンピュータは，簡単に移動できるあるいは所有者が自由に持ち運びできるものがほとんどで，コンピュータの間で通信できるようにネットワークに接続される．持ち運べるコンピュータというと，ノート型PC（パーソナルコンピュータ）やタブレット型PCを想像するだろう．ここでいうコンピュータとは，これらのPCに限らない．スマートフォンや携帯電話，携帯ゲーム機やデジタルカメラ，万歩計，非接触ICカードなどのように普段コンピュータとして使っていないものであっても，通信機能を備えている機器のほとんどにはコンピュータ（正確にはプロセッサ）が内蔵されており，広い意味ではコンピュータと考えられる．

モバイルネットワークはそのままカタカナ表記で使われることが多いが，日本語訳としては移動体網あるいは移動通信網が使われる．網あるいは通信網は，通信機器が網の目状につながっていることを意味しており，移動体網は通信機器が移動することを指す[1]．

モバイルネットワークは，携帯電話のネットワークに限らない．子どもの頃にトランシーバを使って遊んだ経験がある読者もいるだろう．トランシーバも機器間を結び，音声通話ができるモバイルネットワークを構成している．例えば，出力10mW程度の特定小電力無線を使ったトランシーバは，無免許で使うことができ，100〜500m程度まで通信することができる．自宅などの固定電話機に子機がついている場合は，親機と子機の間でネットワークを構成しているし，パソコン用のワイヤレスマウスを使っていれば，パソコンとワイヤレスマウスの間でネットワークを構成している．

業務用のモバイルネットワークの例を挙げよう．消防車両や警察車両，バス，タクシーなどの移動体が消防本部や警察署などと連絡を取るために無線ネットワークを構成している．消防本部の管轄範囲が広い場合には中継所を設けている．消防本部の近くにいる消防車両は本部と直接無線で通信するが，本部から遠く離れたところにいる車両は中継所を経由して本部と通信するといったようにネットワークを構成する．

航空機は，飛行中は航路を指し示すための無線標識や全地球測位システム (Global Positioning System: GPS) などを利用することで決められた航路を飛行する．航空機には空中衝突を避けるために航空機衝突防止装置が備え付けられている．航空機衝突防止装置は，自機から一定の範囲内にいる航空機と通信し，互いの位置や高度，速度の情報を交換する．自機の飛行経路と周辺機の飛行経路を計算して，衝突の恐れがないこと確認し続けることで，安全な飛行を実現している．空港に着陸する直前から離陸するまでの間は，航空機は管制塔とやり取りするネットワークに加わる．列車も運転指令室との間でネットワークを構成しており，走行中でも運転指令室と通信する．

ノートPCやスマートフォンに搭載されている無線LAN機器も，モバイルネットワークを構成するために用いられる．自宅や職場，大学などに設置された無線LANアクセスポイントにノートPCなどを接続することで，無線LANのモバイルネットワークに加わる．大学構内で教室を移動した場合などは，接続する無線LANアクセスポイントを近くのものに切り変える処理（この処理をハンドオーバと呼ぶ）をするが，ユーザがハンドオーバを意識する必要が

---

[1] 移動体は単に移動するもの指す．したがって移動体は通信機能を備えているとは限らない．移動体網を構成する移動体は通信機能を備えると考えるのが自然である．

ない場合が多い．

## 1.2 携帯電話の大まかな仕組み

### 1.2.1 携帯電話のパケット通信

　利用者が携帯電話で通話やメール，テレビ電話をする際に，携帯電話やネットワークがどのように動いているかについて述べる．携帯電話とそのネットワークの大まかな仕組みを理解してほしい．通話などをする相手の携帯電話をどのようにして探すかは 1.2.2 項で述べる．ここでは，相手の携帯電話が見つかった後の動きを説明する．

　図 1.1 に示すように，携帯電話には，マイクやスピーカ，ボタンや画面がある．スマートフォンでは，画面がタッチスクリーンになっており，画面に表示されたボタンを押すこともあるが，これもボタンと考える．

　通話の場合，相手が電話に出た後は，通話相手と音声でやり取りすることになる．このとき，携帯電話内のプロセッサは，マイクを通して利用者の音声を取り込む．音声は，デジタル化され，プロセッサによって 10 ms ごとに分割される．分割された音声は，パケット[2]に変換され，無線モジュールに送られる．パケットは，無線モジュールでアナログ信号に変換される．この変換を変調という．変換されたアナログ信号はアンテナを介して，電波で最寄りの基地局に送られる．最寄りの基地局では，まずアナログ信号をパケットに戻す処理が行われる．この処理を復調という．復調されたパケットは，携帯電話網を通って，通話相手の最寄り基地局まで送られる．

　通話の際の逆方向の音声の流れを説明する．相手の音声は，こちら側の音声と同様に，パケットに変換されて相手の最寄りの基地局に送られ，携帯電話網を通って，こちら側の最寄りの基地局に届く．この基地局は，届いたパケットをこちら側の携帯電話に宛てて送信する．パケットは，携帯電話から基地局に送られるときと同様に，アナログ信号に変調してから電波で送られる．携帯電話では，アンテナでアナログ信号を受信すると，無線モジュールは，受信したア

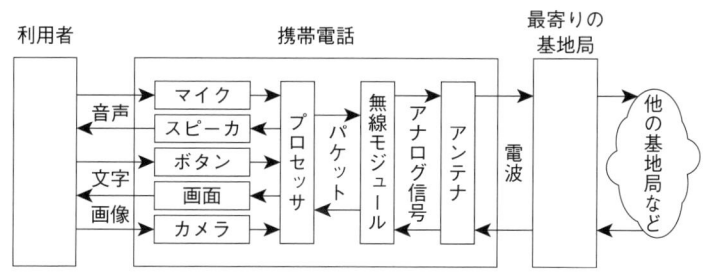

図 1.1　携帯電話のパケット通信

---

[2] パケットとは小包のことである．小包は送りたいものを包装し，荷札を付けて送られる．通信のパケットも同様で，送りたい音声に，宛先などの書かれた荷札（これをヘッダと呼ぶ）を付けて送られる．パケットの代わりに，フレームやセルなどと呼ばれる場合もある．10 ms に分割された音声を 2 つまとめて，20 ms 分の音声を 1 つのパケットにする場合が多い．

ナログ信号を復調し，パケットを取り出す．パケットが自分の携帯電話宛でない場合もあるので，自分宛でなければ破棄し，自分宛のパケットはプロセッサに渡す．プロセッサは，パケット内のデジタル化された音声を取り出して，スピーカを鳴らす．このようにして，利用者の耳に相手からの音声が届く．

メール（ショートメッセージサービスを含む）を送信する場合も，通話と大きくは違わない．通話との主な違いは，相手が電話に出るのを待つ必要がないことと，入出力にマイクとスピーカを用いる代わりにボタンと画面を用いることである．利用者がメッセージを作成している間は，基地局と通信する必要はなく，プロセッサがボタン操作を検出しては，画面を更新する．利用者がメッセージを送信する操作をすると，プロセッサはメッセージを 1 つあるいは複数のパケットに変換し，無線モジュールに送る．その後は，通話の場合と同様に，パケットが基地局に届けられる．ただし，パケットの宛先は相手の携帯電話ではなく，携帯電話網内のメールサーバであり，メッセージはメールサーバに一旦蓄積される．蓄積することで，相手の携帯電話が圏外にいる場合や，携帯電話の電源が切られている場合でも，メッセージを紛失することなく，あとで届けることができる．

メールを受信する際は，携帯電話網内のメールサーバが，受信者の最寄りの基地局を経由して，携帯電話にメッセージを送る．受信したメッセージは，利用者が操作することで，画面に表示される．なお，送り終えたメッセージは携帯電話網内のメールサーバから削除される．

テレビ電話の場合は，音声通話とほぼ同じである．カメラから画像を取り込み，相手の画像を画面に表示する点が音声通話と異なる．また，音声に比べて画像はデータ量が多いので，より多くのパケットを持続的に送受信することになる．

パケット通信などのコンピュータネットワークの基礎については 2 章で，携帯電話の内部構成については 3 章で，電波が空中を伝わるときの特性については 4 章で，無線モジュールで行う変調と復調については 5 章で，それぞれ詳しく学ぶ．

### 1.2.2 通話相手の探し方

モバイルネットワークを構成する移動体は，基地局などと無線でつながっている．携帯電話を固定電話と比べながら通話相手の探し方を見ていこう．自宅の固定電話機は電話局まで延びる銅線や光ファイバで電話局内の交換機につながっている．自宅から電話をかけたり電話がかかってきたときに，この線を電気や光が通ることで音声がやり取りされる．隣の家には別の線が電話局から延びている．これに対して，携帯電話は携帯電話基地局と電波でつながっている．電波なので線は見えない．携帯電話の電波に使われる周波数はおよそ 800 MHz から 2 GHz である[3]．

1 つの携帯電話基地局は，数百メートルから十数キロメートルの範囲をカバーし，この範囲にある携帯電話と通信する．距離に幅をもたせてあるのは，ユーザの多い都市部ではたくさんの基地局を設置して基地局 1 つ当たりのエリア（セルと呼ぶ）を小さくし，郊外では逆にエリ

---

[3] 他の用途に使われている電波の例として，地上デジタルテレビジョン放送に 470 MHz から 710 MHz が使われており，2011 年 7 月に停波したアナログ放送は 90 MHz から 222 MHz と 470 MHz から 770 MHz を使っていた．

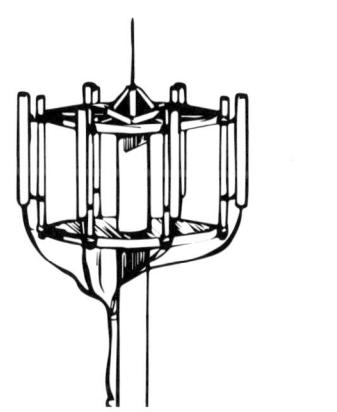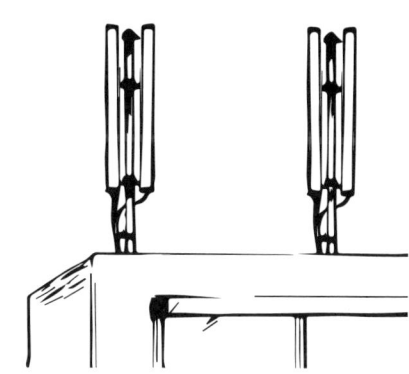

図 1.2 携帯電話基地局のアンテナ

アを大きくしているためである．1つの基地局で同時に処理できる回線数が限られているため，このようにユーザの多寡に応じてエリアサイズを変えている．都市部ではビルやマンションの屋上に，郊外では鉄塔の上に，図 1.2 のような縦長のアンテナが複数本立っているのを見つけることができるだろう．それが携帯電話基地局のアンテナである．携帯電話基地局は移動しないが，携帯電話網の一部である．

電話をかけるときには携帯電話と基地局の間でどのようなやり取りがされるのだろうか．これも固定電話と比べながら見ていこう．固定電話機の受話器をあげて，相手の電話番号をダイヤルすると，電話局にある交換機はダイヤルされた番号にしたがって，相手の電話局の交換機までの回線を確保する．途中にいくつかの交換機を経由するかもしれない．回線を確保すると相手の電話機のベルを鳴らせて，相手が電話に出るのを待つ．相手が電話にでると通話が始まり，どちらか一方が受話器を置くと通話が終了する．回線の確保に失敗したとき，つまり相手がほかの電話機と話し中であったり，途中の交換機が混み合っていて回線が確保できない場合は，通話中の音「ツー，ツー，ツー」で電話をかけた人に対して通話に失敗したことを告げる．

携帯電話から電話をかけるときも，利用者の操作はほぼ同じである．利用者は，相手の電話番号をダイヤルするか，電話機内の電話帳から相手の番号を選ぶ．相手の番号は基地局を通じて交換機に伝えられ，交換機は相手の電話機の最寄りの基地局まで回線を確保し，相手の電話機のベルを鳴らす．その後は固定電話と同じである．固定電話の場合は最寄りの電話局まで専用の線が用意されているのに対して，携帯電話の場合は携帯電話と基地局の間の音声用回線は，電話をかける時点で確保する．この部分の回線が確保できないときは通話できない．前述のように，人が密集する都市部では基地局当たりのエリアサイズを小さくすることで，回線を確保しやすいようにしている．

ところで，相手の携帯電話の最寄りの基地局まで回線を確保すると説明したが，携帯電話は移動することがあるので，相手の携帯電話がいつも同じ基地局とつながっているとは限らない．基地局 1 つ当たりのエリアは，せいぜい数百メートルから十数キロメートルなので，これくらいの距離を携帯電話が移動するとその基地局との接続は切れ，ほかの基地局とつなぎ直す必要

がある．通話中に別の基地局につなぎ直す処理をハンドオーバという．ハンドオーバの際には基地局と携帯電話の間で通信する．新幹線や高速道路で移動しているとハンドオーバ処理を頻繁にすることになり，ハンドオーバに失敗すると通話が途切れることになる．携帯電話の画面に表示されているアンテナマークは，基地局とつながっていることを示しいる．携帯電話は通話していないときも，最寄りの基地局とつながり続けることで，いつでも通話を開始できるようになっている．そのため，新幹線などで移動していると通話しないでも携帯電話の電池がいつもより早く減ることに気づいた人もいるのではないだろうか．

次に，携帯電話に電話がかかってくるときを考えてみよう．固定電話と違って，携帯電話はいつも同じ基地局とつながっているとは限らない．もし仮に自宅周辺の基地局につながっているときは呼び出すが，ほかの基地局とつながっているときは呼出しに失敗するような携帯電話サービスがあるとすると，ほとんどの人はこのようなサービスを使わないだろう．では，日本国中の携帯電話基地局に問い合わせて，今相手の携帯電話がつながっている基地局を探すという方法はどうだろうか．この方法であれば相手の携帯電話がつながっている基地局を間違いなく探すことができそうである．ところが，1億を超える携帯電話契約のうち，1秒間当たりに0.001％弱の千台の電話が呼出し中だとしよう．それぞれの基地局に毎秒千台分の問い合わせがくるのでは，基地局は忙しくてやりきれない．このような煩わしさを解消するために，図1.3(a)のようにホームメモリに携帯電話が今どのエリアにいるかを記録する．携帯電話は，今いるエ

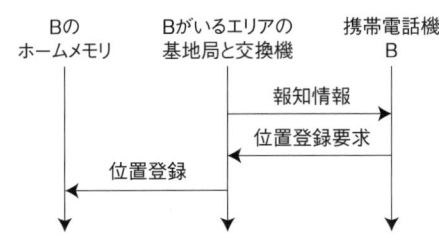

(a) 携帯電話 B の現在位置登録

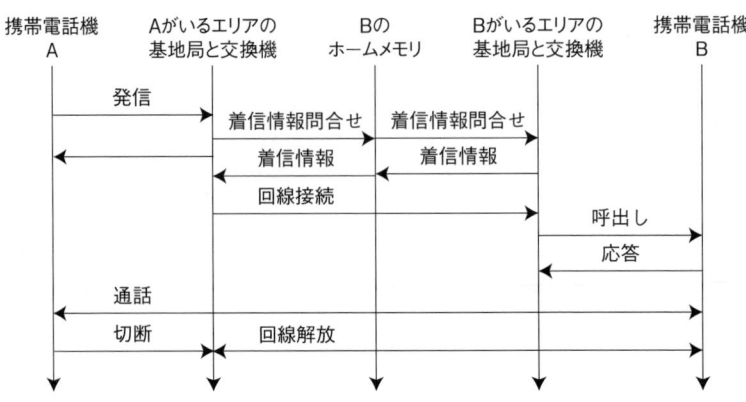

(b) 携帯電話 A から B への通話

図 **1.3** ホームメモリ機能

リアを基地局の報知情報で知ることができる．携帯電話がエリアを移ったことに気付くと，位置登録を要求し，今いるエリアが常にホームメモリに登録されるようにする．いつくかの基地局は1つの交換機にまとまって接続されており，ホームメモリにはBが今つながっている交換機が記録さている．

ある携帯電話Aから携帯電話Bに電話をかけるときの様子を図1.3(b)に示す．Aがいるエリアの交換機はまず相手の携帯電話Aのホームメモリに B の現在位置を問い合わせる．Aがいるエリアの交換機は，Bがいるエリアの交換機に対して，相手の携帯電話を呼び出すように依頼する．B側の交換機は，まとめている全ての基地局に依頼して，携帯電話Bを探し，見つかったら，回線を接続して通話を開始する．なお図1.3(b)には，携帯電話機Aが回線を切断する例を示している．

携帯電話のように1つの基地局で比較的広い範囲をカバーする無線通信については6章で，1つの基地局でもう少し狭い100m程度をカバーする無線LANシステムについては7章と8章で，それぞれ詳しく学ぶ．

## 1.3　携帯電話に至るまでの歴史

外出中の人に連絡を取るためのモバイルサービスとして，無線呼出しサービスから携帯電話に至る変遷を見ていこう．

携帯電話がない時代を想像して欲しい．自宅に固定電話があるとしよう．友人との待ち合わせを考えると，事前によく相談し，いつ，どこで会うかといったことだけではなく，もし会えなかった場合にどのように連絡を取り合うのかを決めておくだろう．例えば，互いに自宅の電話番号を教えあったり，待ち合わせ時刻のどれくらい前まで自宅にいるかといったことあらかじめ伝えたりする．お互いが出かけた後に連絡を取りたいときには，自宅あるいは友人宅に電話をかけ家にいる家族に伝言を頼んだり，待ち合わせ場所に公共の伝言板があればそれを使ったりするのではないだろうか．

1960年代まで日本には携帯電話がなく，固定電話と公衆電話しかなかった．そのような時代にも，外出中の人に連絡を取りたい状況はあった．外出中の人の行き先がわかっていて，行き先の電話番号がわかれば，電話を取り次いでもらうことで連絡が取れる．しかし，行き先がわからない場合はどうしようもなかった．

1968年に，日本で無線呼出しサービス（一般にはページャと呼ばれるが，ポケットベルという商品名がよく使われた）が開始された．使い方を図1.4(a)に示す．営業担当者などの外出する人がページャと呼ぶ小型の機器を持ち歩く．呼び出す側が決まった電話番号に電話をかけると，ページャのベルが鳴る．ページャには通話やデータ通信の機能はなく，一方的にベルを鳴らして呼び出すだけである．ベルが鳴ると持ち主は近くの電話機を探して，呼び出した人に電

呼び出す人　　　　　　呼び出される人

固定電話機(電話番号Y)が　　ページャ(電話番号X)を
ある場所にいる　　　　　　持って出かける
　　　　　　　　　　　　　固定電話の番号Yを控えておく

伝えたいことができる
X番に電話をかける　──→　ベルが鳴る

　　　　　　　　　　　　　公衆電話などの
　　　　　　　　　　　　　電話機を探す

電話を受ける　←──　Y番に電話をかける

用件を話す　──→　用件を聞く

(a) ベルが鳴るだけのページャ

呼び出す人　　　　　　呼び出される人

　　　　　　　　　　　　　ページャ(電話番号X)を
　　　　　　　　　　　　　持って出かける
伝えたいことができる
固定電話機(電話番号Y)を探す
X番に電話をかけ，　──→　ベルが鳴り，
電話番号Yを入力する　　　　電話番号Yが表示される

　　　　　　　　　　　　　公衆電話などの
　　　　　　　　　　　　　電話機を探す

電話を受ける　←──　Y番に電話をかける

用件を話す　──→　用件を聞く

(b) 電話番号（数字）が表示できるページャ

図 1.4　無線呼び出しサービス

> **コラム**
>
> 　世界でいちばん短い手紙という逸話を聞いたことがあるだろうか．「?」という手紙に対して「!」という返事が送られた話である．ビクトル・ユーゴーがレ・ミゼラブルの売れ行きを出版者に尋ねる「?」と，売れていますよと答えた「!」である．連絡を取り合う者同士が同じことを考えている（文脈あるいはコンテキストが一致しているという）場合には，短い言葉で十分であることを示すよい例である．ベルが鳴るだけでも用件がわかることもあるだろう．

話をかけて用件を聞く[4].

　当初の無線呼出しサービスは呼出しベルが鳴るだけであったが，後に呼び出す側の電話番号や文字も受信できるようになり，サービスの質が少しずつ良くなっていった．電話番号が受信できるページャの使い方を図 1.4(b) に示す．図 1.4(a) と異なり，呼び出される人は電話番号 Y をあらかじめ控えておく必要はない．また，ベルを鳴らすタイミングで呼び出す側の電話番号を入力するので，呼び出す側はいろいろなところから呼び出せる．

　その後，1970 年に開催された大阪万国博覧会に携帯電話試験機が参考出展され，1979 年に自動車電話のサービスが開始される．自動車電話は，自動車に電話機を取り付けたもので，自動車内から電話をかけることができた．まだノート型 PC はなく，アラン・ケイ (Alan C. Kay) によって Dynabook と呼ばれるどこにでも持っていける装置が語られていたのが 1972 年のことである [1]．

　さらに 10 年ほど経ち，1988 年には肩かけ鞄のようなショルダーフォンが発売される．1990 年代後半になると，携帯電話が普及し始める．携帯電話会社は利用者に対して通話というモバイルサービスを提供している．本項冒頭の例に戻ると，携帯電話の利用者同士が待ち合わせる場合，待ち合わせ場所で決めた時刻に相手と会えなかったとしても，通話サービスを使って，相手の様子を聞くことができ，場所や時刻を変更する相談ができる．

　2000 年頃までは携帯電話で通話する時にホイップアンテナというアンテナをのばしていたが，現在ではアンテナが内蔵されるようになり，のばす必要がなくなった．現在では携帯電話が世界中で普及している．平成 26 年度版情報通信白書 [2] によれば，携帯電話加入契約数は，2013 年度に日本で 1 億 5000 万（PHS を含む），全世界で 67 億である．携帯電話普及率は，2000 年時点で 75% を超えている国が日本，韓国，ヨーロッパの一部の国であったのに対して，2012 年時点では先進国はもとより多くの途上国でも 75% を超えるまでになっている．一部の国では，固定電話網の整備より早く携帯電話網の整備が進んでいるようである．

> **コラム**
>
> 　ベルが鳴るだけのページャから，数字が表示できるようなページャに変わった頃，数字の語呂合わせでメッセージを送ることが盛んに行われていた．例えば「おはよう」という挨拶のために「0840」という数を送ったり，「49」は「至急」，「724106」は「なにしてる？」といった語呂合わせである．しばらくすると文字が表示できるようになる．文字を送信する場合も，電話機を使って入力する．文字の入力は，通称ポケベル入力と呼ばれる方式で行った．2 桁の数字が 1 文字のひらがなに変換される．1 桁目で 50 音の行（あかさたな…）を指定し，2 桁目で段（あいうえお）を指定する．例えば，「おはよう」は「15618513」である．「1112324493」のように心のこもったメッセージもやり取りできるようになっていった．

---

[4] 現在も，無線呼び出しサービスと同じようなサービス Yo がある．「よお！」というメッセージを送るだけのサービスである．例えば，送受信者の間で待ち合わせ場所に着いたら連絡するよとあらかじめ約束しておけば，「よお！」というメッセージが「今着いたよ！」という意味になる．https://www.justyo.co/

## 1.4 モバイルサービス

モバイルサービスとは，モバイルネットワークを通じて提供されるサービスである．すでに様々なモバイルサービスがあり，これからも新たなサービスが登場するであろう．ここでは，電子マネー，ナビゲーションサービス，位置情報サービス，ワンセグ放送を取り上げる．

電子マネーは，Suica や Edy などの非接触 IC カード [3] などに格納されており，硬貨や紙幣などの貨幣と同様に決済（支払い）手段として用いることができる．この IC カードはプリペイドカードのようにあらかじめ貨幣額に相当する情報が格納されている．店舗での支払いなどのときに，IC カードとリーダ・ライタの間で通信することで，決済される．IC カード以外にも電子マネー機能が搭載された携帯電話も同様である．

ナビゲーションサービスは，サービスの利用者が目的地に着くまで誘導するサービスである．目的地に到着するまでの移動中に，どちらに向かって進むべきかを利用者に提示する．このようなサービスを提供しようとすると，利用者の現在位置がわからなければならない．現在位置を得る手段としては，GPS が用いられる場合が多い．携帯端末で GPS を用いて現在位置を計算するにはそれなりの時間と電力が必要なので，通信事業者が計算の一部を肩代わりする Assisted GPS と呼ばれる技術が用いられる．2011 年ころには無線 LAN アクセスポイントの設置位置の情報を利用することで，商業施設などの建物内にいるときに，どの階のどの辺りにいるかまでわかるようになった [4]．

GPS の大まかな仕組みを述べる．地球上空約 2 万 km を周回する 24 基以上の人工衛星が，地上に向かって衛星の位置や時刻を送信している．これらの人工衛星は地上から管理されている．利用者の GPS 受信機は，複数の衛星からの電波を受信して計算することで，受信機の位置と速度，時刻を推定する．大まかには，衛星から電波が送られてから受信機に受信されるまでの時間（到来時間）を計算することで衛星と受信機の間の距離を求める．受信したデータには衛星の位置も含まれているので，多辺測量で受信機の位置を求められる．この基本的な原理は難しくないが，電波が光速 ($3 \times 10^8$ m/s) で伝搬するため到来時間の計測精度が高精度である必要があることや，大気の状態で電波が屈折することで見かけ上の到来時間が長くなること，衛星の軌道や時計に誤差が含まれることなど様々な条件を考慮する必要がある．精度を上げるために，近くに固定された GPS 受信機を利用することもある．

また，2007 年 7 月の中越沖地震や 2011 年 3 月の東日本大震災の直後には，24 時間以内に車両の通行実績のある道を知らせるサービスが提供された [5]．地震や津波のために寸断された道路網のうち，どの道が通行可能かという情報が多くの人に届けられた．

2006 年 4 月に開始されたワンセグ（ワンセグメント放送）もモバイルサービスの 1 つといえよう．ワンセグも地上デジタルテレビジョン放送サービスの一部であるが，携帯端末で受信しやすいようにデータ量を減らしてある．

## 1.5 モバイルネットワークの長所と短所

　固定電話機やデスクトップコンピュータと比べて無線で通信することの長所は，移動できることと，線を取り回す煩わしさがないことである．子機がある固定電話機では，子機で通話することで家の中を移動しながら通話することができる．子機は親機と無線で接続し，親機を通して通話相手と声をやり取りする．親機と子機の間の無線通信規格は，アナログから始まり，PHS を経て，現在は 2.4 GHz 帯の周波数の小電力データ通信システムが多く見られる．携帯電話は，家を離れて，日本国内，あるいは外国でも通話することができるし，高速道路や新幹線などで移動中もトンネルなどを除き通話できる．さらに衛星携帯電話では，人工衛星を基地局として用いるので，高山や公海上でも通話できる．

　線を取り回す煩わしさがないことも，大きな長所である．通信に限らず持ち運べる大きさの道具であっても，いざ使うときにどこかに線をつなぐ必要がある道具は使い勝手が低下する．バッテリーを内蔵したコードレスの掃除機と，商用電源コードをつなぐ掃除機を比べてみると，使い勝手の違いがよくわかるだろう．同じように，通信のための LAN ケーブルなどの線をつなぐ必要がある移動体を想像し，線をつなぐ必要のない移動体の長所を想像してみてほしい．

　一方，無線で通信することの短所には，通信速度の遅さや通信誤りの多さ，盗聴の危険性が高いこと，バッテリーなどのエネルギー源も携帯する必要があることがある．また，使い勝手という面では，通信相手を認識しづらいという短所もある．

　通信速度は，有線通信と比べておよそ 1/10 と考えてよいだろう．無線通信も有線通信も次々に高速な規格が作られているが，同じ時期の規格を比べるとおおむねこのくらいの比率になっている．通信誤りは有線通信と比べて多い場合が多い．そのため，通信誤りを検出し訂正する機能や，再度同じデータを送信してもらう再送機能が強化されている無線通信規格が多い．特に，ISM (Industrial-Science-Medical) バンドと呼ばれる 2.4 GHz 帯は，様々な通信規格によって使われているため，相互に干渉すると多くの誤りが発生する．Bluetooth と無線 LAN，デジタル子機，電子レンジがこの周波数帯を使用しているが，誤り訂正機能や再送機能が働いているので，ほとんどの場合に正常動作する．

　盗聴の危険性は，有線通信にもあるが，無線通信のほうが電波が漏れる量が多く，危険性が高いといえる．そのため，通信内容を暗号化することで，盗聴されても通信内容の秘密が守られている通信規格が多い．無線通信には電波や赤外線，可視光線などを使うが，そのなかで，電波は壁やガラス窓を通り抜ける．可視光や赤外線は壁を通り抜けることはほとんどないが，可視光線はガラス窓を通り抜け漏れていく．赤外線はガラス窓を通り抜けない．

　バッテリーなどのエネルギー源を移動体に内蔵する場合がほとんどである．エネルギー源の分，移動体の重量は重くなり，大きさは大きくなる．ある携帯電話では，重量の 4 分の 1 がバッテリーを占めているようである．バッテリーの重量当たりの電気容量や，体積当たりの電気容量の増加速度が，現在は遅いものの，燃料電池やエナジーハーベスティング技術（環境発電技術）などで状況が今後改善する可能性がある．

## 1.6 モバイルネットワークの発展

ここまで携帯電話網などの普及が進んでいるモバイルネットワークについて概観した．この節では，研究されているものや，今後普及していくであろうものなどを紹介する．

1人が複数のデバイスを身に付け，これらのデバイスがネットワークを構成する場合がある．このようなネットワークをパーソナルエリアネットワークと呼ぶ．例えば，携帯電話機とヘッドセットを無線接続して，電話機のスピーカとマイクの代わりに，ヘッドセットのスピーカとマイクを使って通話する．あるいは，歩数計と組み合わせて健康管理する．心拍・脳波などの生体情報のセンサを身に付けて，その情報が個人の携帯端末や腕時計型の機器に随時送信され記録されるものもある．

ライフログというアプリケーションでは，個人の日々の記録を保存する．例えば，日々どこで何をして過ごしたか，何を食べたか，誰と会ったかを記録する．カメラやマイクで周囲の映像や発話内容を記録しながら，そのときの心拍や脳波などの状況も合わせて記録すると，感情の起伏が大きい部分に印を付けながら，そのときの出来事を記録することができるだろう．かつて Wagenaar [6] が自伝的記憶に関する研究をするにあたり，6年間にわたり2400の出来事を紙に記録し，1年後から5年後にどの程度思い出せるか実験している．この記録にはどんな出来事が誰といつどこで起きたが記録されていた．モバイルネットワークを利用することで，誰しもがこのような記録を容易に残し，記憶をたぐり寄せる補助的な手段として利用できるようになるであろう．

ユビキタスコンピューティング [7] においても，モバイルネットワークが重要な技術である．ユビキタスコンピューティングとは，我々の生活を支えるコンピュータが生活の至る所に無数に存在し，それらが有機的につながり，ユーザの生活をひっそりと支える技術である．このような世界では，ユーザがコンピュータを意識することはほとんどない．ユビキタスコンピューティングに関する現状は，かつて文字を書く技術ができあがり情報を長期間にわたって保存できるようになったころと似ている．今では，筆記具自体を意識しながら文字を書くことはまれである．紙と鉛筆，黒板とチョーク，看板とペンキ・筆，ディスプレイとキーボードなど様々な筆記具があるが，ユーザは書く内容に集中し，筆記具自体にはほとんど意識を向ける必要がない．筆記具は生活にとけ込んでいるといえるだろう．同じようにコンピュータが生活にとけ込み，朝起きてから夜寝るまで随所で個人の生活を支え，人との交流を補助していくようになるであろう．寝ている間も，体調を見守ってくれているかもしれない．

大学や研究施設内で実験されたものとして，アクティブバッジ位置システム [8] が1990年代に開発された．このシステムはバッジを携帯するユーザの居場所を常に把握している．例えば，電話がかかってくると施設内のどこにいても今いる部屋の電話機に着信することができる．その後，施設内のコンピュータの前に来ると，自分のコンピュータの画面が転送されるシステム [9] も開発された．施設内でコンピュータを探すことができれば，そのコンピュータで自分の作業を継続することができる．自分のPCを持ち歩く必要はない．このような応用は利用者

の位置を推定することで実現できるようになる．位置推定については，13章で詳しく述べる．

企業などの組織内での情報流通をセンシングする試みもされている [10]．電子メールによるやり取りだけでなく，対面でのやり取りもセンシングすることで，組織内でどの部門間の情報流通が盛んであるとか，鍵となる人物が誰であるかといったことが観測できる．休憩中の会話が活発だと生産性が向上するなどといった知見が得られている．

これら以外にも，広い農場で育つ農作物の生育状況を監視するネットワークや，小学生の登下校を見守るネットワーク，糖尿病などの慢性疾患患者の日常生活をモニタリングし適切な指導を行うためのネットワーク，携帯電話キャリアによる時刻ごとの人口統計 [11] など様々な情報がモバイルネットワークの活用事例として実験されている．このようにモバイルネットワークをセンシングに利用しようとする試みが多く見られる．センシングを主目的とするネットワークについて，12章で詳しく述べる．

おそらく，今後はプライバシーに対する感覚や文化が変化していくことになるだろう．すなわち，モバイルネットワークで個人の居場所や何をしているかといった情報が自然に流通するようになり，流通の度合いを個人が制御することで，互いに過ごしやすい生活を送ることになるだろう．現在，相手が移動中に連絡を取る手段がなかった時代を想像することが難しいように，相手の状況がわからない生活に不自由を感じ，そのような生活を想像することも難しい時代が来るかもしれない．

---

**演習問題**

**設問1** 身近にある機器のなかで無線（電波や赤外線）で通信しているものを3つ挙げよ．

**設問2** 有線ネットワークと無線ネットワークを比較し，それぞれの長所を述べよ．

**設問3** 他府県に旅行中の相手の携帯電話に電話をかけられる仕組みを説明せよ．海外旅行の場合はどうか調べよ．

**設問4** 携帯電話を持たない相手との待ち合わせのときに，どのような工夫をするか考えよ．

**設問5** 災害時などに電話がかかりにくくなったときに，音声通話よりショートメッセージサービスの方が連絡が取りやすいといわれている．その理由を考えよ．

**設問6** あなたの毎日24時間の居場所が記録されており，他人に見せる記録と見せない記録に分けることができるとする．記録を見せる相手として，クラスメートや仕事仲間，家族，友人などを想定し，それぞれの相手に見せる時間帯や場所を例示せよ．

# 文　献

- 参考文献
  
  [1] A. C. Kay: Personal computer for children of all ages, *Proc. of the ACM International Conference*, vol.1, part.1 (1972).
  
  [2] 総務省: 平成 26 年版 情報通信白書.
  
  [3] 特集 非接触 IC カード技術とその展開，情報処理，vol.48，no.6，pp.549–586 (2007).
  
  [4] Google Official Blog: A new frontier for google maps: mapping the indoors (2011). http://googleblog.blogspot.jp/2011/11/new-frontier-for-google-maps-mapping.html
  
  [5] ホンダ：通行実績情報マップ. http://www.honda.co.jp/internavi/LINC/service/disastermap/
  
  [6] W. A. Wagenaar: My memory: A study of autobiographical memory over six years, *Cognitive Psychology*, vol.18, pp.225–252 (1986).
  
  [7] M. Weiser: The computer for the 21st century, *Scientific American*, vol.265, no.3, pp.66–75 (1991). (reprint: *IEEE Pervasive Computing*, vol.1, no.1, pp.19–25 (2002)).
  
  [8] R. Want et al.: The active badge location system, *ACM Transactions on Information Systems*, vol.10, no.1, pp.91–102 (1992).
  
  [9] A. Harter et al.: The anatomy of a context-aware application, *Wireless Networks*, vol.8, no.2–3, pp.187–197 (2002).
  
  [10] K. Ara et al.: Sensible organizations: changing our businesses and work styles through sensor data, *Journal of Information Processing*, vol.16, pp.1–12 (2008).
  
  [11] 岡島一郎ほか：携帯電話ネットワークからの統計情報を活用した社会・産業の発展支援——モバイル空間統計の概要——，NTT DOCOMO テクニカル・ジャーナル，vol.20，no.3，pp.6–10 (2012). https://www.nttdocomo.co.jp/corporate/disclosure/mobile spatial statistics/

- 推薦図書
  
  [12] A. S. タネンバウム，D. J. ウエザロール著，水野忠則ほか訳：『コンピュータネットワーク 第 5 版』，日経 BP 社 (2013).
  
  [13] 中嶋信生，有田武美：『携帯電話はなぜつながるのか』，日経 BP 社 (2007).

# 第2章
# コンピュータネットワークの基礎

## □ 学習のポイント

インターネットはTCP/IP技術を利用して相互接続された世界規模のコンピュータネットワークとして発展してきた．現在ではパーソナルコンピュータだけでなく，スマートフォンや情報家電機器など，多種多様な機器がネットワークに接続し，情報を取得したり発信したりすることが簡単に行えるようになった．本章では，コンピュータネットワークの基本技術を学習することにより，相互に情報交換するための基本的な仕組みについて理解することを目的とする．具体的には以下の内容について取り上げる．

- コンピュータネットワークの形態と構成要素の概要を理解する．
- コンピュータネットワークの基本モデルであるOSI参照モデルと，インターネットで採用されているTCP/IP参照モデルについて理解する．
- 通信相手を識別するために用いられるMACアドレス，IPアドレス，ポート番号，ホスト名について理解する．
- TCPにおけるコネクションの概念と信頼性を確保する各種制御の概要を理解する．
- IPパケットを通信相手まで届ける仕組みであるルーティングの概要について理解する．
- デジタルデータを有線や無線により通信相手へ伝送する仕組みについて理解する．

## □ キーワード

PAN，LAN，MAN，WAN，インターネット，NIC，プロトコル，OSI参照モデル，TCP/IP参照モデル，MACアドレス，IPアドレス，ポート番号，ホスト名，ドメイン名，カプセル化，アプリケーション層，ソケットインタフェース，トランスポート層，TCP，UDP，フロー，コネクション，再送制御，順序制御，ウィンドウ制御，フロー制御，輻輳制御，ネットワーク層，IP，パケット，ルーティング，NAT，データリンク層，Ethernet，フレーム，誤り制御，物理層，伝送媒体，電磁波，符号化，変調，復調

## 2.1 コンピュータネットワークの分類と構成要素

### 2.1.1 分類

コンピュータネットワークとは，通信回線を利用して複数台のコンピュータを接続し，相互

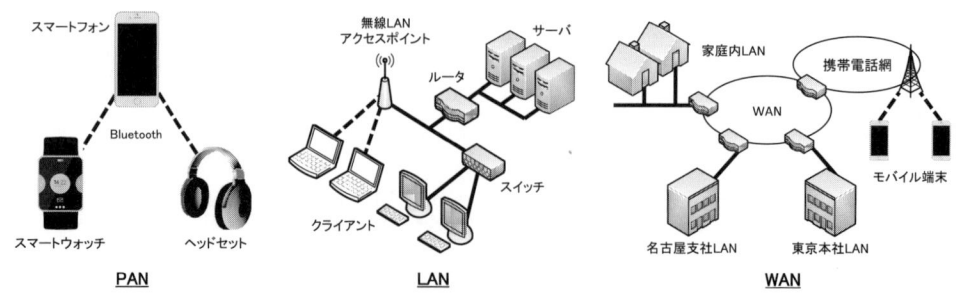

図 **2.1** コンピュータネットワークの分類

に情報交換が可能なシステムのことである．コンピュータネットワークはその規模に応じて，下記のように分類される（図 2.1）．

- **PAN (Personal Area Network)**

    個人が保持する近距離のコンピュータ間の通信を行うネットワークである．USB ケーブルでプリンタとコンピュータを接続した形態や，スマートフォンとヘッドセットを Bluetooth で接続したものを指す．特に無線通信により PAN を構成したものを無線 PAN といい，11 章にて取り上げる．

- **LAN (Local Area Network)**

    家やオフィス，ビルなどの限定された範囲で構築されたコンピュータネットワークである．ハブやスイッチを利用して複数台のコンピュータをネットワークケーブルで接続したり，アクセスポイントと無線で接続したりしたものを指す．有線 LAN の通信方式として，現在はほとんどが Ethernet 系の規格が用いられている．無線通信により LAN を構成したものを無線 LAN といい，7 章および 8 章にて取り上げる．

- **MAN (Metropolitan Area Network)**

    各地点で構築された複数の LAN を相互接続したコンピュータネットワークであり，都市や市街地の一部または全域をカバーする規模を指す．CATV 会社が敷設した同軸ケーブルや光ファイバーなどの有線や，WiMAX などの無線通信によって接続される．特に無線通信により MAN を構成したものを無線 MAN という．

- **WAN (Wide Area Network)**

    県外や国，国際の範囲にわたる広範囲をカバーするコンピュータネットワークのことであり，ISP (Internet Service Provider) の提供する通信インフラを利用して構成される．光ファイバーなどの有線や，3G や LTE (Long Term Evolution) などの携帯電話網によって接続される．特に無線通信により WAN を構成したものを無線 WAN といい，6 章にて取り上げる．

- **インターネット**

    世界中の WAN を TCP/IP (Transmission Control Protocol/Internet Protocol) により相互接続した地球規模のコンピュータネットワークである．ISP は大手 ISP に接続したり，

IX (Internet eXchange) を介して相互接続している．

### 2.1.2 構成要素

- クライアント

　ユーザが操作するネットワーク上のコンピュータのことを示す．クライアントはコンピュータネットワーク上で提供されるサービスを利用することができる．ネットワークの端にあるため，端末やエンド端末などと表記されることもある．

- サーバ

　クライアントに対して様々なサービスを提供するコンピュータのことを示す．クライアントに対してファイルやプリンタなどのリソースを提供したり，電子メールや WWW (World Wide Web) などのアプリケーションやサービスを提供する．ホストやホストコンピュータと表記されることもある．

- **NIC (Network Interface Card)**

　クライアントやサーバがネットワークに接続するためのハードウェアである．有線を接続する端子が搭載されており，ラップトップ型コンピュータやスマートフォンなどは無線 LAN の NIC が基盤に搭載されている．

- ハブ・スイッチ

　ハブは，複数のネットワーク機器をネットワークケーブルで接続するための集線装置であり，ブリッジとも呼ばれる．ポートに接続された機器から送られてきた信号を，他のポートに接続された全ての機器に中継するリピータハブと，NIC に付与されている MAC (Media Access Control) アドレスの情報に基づいて特定の機器だけに信号を中継するスイッチングハブ（スイッチ）がある．無線 LAN のアクセスポイントをブリッジモードとして設定すると，スイッチとして動作する．

- ルータ

　ネットワーク同士を接続する装置で，ネットワーク上を流れるデータを他のネットワークへ中継する機能を持つ．ネットワーク機器に設定される IP アドレスの情報に基づいて，どの経路で転送すべきかを判断する経路選択機能を持つ．有線 LAN と無線 LAN を中継する機器を無線ルータといい，無線 LAN に対応したブロードバンドルータが該当する．

- ノード

　ネットワークの接点や分岐点，中継点などを意味する用語であり，ネットワークに接続される機器を示す．コンピュータやハブ，スイッチ，ルータなどのネットワーク機器を区別せずに呼称する場合に用いられることが多い．

## 2.2 TCP/IP の基礎

### 2.2.1 プロトコル

コンピュータが相互にデータ通信するためには，どのような情報表現をすればよいか，どのように情報を伝達すればよいかなど，いくつかの取り決めが必要になる．この通信規約をプロトコルと呼ぶ．コンピュータ上で動作する通信ソフトウェアは，役割の異なる複数のプロトコルを利用してデータ通信を行う．

### 2.2.2 OSI 参照モデル

プロトコルを設計するときの指標として，1983 年に国際標準化機構 (International Organization for Standardization: ISO) によって策定された OSI (Open System Interconnection) 参照モデルがある．図 2.2 左に示すように，OSI 参照モデルはプロトコルを 7 つの階層 (Layer 1〜7) に分割して個々のプロトコルを単純化するとともに，各階層のプロトコルを独立したものとして定義することができる．

OSI 参照モデルに基づいて OSI と呼ぶネットワークアーキテクチャが標準化されたものの，OSI 自体は普及せず，OSI 参照モデルの考え方がコンピュータネットワークの基本モデルとして広く用いられている．

### 2.2.3 TCP/IP 参照モデル

現在のインターネットをはじめとするコンピュータネットワークは，TCP/IP ネットワークアーキテクチャに基づいて構成されている．TCP/IP は 1969 年に誕生したインターネットの先祖にあたる ARPANET (Advanced Research Projects Agency Network) と，人工衛星や無線を利用したネットワークを相互接続するために開発されたプロトコル群である．後にインターネット関連技術の標準化団体である IETF (Internet Engineering Task Force) により RFC (Request for Comments) 1122 として標準化された．

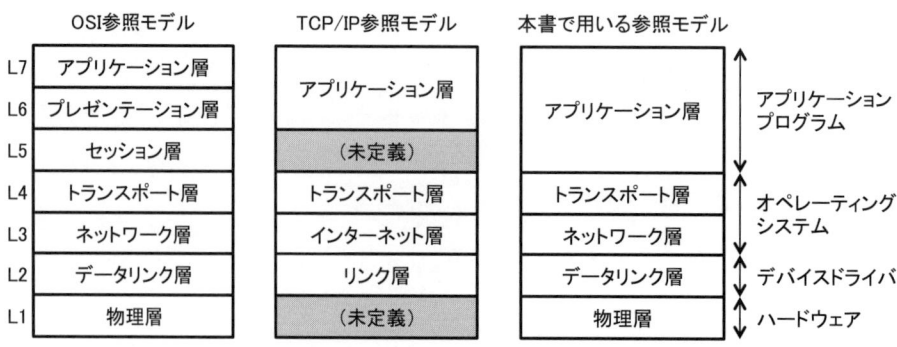

図 **2.2** 参照モデルの比較

TCP/IP 参照モデルは4つの層から構成されており，7層からなる OSI 参照モデルに準拠していないが，対応付けた場合は図 2.2 中央のように示されることが多い．TCP/IP 参照モデルでは OSI 参照モデルにおけるセッション層と物理層が定義されていないが，セッション層はアプリケーション層とトランスポート層をつなぐインタフェースであるソケットにあたり，アプリケーション層に包含して示されることが多い．また，物理層はデータリンク層とあわせてリンク層と示されることも多いが，実際のコンピュータのソフトウェアとハードウェアの関係を見ると，物理層は NIC などのハードウェアに，データリンク層は NIC などのデバイスドライバに対応付けられることが多い．

そのため，本章では図 2.2 右のように，アプリケーション層，トランスポート層，ネットワーク層，データリンク層，物理層の5層からなる混成モデルを用いて各層の役割を解説する．

**2.2.4 識別情報**

各層は独立したプロトコルとして定義されているため，各層において通信相手を特定するために下記の識別情報が定義されている．

**(1) MAC アドレス**

MAC アドレスは，データリンク層においてネットワーク機器を識別する情報であり，送信機器と同一ネットワークのどの機器にデータを伝送すればよいのかを示す．Ethernet や無線 LAN では 48 ビットの符号である．図 2.3 のように 8 ビットで区切った 16 進数の値で表記され，NIC に割り当てられている．上位3バイトは NIC のベンダーを識別する値となり，IEEE (Institute of Electrical and Electronics Engineers) が管理している．下位3バイトは各ベンダーが製品に重複しない値を設定するため，MAC アドレスは世界中で重複しないことが保証される．そのため，通常はユーザが設定することはない．

**(2) IP アドレス**

IP アドレスは，ネットワーク層においてネットワーク機器を識別するための情報であり，インターネットに接続しているどの機器にデータを伝送すればよいのかを示す．MAC アドレスと異なり，IP アドレスはユーザが設定することが可能だが，ネットワークに接続する機器同士で重複しないように設定しなければならない．サーバやルータ等は静的に IP アドレスを設定するが，クライアントは通常 DHCP (Dynamic Host Configuration Protocol) により動的に設定される（2.3.2 項で解説）．

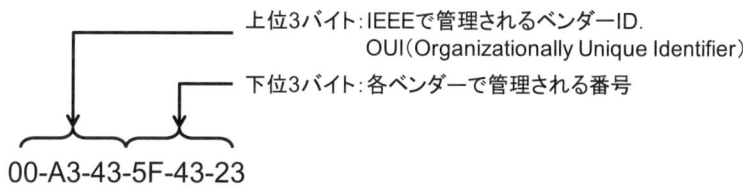

図 2.3　MAC アドレスのフォーマットと構造

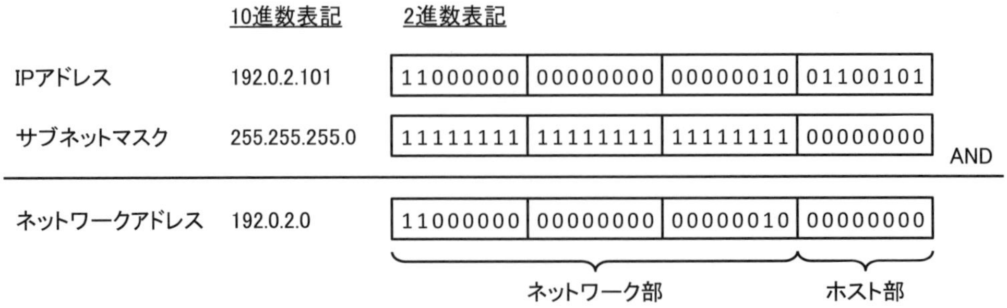

|  | 10進数表記 | 2進数表記 |
| --- | --- | --- |
| IPアドレス | 192.0.2.101 | 11000000 00000000 00000010 01100101 |
| サブネットマスク | 255.255.255.0 | 11111111 11111111 11111111 00000000  AND |
| ネットワークアドレス | 192.0.2.0 | 11000000 00000000 00000010 00000000 |

ネットワーク部　　　　　　ホスト部

図 2.4　IPv4 アドレスのフォーマットと構造

　IPv4 のアドレス長は 32 ビットであり，192.0.2.101 のように 0 から 255 の 10 進数の値 4 組をピリオドで繋いだ形式で表記される．IP アドレスは，ネットワークを示すネットワーク部と，そのネットワークに接続しているノードを示すホスト部から構成されている．ネットワーク部とホスト部の導き出すためには，サブネットマスクを利用する．サブネットマスクのビットが 1 の箇所，図 2.4 の例では上位 24 ビットがネットワーク部，サブネットマスクのビットが 0 の部分がホスト部となる．

　また，IP アドレスとサブネットマスクの論理積 (AND) を求めると，ネットワークアドレス 192.0.2.0 となる．なお，CIDR (Classless Inter-Domain Routing) 表記を用いると，192.0.2.101/24 のように，IP アドレスの後ろにスラッシュを記述し，その後にネットワーク部のビット数を記述することにより，簡潔に表現することができる．

　なお，ホスト部のビットが全て 0 の場合，ネットワークアドレスを示すことになり，ホスト部のビットが全て 1 の場合はブロードキャストアドレスと呼び，そのネットワークの全てのコンピュータにデータを送信するために使用される．そのため，この 2 つのアドレスはコンピュータに設定することはできない．

　今日のインターネット環境では IPv4 アドレスだけで全ての機器に重複しない IP アドレスを設定することは不足しているため，家庭や組織の LAN にはプライベート IP アドレスが利用されている．プライベート IP アドレスは LAN 内でのみ有効なアドレスであり，インターネットでは使用することはできない．そこで，インターネットに接続する境界ルータは，プライベート IP アドレスをインターネットで有効なグローバル IP アドレスに変換する形態となっている (2.5.2 項で解説)．

　また，アドレス長が 128 ビットに拡張された IPv6 への移行が進んでいる．IPv6 アドレスは 16 ビットごとに最大 4 桁の 16 進数で表記してコロン (:) で区切った形式で表記される．0 が連続する場合は 0 を省略し，コロンを 2 つ続けて表記することができる (ただし，IP アドレスの表記中に 1 箇所のみ)．例えば，2001:0DB8:0000:0000:0000:0012:0000:AB0C という IPv6 アドレスは，2001:DB8::12:0:AB0C のように略記できる．

　図 2.5 にノードを示す IPv6 ユニキャストアドレスの構造を示す．リンクローカルユニキャストアドレスは同一サブネット内の通信のみに使用できるアドレスであり，FE80 から始まる．ユ

```
                    48bits         16bits           64bits
グローバル      ┌─────────────┬──────┬──────────────────┐
ユニキャストアドレス │ Global Routing Prefix │ Subnet ID │   Interface ID   │
                    └─────────────┴──────┴──────────────────┘

               10bits    54bits              64bits
リンクローカル   ┌──────┬────────┬──────────────────┐
ユニキャストアドレス │1111111010│    0    │   Interface ID   │  FE80::/10
               └──────┴────────┴──────────────────┘

             7+1bits  40bits    16bits         64bits
ユニークローカル ┌─────┬───────┬──────┬──────────────────┐  FC00::/8
ユニキャストアドレス │1111110 L│Global ID│Subnet ID│   Interface ID   │  FD00::/8
             └─────┴───────┴──────┴──────────────────┘
                    ↑
                  通常は1
```

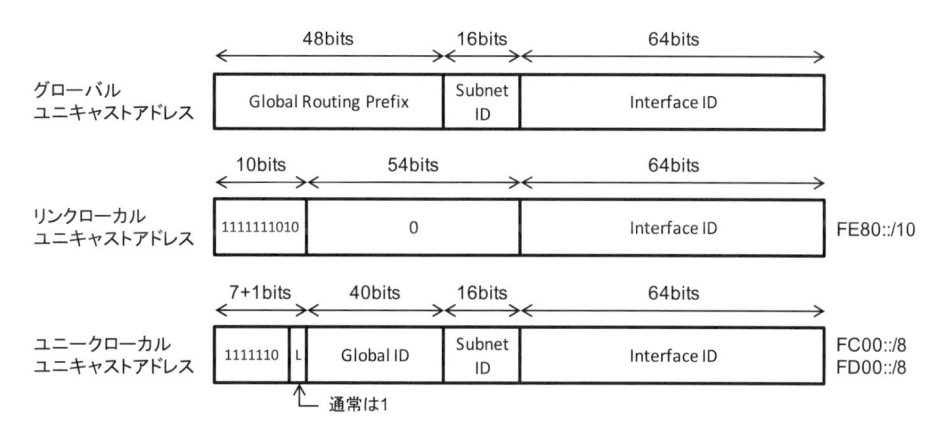

図 2.5 IPv6 ユニキャストアドレスの種類と構造

ニークローカルユニキャストアドレスはインターネットとの通信を想定していない閉じた LAN で使用されるアドレスであり，通常は FD80 から始まる．IPv4 におけるプライベートアドレスのような使い方をするが，異なる LAN であっても一意になるよう Global ID をランダムに決定する．グローバルユニキャストアドレスはインターネットとの通信を行うノードに設定されるアドレスであり，一般的に利用される．グローバルルーティングプレフィックスが各サイト（組織）に割り当てられ，サブネット ID でサイト内のサブネットを指定する．IPv4 におけるグローバルアドレスに該当する．IPv6 アドレスの前半 64 ビットはネットワークを識別する値であり，プレフィックスと呼ばれる．後半 64 ビットはノードを識別する値であり，インタフェース ID と呼ばれる．

IPv6 アドレスも静的，動的に設定することが可能で，動的に設定する仕組みとして，DHCPv6 の他，アドレス自動生成機能がある．IPv6 ネットワークを構成するルータはサブネットを示すプレフィックスを広告しており，サブネットに接続したノードは受信したプレフィックスと，自身の MAC アドレスから生成される値やランダムな値をインタフェース ID として IPv6 アドレスを動的に生成することができる．

**(3) ポート番号**

ポート番号は，トランスポート層においてコンピュータ上で動作している複数のアプリケーションプロセスを識別する情報であり，トランスポートプロトコルごとに 16 ビットの 10 進数で表記される．TCP/IP の主要なプロトコルが使用するポート番号は Well-Known ポート番号として定義されており，0～1023 までの番号が割り当てられている．表 2.1 に代表的な Well-Known ポート番号を示す．

その他，1024～49151 の範囲が登録済みポートとして定義されており，Well-Known ポート番号と合わせて IANA (Internet Assigned Numbers Authority) によって管理，公開されている．49152～65535 の範囲については，ユーザが私的にポート番号を使用する場合や，クライアント側ポート番号（エフェメラルポート）として割り当てる場合に利用される．ただし，オペレーティングシステムによってエフェメラルポート番号の範囲は異なっており，例えば

表 2.1 代表的なプロトコルと Well-Known ポート番号

| アプリケーションプロトコル | トランスポートプロトコル | ポート番号 |
| --- | --- | --- |
| FTP | TCP | 20（データ），21（制御） |
| SSH | TCP | 22 |
| TELNET | TCP | 23 |
| SMTP | TCP | 25 |
| DNS | UDP | 53 |
| DHCP | UDP | 67（サーバ），68（クライアント） |
| HTTP | TCP | 80 |
| POP3 | TCP | 110 |
| BGP | TCP | 179 |
| HTTPS | TCP | 443 |
| RIP | UDP | 520 |

Windows の場合は 1024 番，Linux では 32768 番から始まっている．

**(4) ホスト名・ドメイン名**

IP アドレスは数値の羅列であるため，ユーザにとってネットワーク機器を区別しやすいように通常は名前を割り当てて利用する．機器の名前はホスト名とドメイン名から構成される FQDN (Fully Qualified Domain Name) の記述形式で表記され，ドットで区切られた複数のラベルで構成される．ホスト名はノードを識別する名前であり，FQDN のうち先頭ラベルに位置する．ドメイン名は FQDN のうちホスト名を除いた部分であり，組織を識別する名前である．なお，ドメイン名を含んでホスト名と呼ぶことも多い．例えば，www.example.com という名前のうち，example.com がドメイン名，www がホスト名である．

ホスト名およびドメイン名はアプリケーション層で使用される識別子である．実際にネットワークへデータを送信する際には，名前ではなく IP アドレスを利用しなければならない．そのため，DNS (Domain Name System) を利用してホスト名を IP アドレスに変換する必要がある．

### 2.2.5 データのカプセル化

アプリケーションが送信するデータは，アプリケーション層から順に下位層へ渡されていく．上位層から下位層へデータが渡される際，各層のプロトコルがデータを処理するための制御情報をヘッダに記載してデータに付与する．この処理をカプセル化と呼ぶ．通信相手に届けるデータとヘッダを連結した PDU (Protocol Data Unit) と呼ばれる単位で処理され，図 2.6 に示すように各層で PDU の名称が定義されている．データを受信したコンピュータは，各層でヘッダの内容に従ってデータを処理し，上位層へ渡す際にヘッダを取り除いていき，最終的にアプリケーションへデータが渡されることにより，通信が成立する．

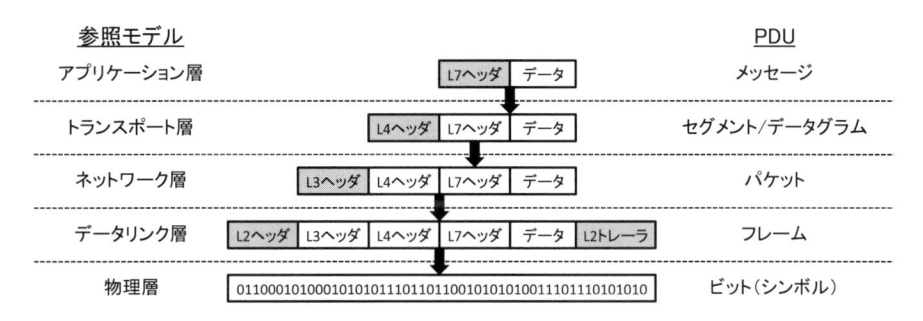

```
                参照モデル                                                PDU
            アプリケーション層           [L7ヘッダ][データ]                 メッセージ
            トランスポート層        [L4ヘッダ][L7ヘッダ][データ]           セグメント/データグラム
            ネットワーク層     [L3ヘッダ][L4ヘッダ][L7ヘッダ][データ]         パケット
            データリンク層  [L2ヘッダ][L3ヘッダ][L4ヘッダ][L7ヘッダ][データ][L2トレーラ]  フレーム
            物理層        0110001010001010101110110110010101010011101110101010     ビット(シンボル)
```

図 2.6 データのカプセル化と PDU

## 2.3 アプリケーション層

アプリケーション層は TCP/IP プロトコルスタックの最上位にあたり，ネットワークを利用するアプリケーション間でデータをやり取りするための手順やメッセージフォーマットを定義している．アプリケーション層で生成されたメッセージは，ソケットインタフェースを通じてトランスポート層へ渡され送信される．通信相手からデータを受信したときは，ソケットインタフェースを通じてトランプポート層からメッセージを受け取る．

アプリケーション層には数多くのプロトコルが定義されており，TELNET（仮想端末），FTP (File Transfer Protocol，ファイル転送)，SMTP (Simple Mail Transfer Protocol，電子メール) の他，Web ページを取得する HTTP (Hyper Text Transfer Protocol) や，DNS，DHCP (Dynamic Host Configuration Protocol) などがある．

### 2.3.1 HTTP

HTTP (HyperText Transfer Protocol) は，Web ブラウザを起動してインターネット上で公開されている Web ページを閲覧するためのプロトコルであり，TCP の 80 番ポートを利用する．HTTP クライアントは URL (Uniform Resource Locator) で HTTP サーバと Web ページなどのリソースを指定すると，HTTP Request メッセージを生成して HTTP サーバへ送信する．HTTP サーバは要求されたリソースを記載した HTTP Response メッセージを HTTP クライアントへ応答する．

図 2.7 に www.example.com の index.html を要求した場合のメッセージ例を示す．HTTP のメッセージはテキスト形式のヘッダとデータで構成されている．ヘッダにはホスト名や要求するリソース名，データの長さなどの制御情報が記載されている．Response メッセージのデータ部には，index.html の内容が記載されており，Web ブラウザは index.html の Web ページを表示することができる．

### 2.3.2 DHCP

2.2.4 項で述べたとおり，ノードには IP アドレスを静的または動的に設定するが，動的な設定

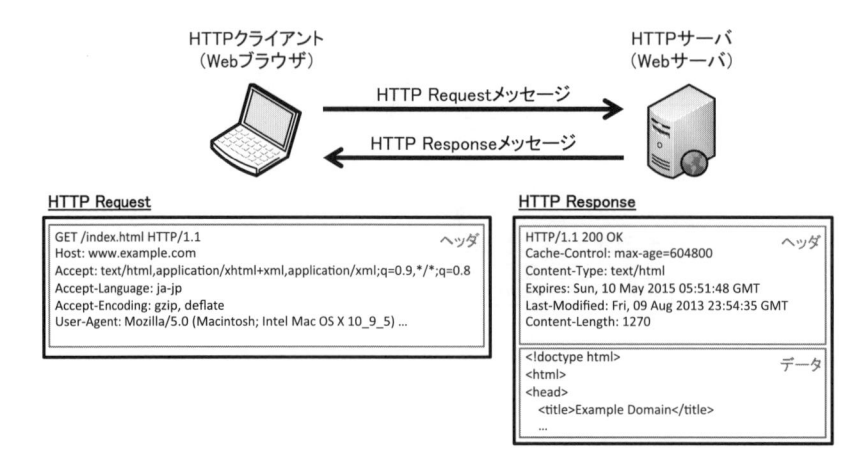

図 2.7　HTTP メッセージフォーマット

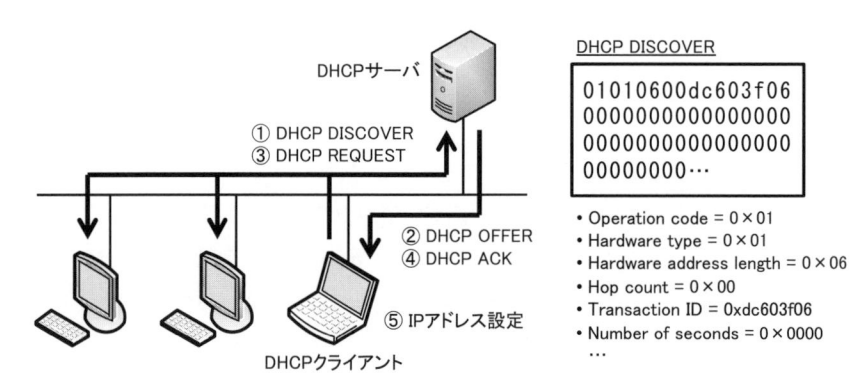

図 2.8　DHCP による IP アドレスの動的設定

の場合はネットワークに存在する DHCP (Dynamic Host Configuration Protocol) サーバから使用可能な IP アドレスを割り当ててもらうことができる．DHCP はノードに対して IP アドレスを自動的に割り当てるプロトコルであり，UDP の 67/68 番ポートを利用する．DHCPv6 では UDP の 546/547 番ポートが利用されるが，ここでは IPv4 における DHCP について取り上げる．

図 2.8 に示すように，DHCP は 4 種類のメッセージから構成され，以下の 5 つの手順により IP アドレスが設定される．

① DHCP クライアントは DHCP サーバを探索するために，DHCP DISCOVER メッセージをブロードキャストする．
② DHCP DISCOVER メッセージを受信した DHCP サーバは，使用可能な IP アドレスの情報を記載した DHCP OFFER メッセージを DHCP クライアントに対して応答する．
③ DHCP クライアントは提示された IP アドレスで問題なければ，DHCP サーバの IP アドレスを書き込んだ DHCP REQUEST メッセージをブロードキャストして IP アドレスを

要求する.

④ DHCP REQUEST メッセージを受信した DHCP サーバは，そのメッセージに自身の IP アドレスが記載されていれば，貸し出す IP アドレスや貸出期間，デフォルトゲートウェイや DNS サーバの IP アドレスなどの情報を記載した DHCP ACK メッセージを DHCP クライアントに応答する.

⑤ DHCP ACK メッセージを受信した DHCP クライアントはその内容に従って IP アドレスなどを自動的に設定する.

DHCP のメッセージは HTTP のようなテキスト形式ではなく，バイナリ形式で構成されている．例えば，DHCP ヘッダの 1 バイト目は Operation Code フィールドで，値が $0 \times 01$ なら BOOTREQUEST, $0 \times 02$ なら BOOTREPLY, 2 バイト目は Hardware Type フィールドで，値が $0 \times 01$ なら Ethernet, $0 \times 06$ なら IEEE 802, 3 バイト目はハードウェアアドレスの長さのように定義されている.

## 2.4 トランスポート層

ネットワークに接続するノード上には複数のアプリケーションが稼働している．トランスポート層は，アプリケーション層から渡されたメッセージをトランスポートプロトコルのデータ単位にカプセル化する．また，送信側アプリケーションと受信側アプリケーションの間に，仮想的なデータフローを作成して，ネットワークで送受信するデータを適切なアプリケーションへ送り届ける役割を持つ.

インターネットで利用されている代表的なトランスポートプロトコルとして，TCP (Transmission Control Protocol) と UDP (User Datagram Protocol) がある.

### 2.4.1 フロー

フローは送信元 IP アドレス，宛先 IP アドレス，送信元ポート番号，宛先ポート番号，プロトコル番号の 5 つの値の組により識別される．図 2.9 にサーバがフローを識別する様子を示す．まず，サーバでは Web サーバと DNS サーバが稼働しており，それぞれ HTTP を利用するため TCP の 80 番ポート，DNS を利用するため UDP の 53 番ポートを使用する.

クライアント A は Web ブラウザを開き，Web サーバの URL を入力して接続すると，Web ブラウザには未使用のポート番号が割り当てられ，サーバの IP アドレスと TCP の 80 番ポートを宛先としたフロー A が形成される．Web サーバはフロー A から受信したデータを宛先ポート番号により特定される Web サーバのプロセスへ渡すことができる.

Web サーバからクライアント A への応答はフローの送信元と宛先が入れ替わるため，クライアント A はフロー A から受信したデータを宛先ポート番号に基づいて Web ブラウザのプロセスに渡す．これにより，Web サーバと Web ブラウザ間のデータ通信が成立する.

一方，クライアント B も同じ Web サーバにアクセスした場合，宛先はサーバの IP アドレ

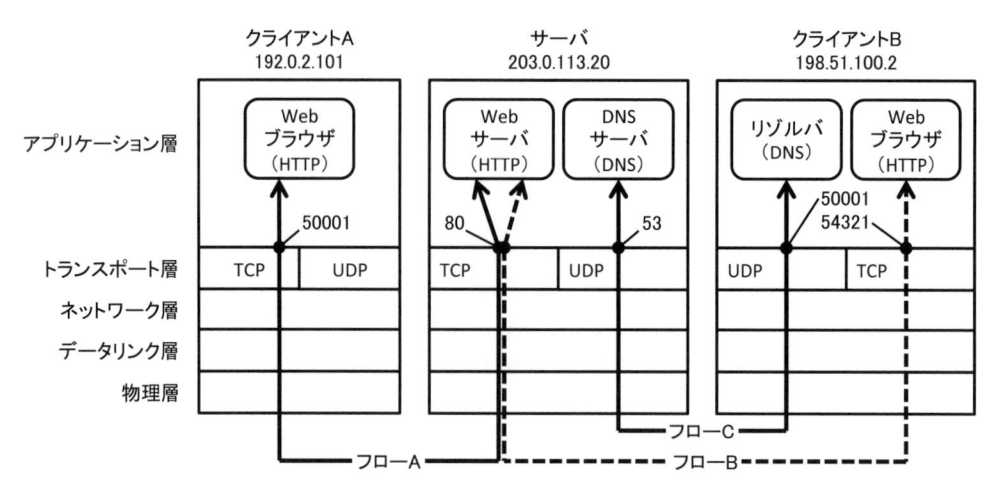

図 2.9 フローの識別

スと TCP の 80 番ポートと同じ値となるが，送信元はクライアント B の IP アドレスと動的に割り当てられたポート番号からなるフロー B が形成される．そのため，Web サーバは送信元の情報の違いからフロー A とフロー B を区別することができる．クライアント B とサーバ間で行われる DNS の通信（フロー C）も，UDP とポート番号から DNS サーバプロセスとリゾルバプロセス間でデータ通信を行うことができる．

### 2.4.2 TCP

TCP (Transmission Control Protocol) はコネクション型のプロトコルで，通信の信頼性を保障することができる．コネクションとは仮想的な通信路（バーチャルサーキット）であり，アプリケーション同士を仮想的に接続することにより確実にデータの送信を制御する．本項では，コネクションを確立してからデータを伝送し，コネクションを切断するまでの流れと，信頼性を確保する様々な制御技術について取り上げる．

**(1) コネクションの確立**

TCP を使って通信を行う場合，最初に通信相手との間でコネクションの確立を行う．図 2.10(a) のように，クライアントは初期シーケンス番号 $i$ をランダムに設定した SYN (Synchronize) セグメントをサーバへ送信する．サーバは SYN + ACK (Acknowledge) セグメントを応答するが，このシーケンス番号にはサーバがランダムに設定した値 $j$，確認応答番号には受信した SYN セグメントのシーケンス番号に 1 を加えた値 $i+1$ が記載される．クライアントがこのセグメントを受信したら，シーケンス番号を $i+1$，確認応答番号を $j+1$ とした ACK セグメン

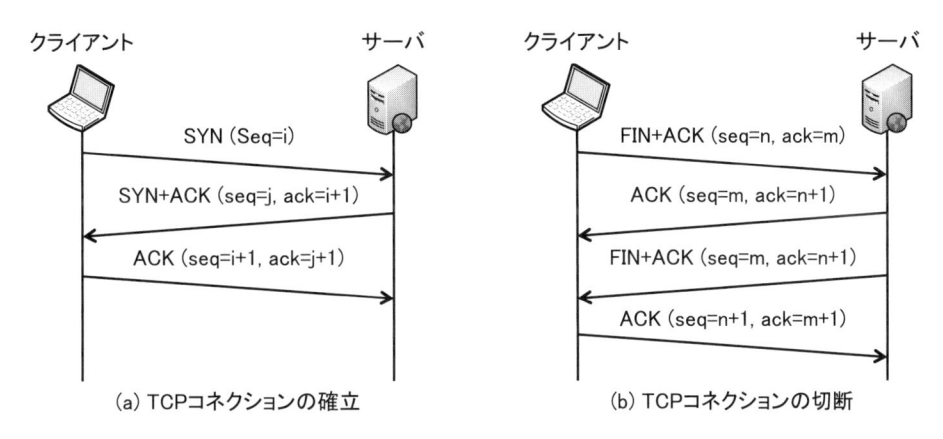

図 2.10　TCP コネクションの確立と切断

トを応答する．以上の処理を 3 ウェイハンドシェイクと呼び，クライアントとサーバ間でコネクションが確立される．

SYN セグメントには 1 つの TCP セグメントが運ぶことができるデータ量を示す MSS (Maximum Segment Size) の情報が記載されており，クライアントとサーバのうち小さい方の値が採用される．SYN や ACK などを識別する情報は TCP ヘッダのフラグとして設定され，シーケンス番号や確認応答番号，MSS の値なども全て TCP ヘッダに記載される．そのため，コネクション確立時に交換される TCP セグメントは TCP ヘッダのみで構成され，TCP データは存在しない．

**(2)　データ伝送**

コネクション確立後，クライアントはアプリケーション層から渡されたメッセージを MSS 値以下となるように分割し，それぞれ TCP ヘッダを付与して複数の TCP セグメントを順に通信相手へ送信する．

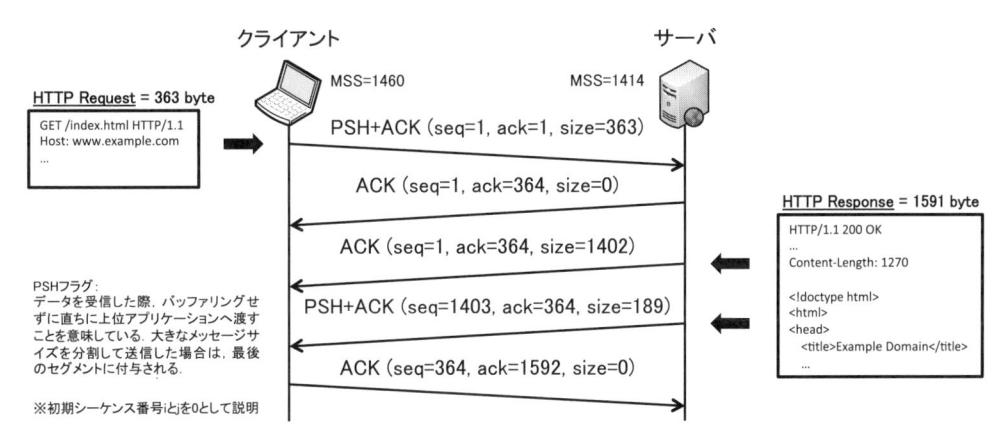

図 2.11　TCP によるデータ伝送

例えばクライアントとサーバの MSS 値が図 2.11 のとき，TCP セグメントサイズは 1414 バイト以下となる．ここで，クライアントが図 2.7 で示した www.example.com の Web ページを取得するために HTTP Request メッセージ（363 バイト）を HTTP サーバへ送信する場合，1 つの TCP セグメントで送信できる．サーバは ACK を応答した後，HTTP Response メッセージ（1591 バイト）を送信するが，メッセージサイズが MSS 値を超えるため，この応答メッセージは 2 つの TCP セグメントに分割して送信される．

**(3) コネクションの切断**

通信を終了する際，図 2.10(b) のようにクライアントとサーバ間で FIN セグメントと ACK セグメントを互いに交換することにより，コネクションを切断する．同じサーバと通信する場合は，再度コネクションを確立することになる．

**(4) 信頼性の確保**

TCP が備えている信頼性向上の機能として，下記のような仕組みがある．

- 送達確認

　図 2.11 に示すように，3 ウェイハンドシェイクで決定されたシーケンス番号は転送するデータの 1 バイト目を示しており，確認応答番号はシーケンス番号に受信したデータサイズを加算した値が設定される．すなわち，シーケンス番号は転送するデータの先頭位置，確認応答番号は次に送信して欲しいデータの先頭位置となる．確認応答番号は ACK セグメントに掲載されているため，データ送信側ノードは，通信相手がどこまでのデータを正常に受信したのかを確認することができる．

- 再送制御

　データを送信した後，通信相手から ACK セグメントが返信されない場合，何らかの理由で TCP セグメントがロスしている可能性が考えられる．そのため，TCP では再送タイムアウト時間 (Retransmission Time Out: RTO) を経過しても ACK セグメントが返ってこない場合は，同じ TCP セグメントを再送する．RTO は，TCP セグメントの往復遅延時間 (Round Trip Time: RTT) の平均的な値とその変動の大きさを考慮して計算式によって算出される．

- 順序制御

　全ての TCP セグメントにはシーケンス番号が付与されているため，大きなメッセージを分割して送信し，受信側ノードは異なる順序で TCP セグメントを受信しても，シーケンス番号とデータサイズから正しい順序に再構成することができる．

- ウィンドウ制御

　データを転送する際，1 セグメント送信する度に ACK セグメントを応答していると，RTT が長くなるにつれてスループットが低下するという欠点がある．そこで，ウィンドウと呼ぶバッファを用意して，一度に複数のセグメントを送信する．ウィンドウの大きさをウィンドウサイズと呼び，3 ウェイハンドシェイク時にクライアントとサーバ間で互いに通知する．

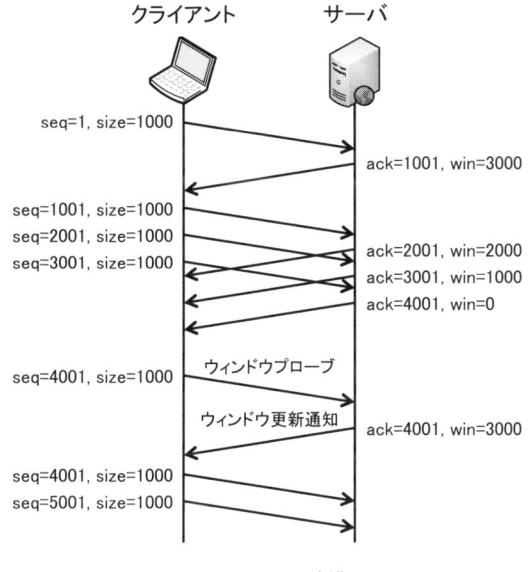

図 2.12 フロー制御

例えば，通信相手ノードのウィンドウサイズが 4000 で MSS が 1000 とすると，一度に最大 4 つのセグメントを送信できる．受信側ノードは受信できたセグメントの情報をまとめて ACK セグメントで応答する．図 2.11 におけるクライアントが HTTP Response メッセージを受信して ACK を返す部分が該当する．

- フロー制御

 受信側ノードのバッファは有限であり，多数のデータを受信しているとバッファがあふれる可能性がある．そこで，受信側ノードはウィンドウサイズを小さく設定して送信側ノードへ通知することにより，送信側ノードのデータ送信量を制御する．

 図 2.12 にフロー制御の例を示す．受信側ノード（サーバ）のバッファが一杯になった場合，ウィンドウサイズが 0 であることを送信側ノード（クライアント）へ通知し，データ送信を一旦停止する．送信側ノードはウィンドウプローブを定期的に送信して，受信側ノードの最新のウィンドウサイズを取得する．受信側ノードはバッファに空きができれば，ウィンドウ更新通知でウィンドウサイズを通知することにより，データ転送を再開する．

- 輻輳制御

 ウィンドウ制御により一度に大量のセグメントを送信できることを述べたが，途中のネットワークは多数のコンピュータで共有しているため，既に他の通信によってネットワークが混雑している状態，すなわち輻輳している可能性がある．

 そのため，スロースタートと呼ぶアルゴリズムに従って徐々にセグメント数を増加させ，転送速度を上げる．この送信者が管理するウィンドウを輻輳ウィンドウと呼び，セグメントのロスが発生しなければ，輻輳ウィンドウはネットワークの限界まで増加させていく．輻輳が発生してセグメントがロスしたら輻輳ウィンドウサイズを減少させて転送速度を下げて輻輳

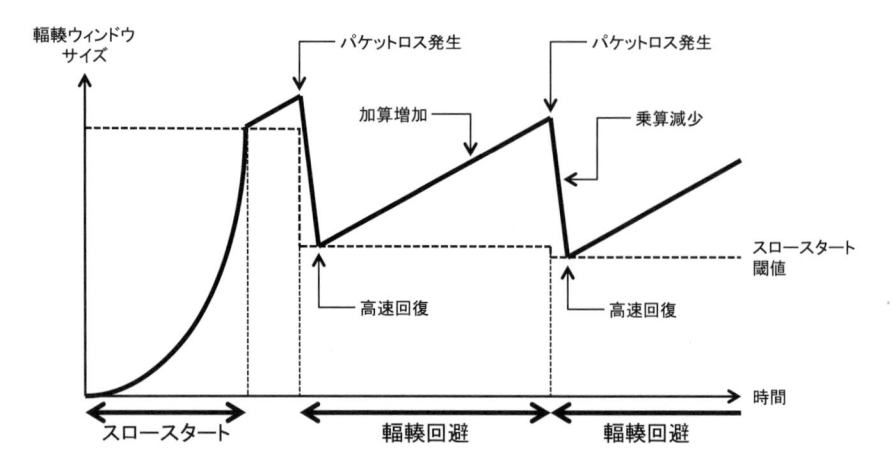

図 2.13　輻輳ウィンドウサイズの変化 (TCP Reno)

を回避する．輻輳ウィンドウサイズを調整することにより，転送速度を調整して安定した通信となるように制御を行う．

輻輳ウィンドウサイズを調整するために，様々な輻輳制御アルゴリズムがあり，最初の TCP Tahoe，およびこれを改良した TCP Reno（図 2.13）や TCP New Reno があり，これまでのインターネットで主に利用されてきた．

近年は無線ネットワーク環境が高速化され，このような高速・高遅延ネットワークにおいて従来の TCP Reno では十分に性能を発揮できないという問題が顕在化してきた．そこで様々な輻輳制御アルゴリズムが提案，利用されている．例えば，TCP Reno と同様にパケットロスを輻輳の指標として判断するが，より積極的に帯域を確保する高速 TCP である TCP CUBIC が Linux や Android で採用されている．また，RTT の増大を輻輳の指標として用いる遅延ベース手法に基づく TCP Vegas の他，ロスベースと遅延ベースを組み合わせた Compound TCP が Vista 以降の Windows OS に採用されている．

### 2.4.3　UDP

UDP (User Datagram Protocol) はコネクションレス型のプロトコルで，TCP と比較すると通信の信頼性が保障されていない．TCP のように通信開始時にコネクションを確立することはなく，アプリケーションからデータ送信の要求があった時点で通信相手ノードへ送信する．また，TCP のようなフロー制御や再送制御などを行わないため，制御セグメントの交換に伴う遅延は発生せず，動画や音声などのリアルタイム性を重視するアプリケーションや，少ないパケット数でデータ通信が完了するアプリケーションに向いている．

アプリケーション層から渡されたメッセージに UDP ヘッダを付与してデータグラムを生成する．下位層が IPv4 の場合，1 データグラムで送信できる最大データサイズは，65507 バイト（65535 バイトから IP ヘッダ 20 バイトと UDP ヘッダ 8 バイトを除いた値）となる．

音声や動画データが載ったパケットの一部がネットワークで欠落した場合，受信側では該当

部分がデータ欠損となり，ノイズとして再生されることになる．なお，UDPを用いたアプリケーションで再送制御などデータの信頼性を保障する必要がある場合は，全てアプリケーションプロセス側で対処する必要がある．

また，コネクションを確立せず，通信相手ノードへデータを送信することができるため，同報性が必要な通信（ブロードキャストやマルチキャスト）などにも向いている．例えば2.3.2項で述べたDHCP DISCOVERメッセージのようにネットワーク内に存在する特定のノードを探索する場合や，あるノードがネットワーク内に存在する全てのノードに対して特定の情報を広告する場合などに用いられる．

## 2.5 ネットワーク層

ネットワーク層は，トランスポート層から渡されたTCPセグメントやUDPデータグラムに送信元ノードと宛先ノードのアドレス情報を記載したヘッダを付与してパケットを構築する．また，パケットをデータリンク層へ渡すことにより，ネットワークをまたがってパケットを伝送する役割を持つ．インターネットで用いられているIP (Internet Protocol) はネットワーク層で定義されており，現在主に使用されているIPv4 (IP version 4) に加え，今後のインターネット環境に対応していくために新しく策定されたIPv6 (IP version 6) がある．

本節では，ルーティングとIPv4におけるNATについて説明する．なお，IPv6については，文献[11,12]などで別途学習することが望ましい．

### 2.5.1 ルーティング

パケットを通信相手まで届けるためには複数のネットワークを経由する必要がある．その際，パケットをネットワーク上のどの経路を選択して配送するかを決定する制御をルーティング（経路制御）と呼ぶ．

**(1) ルーティングテーブル**

ネットワークに接続しているノードはルーティングテーブルと呼ぶ経路制御表を保持しており，このテーブルに従ってパケットの転送先を決定する．図2.14に示すネットワーク構成のとき，クライアントAがサーバAと通信する場合を考える．クライアントAはサーバAへ送信するTCPセグメントまたはUDPデータグラムにIPヘッダを付与して，サーバAのIPアドレスSAを宛先IPアドレスとして記載する．次に自身のルーティングテーブルを参照し，サーバA宛の経路を探すが，どのルートにも一致しないため，デフォルトルートが選択される．このルートが選択されると，クライアントAはeth0のNICからデフォルトゲートウェイとして設定されているルータ1へパケットを送信する．

ルータ1がこのパケットを受信すると，宛先IPアドレスからネットワークCに一致するため，eth1のNICからルータ2へパケットを転送する．ルータ2も同様に自身のルーティングテーブルを検索し，eth1のNICからルータ2へ，すなわち自身へ転送することが示されてい

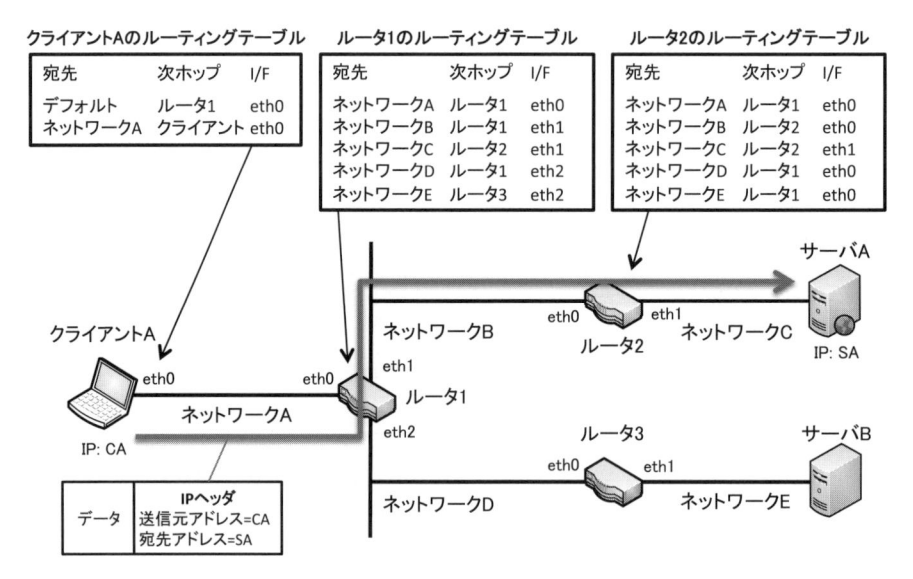

図 2.14 ルーティング

る．このとき，ルータ 2 はパケットの宛先となっているサーバ A は接続しているネットワーク内に存在すると認識し，サーバ A へパケットを転送する．

ルーティングには，あらかじめルータに経路情報を設定しておく静的ルーティングと，隣接するルータ間で情報を交換して動的に経路を決定する動的ルーティングがある．静的ルーティングは一度設定してしまえば，ルータはルーティングテーブルに従ってパケットを転送するだけであるため負荷は小さいが，ネットワークの規模が大きくなると設定の手間がかかる．また，ネットワークの状態が変化しても常に同じ経路が選択される．

それに対して動的ルーティングはルータ間でルーティングプロトコルを利用して動的に経路表を設定できるため，ネットワークが大規模になっても管理者の手間は増えない．また，選択される経路も更新されるため，障害発生時に経路を迂回するなどの細かな制御も可能である．

**(2) ルーティングアルゴリズム**

ルーティングプロトコルによりルータ間で情報を交換してルーティングテーブルを動的に生成するが，どのようなルーティングを行うかを考える必要がある．代表的なルーティングアルゴリズムは，次の 2 種類に分類できる．

● **距離ベクトル型 (Distance Vector)**

宛先までの距離（メトリック）と方向に関する情報を交換することにより，最小となる経路を決定するアルゴリズムである．代表的なルーティングプロトコルとして，RIP (Routing Information Protocol) や IGRP (Interior Gateway Routing Protocol) などがある．RIP におけるメトリックはホップ数（ルータを経由する数）として定義され，ホップ数が最小となる経路が最適な経路と判断する．

● リンク状態型 (Link State)

ルータがネットワーク全体の接続状態を記憶し，全てのルータが同じ情報を共有した上で最適な経路を決定するアルゴリズムである．ルータは隣接するルータとのリンク状態を監視し，障害によりリンクが切れたり，復旧によりリンクが繋がったりしたら，その情報をネットワーク上にブロードキャストすることにより，接続状態を共有する．代表的なルーティングプロトコルとして，OSPF (Open Shortest Path First) などがある．

### 2.5.2 NAT

IP パケットを正しく宛先ノードへルーティングするためには，ネットワークに接続する世界中のノードの IP アドレスが重複してはならない．しかし，IPv4 は IP アドレスが枯渇しており，全てのノードに一意な IP アドレスを割り当てることができない．

そこで，LAN などのローカルなネットワークだけで利用可能なプライベート IP アドレスを導入し，インターネットに接続するルータに設定される 1 つのグローバル IP アドレスを LAN 内の複数のノードが共有する形態が一般となっている．このプライベート IP アドレスとグローバル IP アドレスを変換する機能が NAT (Network Address Translation) である．通常，NAT は IP ヘッダに記載された IP アドレスだけでなく，TCP/UDP ヘッダに記載されたポート番号も変換するため，NAPT (Network Address Port Translation) や IP マスカレードとも呼ばれる．

図 2.15 に NAT によるアドレス変換の様子を示す．クライアント A がサーバと通信する際，IP ヘッダの送信元 IP アドレスはクライアント A のプライベート IP アドレス PA が記載されてデフォルトゲートウェイである NAT ルータに転送される．NAT ルータは LAN から WAN へ出ていくパケットを転送する際，NAT 機能により送信元 IP アドレス PA を自身のグローバ

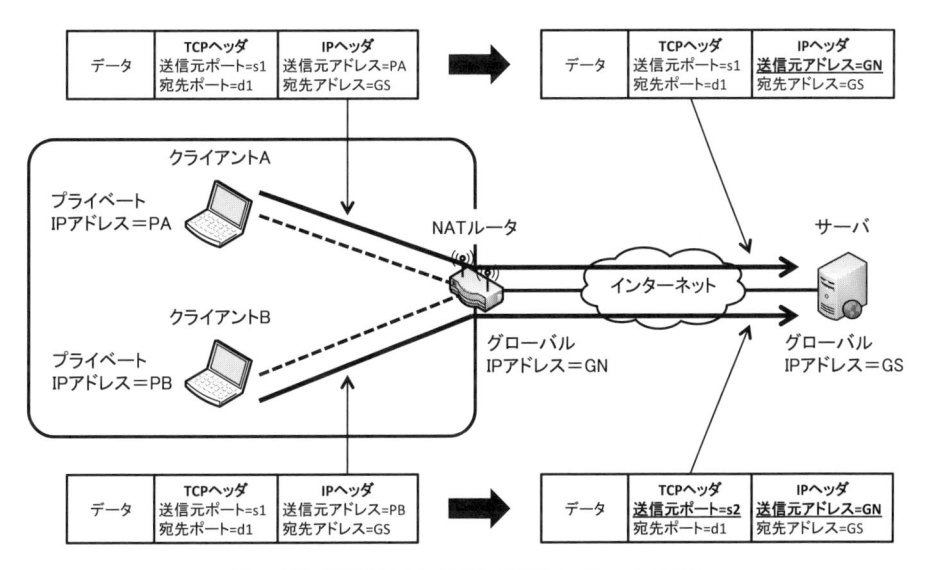

図 2.15 NAT によるアドレス変換とパケットの様子

ルIPアドレスGNに変換して送信する．送信元ポート番号s1を利用したフローが存在しない場合は，ポート番号の変換は行われない．この変換関係の情報をNATテーブルとして記録する．

　サーバは応答パケットをNATルータ宛に送信する．NATルータは宛先ポート番号を確認して，記録したNATテーブルからTCPのs1番はクライアントAのフローと識別できるため，宛先IPアドレスをNATルータのグローバルIPアドレスGNからクライアントAのプライベートIPアドレスPAに変換して転送する．

　一方，クライアントBも同じサーバへ通信を行う場合，クライアントBが送信したパケットの送信元ポート番号が既に別のフローが使用している場合，NAT機能により未使用のポート番号s2に変換して転送する．これにより，NATルータはサーバからの応答パケットを受信した際，宛先ポート番号を確認することにより，正しいクライアントへ転送することができる．

## 2.6 データリンク層

　データリンク層は通信媒体で物理的に直接接続された機器間でデータをやり取りするための仕様を定めている．データリンク層は図2.16のようにLLC (Logical Link Control) 副層とMAC (Media Access Control) 副層の2層に分割され，LLC副層は物理メディアに依存しない論理的な処理を，MAC副層は物理層とのデータの受け渡しを行う．

　有線LANはDEC，Intel，Xeroxの3社が開発した技術規格であるEthernet（3社の頭文字を取ってDIXと表記される）と，後に標準化されたIEEE 802.3の2つの規格があるが，現在のTCP/IP通信では特殊な用途を除いて，Ethernetが用いられている．なお，EthernetにはLLC副層やMAC副層は定義されておらず，データリンク層と物理層にまたがって策定されている．

　無線LANの規格はIEEE 802.11と呼ばれ，IEEE 802.11a，IEEE 802.11bのように様々な拡張仕様が策定されている．この他，無線PANであるBluetoothやZigBeeがIEEE 802.15として，また無線MANであるWiMAXがIEEE 802.16として，MAC副層および物理層が定義されている．

　本節ではMAC副層における主な機能であるフレーム化と誤り制御について取り上げる．

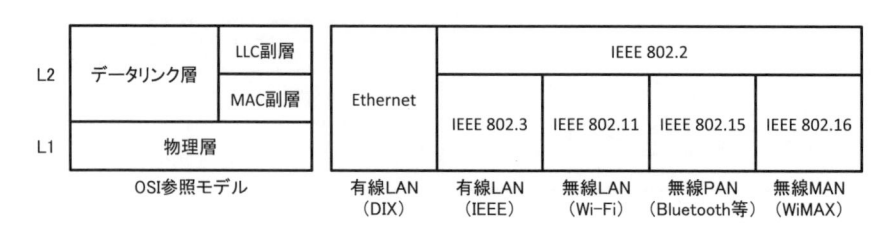

図 2.16　データリンク層と通信規格の関係

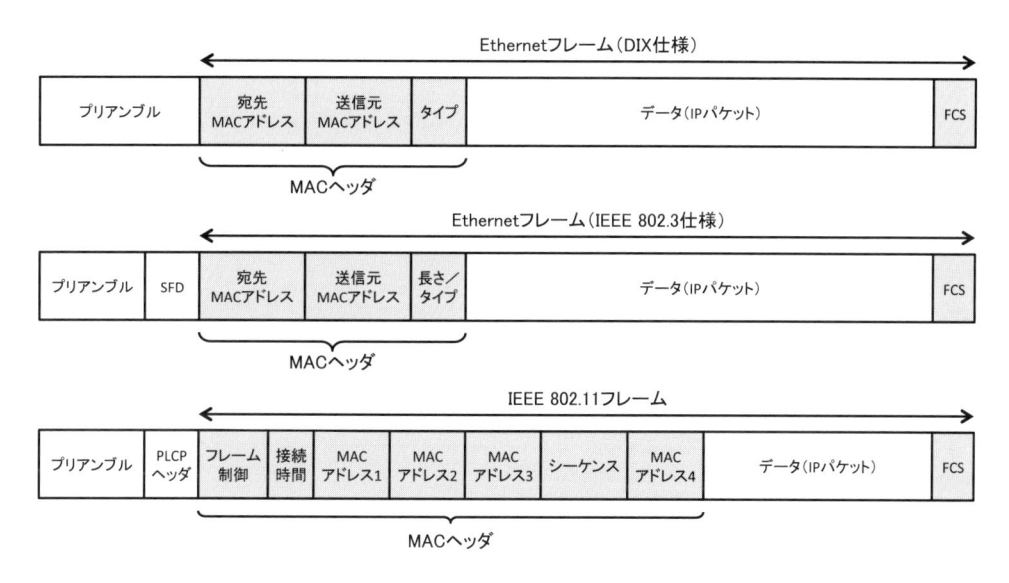

図 2.17　フレームフォーマット

### 2.6.1　フレーム化

データリンク層では，ネットワーク層から渡された IP パケットにヘッダとトレーラを付加し，パケットをフレーム化する．一般的に TCP/IP 通信の場合は，図 2.17 に示す DIX Ethernet フレームの構成となる．ヘッダには宛先と送信元 MAC アドレス，ネットワーク層から渡されたデータのプロトコルタイプが記載され，MAC ヘッダ，L2 ヘッダ，Ethernet ヘッダ等と呼ばれる．宛先 MAC アドレスには隣接しているノードのアドレスとなるため，異なるネットワークにパケットを転送する場合は，ルータの MAC アドレスが設定される．

トレーラは IP パケットの後ろに付与されるデータであり，FCS (Frame Check Sequence) が該当する．FCS には，フレームが伝送路を通過するときに発生するエラーを検査するための CRC (Cyclic Redundancy Check) の値が格納される．

フレームは 0 と 1 のビット列に変換され，物理層へ渡される．ここで，信号の同期やフレームの先頭を識別するために，フレームの前に固定のビットパターンが記載される．このビットパターンをプリアンブルと呼ぶ．

無線 LAN の MAC ヘッダには，有線 LAN と比べて多くの情報が記載されている．MAC アドレスが記載されるフィールドが 4 つ存在するが，ネットワークの構成により記載される MAC アドレスが変化する．例えば，あるアクセスポイントに接続している 2 台の無線 LAN ノードが通信する場合，宛先および送信元ノードの MAC アドレスに加えて，アクセスポイントの BSSID (Basic Service Set Identifier) も記載される．

### 2.6.2　誤り制御

フレームを通信媒体で伝送させると，多くの場合，伝送路上で雑音が加わるため，ビット誤

りが生じる．データリンク層は，物理層で発生したビット誤りを検出，訂正してネットワーク層へデータを渡す役割がある．誤り制御技術として，受信側ノードでビット誤りを検出し送信側ノードにフレームの再送を要求する自動再送要求 (Automatic Repeat reQuest: ARQ) と，受信側ノードで誤ったビットを訂正する前方誤り訂正 (Forward Error Correction: FEC) がある．

### (1) ARQ方式

ビット誤りの検出方法として，巡回符号 CRC がよく用いられる．送信データ（Ethernet ヘッダとデータ部）を高次の多項式と見なし，特定の生成多項式で割り，その剰余を CRC として送信データに付加する．受信側ノードは受信した Ethernet フレームを同じ生成多項式で除算して割り切れれば，データ伝送中にビット誤りがなかったと判断できる．一方，剰余が 0 以外の場合は，受信した Ethernet フレームにビット誤りが存在すると判断できる．

CRC はビット誤りを訂正することはできないため，ビット誤りが見つかったフレームは廃棄して，送信側ノードにデータの再送を要求する．

### (2) FEC方式

送信側ノードは，送信データから誤り訂正符号を生成し，送信データに付加する．受信側ノードは受信した Ethernet フレームのビット誤りを検出するだけでなく，ビット誤りの位置を特定して訂正することができる．

代表的な誤り訂正符号であるハミング符号は，送信データを一定長のブロックに分割し，ブロック単位に符号化を行うが，訂正できるのはブロック当たりで 1 ビットだけである．ARQ 方式と比較して送信データサイズが増加して通信効率は悪化するが，データを再送する必要はないため，受信側ノードが正しいデータを受信するまでの時間を短縮することができる．

## 2.7 物理層

物理層は，データリンク層から渡されたビット列を電圧の高低や光の点滅などの信号に変換し，各種伝送媒体にて信号を伝送する役割を担う．また，コネクタやケーブルの形状など伝送媒体に関する物理的な仕様についても定義している．

これらの通信メディアを利用してネットワークを構築し，インターネットに接続する場合は通信事業者や ISP (Internet Service Provider) などが提供しているアナログ電話回線や携帯電話通信網，CATV や FTTH (Fiber To The Home)，専用線などを利用する．これらの回線はアナログ方式とデジタル方式に分類できるが，現在はデジタル方式により情報を伝送している．

### 2.7.1 伝送媒体

#### (1) 有線系

有線ケーブルとして，銅線（メタルケーブル）を利用した同軸ケーブルやツイストペアケー

表 2.2 ツイストペアケーブルの種類

| カテゴリ | Ethernet 規格 | 通信速度 | 伝送帯域 |
|---|---|---|---|
| CAT3 | 10BASE-T | 10 Mbps | 16 MHz |
| CAT5 | 100BASE-TX | 100 Mbps | 100 MHz |
| CAT5e | 1000BASE-T | 1 Gbps | 100 MHz |
| CAT6 | 1000BASE-TX | 1 Gbps | 250 MHz |
| CAT7 | 10GBASE-T | 10 Gbps | 600 MHz |

ブルの他，光ファイバーを利用したケーブルがある．メタルケーブルは電気信号を流すことで通信を行うが，周波数が高くなるほど信号が減衰したり，ノイズに弱いという欠点がある．現在の Ethernet で一般的に利用されているツイストペアケーブルは，銅線を 2 本 1 組でより合わせることによりノイズの影響を小さくする対策がされている．表 2.2 に示すように，ツイストペアケーブルは複数のカテゴリが規格化されており，Ethernet の規格に対応したケーブルを利用する必要がある．

光ファイバーケーブルは，ガラスやプラスチックの細い繊維を利用しており，電気信号を光信号に変換したレーザー光を通して通信を行う．メタルケーブルと比較して信号の減衰が少なく，通信速度も速いが，接続作業が難しく，価格も高価である．

**(2) 無線系**

無線通信は電磁波を用いて通信を行う．図 2.18 に示すように，電磁波は波長，周波数の違いにより異なる名称と特性を持つ．波長が長い場合，すなわち周波数が低い場合，電波の回折特性は高くなり，障害物の後ろに回り込みやすい一方，伝送できる情報量は少ない．波長が短い場合，すなわち周波数が高い場合，電波の直進性が強くなり，障害物の多い環境や地下などで電波が届きにくくなるが，伝送できる情報量は多くなる．

電波は送信機から受信機へ直接伝搬する直接波，ビルなどに反射して伝搬する反射波，障害物を回り込んで伝搬する回折波など，様々な伝搬路が存在する．このように同一の発信源である電波が複数届くことをマルチパスと呼ぶ．また，同じ周波数帯を利用するシステムの電波が周囲に存在する場合，干渉が発生する．

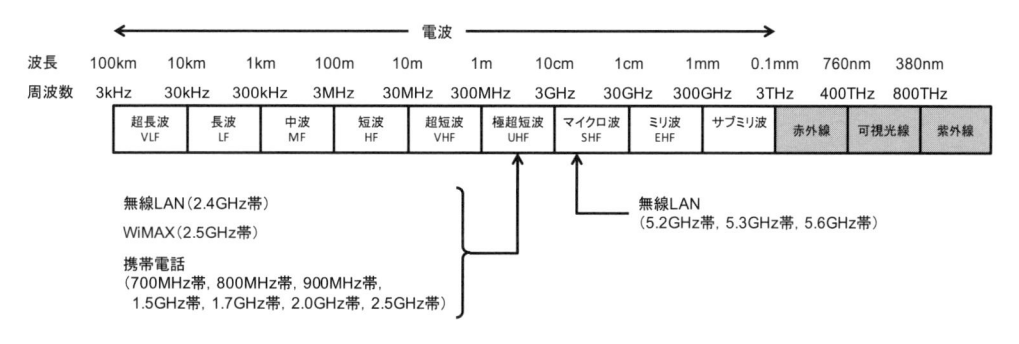

図 2.18 我が国の周波数帯と主な利用例

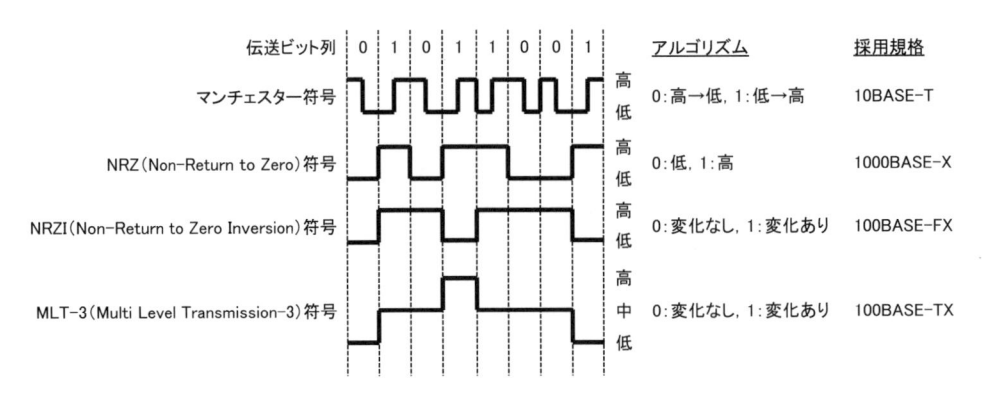

図 2.19 Ethernet で用いられている符号化方式

マルチパスや干渉が生じると，情報を載せた電波が多重化された合成波として受信されるため，波形が歪んだり，受信信号強度が低下したりする．これは無線通信の品質を劣化させる大きな要因となっており，有線系とは異なる対策を講じる必要がある．

### 2.7.2 符号化

データリンク層から渡されたビット列を伝送媒体を用いて伝送する場合，電圧の変化や光の点滅の信号に変換する必要がある．そのため，物理層ではビット列を符号化してデジタル信号（パルス波形）を生成する．図 2.19 に Ethernet で用いられている符号化方式の一例を示す．100BASE-TX で採用されている MLT-3 (Multi Level Transmission-3) 符号では，ビット列の値が 1 のとき，電圧を高中低の 3 段階で変化させる．このように，伝送したいビット列の各値や，その変化に応じて電圧を変化させることにより，デジタル信号が生成される．

### 2.7.3 伝送方式

符号化によりデジタル信号が生成されたら，伝送媒体を用いて接続相手へ伝送する．デジタル信号の伝送方式として，図 2.20 に示すベースバンド方式とブロードバンド方式がある．

#### (1) ベースバンド方式

ベースバンド方式は，デジタル信号をそのままの形で伝送する方式である．仕組みが非常に単純であり，現在の LAN のほとんどで採用されており，1000BASE-T などの BASE はベースバンド方式を意味している．伝送路の物理的な影響を受けやすく，遠距離通信には向いていない．

#### (2) ブロードバンド方式

ブロードバンド方式は，デジタル信号をアナログ信号に変調して伝送する方式である．アナログ信号を受信した際，再びデジタル信号に戻す復調を行う必要がある．この変復調を行う装置をモデム (Modulation Demodulation) と呼ぶ．

デジタル信号を変調する場合，搬送波（キャリア）と呼ぶアナログ信号を用いる．搬送波は

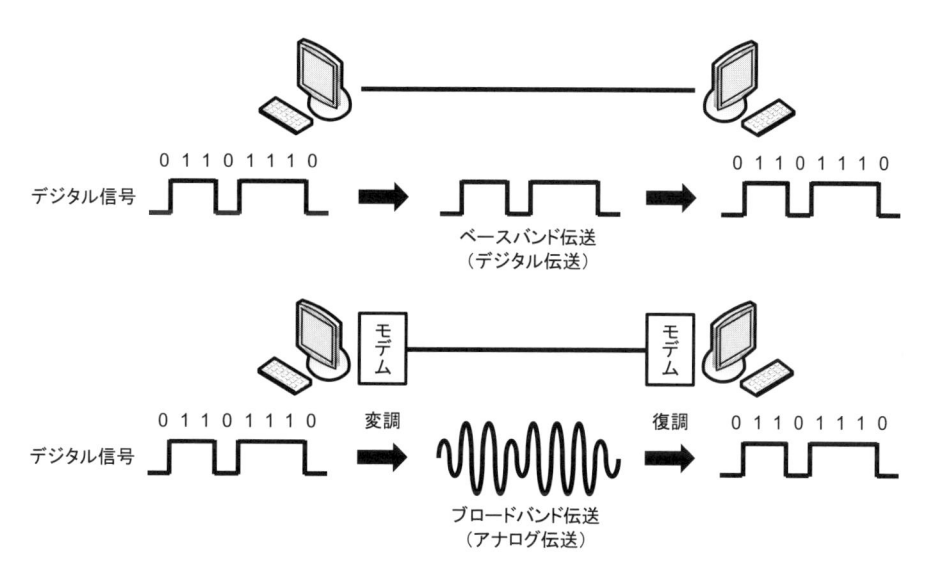

図 2.20　ベースバンド方式とブロードバンド方式によるデジタル信号の伝送

振幅，周波数，位相により定義され，これらの値をデジタル信号に応じて変化させることにより，変調を行う．図 2.20 の例では，デジタル信号の値に応じて搬送波の振幅を変換している．このような変調を振幅偏移変調 (Amplitude Shift Keying: ASK) と呼ぶ．この他に，周波数偏移変調 (Frequency Shift Keying: FSK)，位相偏移変調 (Phase Shift Keying: PSK)，直交振幅変調 (Quadrature Amplitude Modulation: QAM) や，無線 LAN などで用いられている直接スペクトラム拡散 (Direct Sequence Spread Spectrum: DSSS)，直交周波数分割多重 (Orthogonal Frequency Division Multiplexing: OFDM) などの変調方式がある．

ブロードバンド方式は伝送路の物理的な影響を受けにくく，遠距離通信に向いている．また，搬送波の周波数を変えることにより，複数の通信を同時に行うことができるという特徴がある．例えば，CATV では 1 つの伝送路で，インターネット接続用のデジタル信号と TV 映像などを同時に伝送している．

## 演習問題

設問1 TCP/IP 参照モデルの各層において，通信対象を識別する情報を示せ．

設問2 アプリケーション層の役割を説明せよ．

設問3 TCP と UDP の特徴を示し，どのようなアプリケーションに適しているか述べよ．

設問4 IP アドレス 192.0.2.101/24 が設定されたコンピュータが接続しているネットワークがあるとする．このネットワークに接続可能なコンピュータの台数を示せ．

設問5 インターネットに接続している複数の異なる LAN に存在するコンピュータに同じプライベート IP アドレスが設定されていても，ホームページの閲覧やメールの送受信など正しく通信を行うことができる理由を説明せよ．

設問6 データを伝送するために MAC アドレスと IP アドレスの両方が必要な理由を述べよ．

設問7 データを通信相手へ伝送する際の物理層における処理手順を説明せよ．

## 文　献

- **参考文献**
  - [1] A. S. タネンバウム，D. J. ウエザロール著，水野忠則ほか訳：『コンピュータネットワーク 第5版』，日経 BP 社 (2013).
  - [2] 白鳥則郎 監修：『情報ネットワーク（未来へつなぐデジタルシリーズ 3）』，共立出版 (2011).
  - [3] 水野忠則ほか：『コンピュータネットワーク概論（未来へつなぐデジタルシリーズ 27）』，共立出版 (2014).
  - [4] 竹下隆史ほか：『マスタリング TCP/IP 入門編 第5版』，オーム社 (2012).
  - [5] 滝根哲哉：『OHM 大学テキスト情報通信ネットワーク』，オーム社 (2013).
  - [6] 江崎浩：『ネットワーク工学——インターネットとディジタル技術の基礎』，数理工学社 (2007).
  - [7] 総務省：平成 27 年版 情報通信白書.
- **推薦図書**
  - [8] W. R. スティーヴンス著，橘康雄ほか訳：『詳解 TCP/IP vol.1 プロトコル』，ピアソンエデュケーション (2000).
  - [9] 戸根勤：『ネットワークはなぜつながるのか 第2版』，日経 BP 社 (2007).
  - [10] P. Miller 著，苅田幸雄 訳：『マスタリング TCP/IP 応用編』，オーム社 (1998).
  - [11] 井上博之ほか：『マスタリング TCP/IP IPv6 編 第2版』，オーム社 (2013).
  - [12] 江崎浩：『IPv6 教科書』，インプレス R&D (2007).

# 第3章
# モバイル端末

## 学習のポイント

　モバイル端末は携帯型の情報端末であり，移動先，移動中などに無線通信を使ってモバイルネットワークに接続する．ネットワークに有線接続する端末は場所に固定されるため，移動性に制約がある．携帯電話網や無線 LAN などに無線接続することでモバイル端末は移動性の制約から解放される．モバイル端末の小型化，省電力化，高機能化により，個人がコンピュータを身に付けて持ち歩くことが可能になった．

　ユーザは携帯電話やスマートフォンなどのモバイル端末を使ってメールの送受信やブラウザによる情報アクセス，SNS (Social Network Service) による情報共有を含む様々なアプリケーションの利用ができる．情報処理ニーズが発生する現場においてモバイル端末を通じて「いつでもどこでも」即座に情報の送受信・取得・共有ができるモバイルコンピューティングが実現されている．

　本章では個人1人ひとりが携帯あるいは装着して情報処理を行うパーソナルなモバイル端末について，機能性や利用シーンの観点で様々な種別のモバイル端末を概観する．モバイル端末のアーキテクチャを示し，ハードウェア・ソフトウェアの要素技術を述べる．応用として要素技術からの制約とトレードオフについて解説する．

- モバイル端末の種別や特徴について学ぶ．
- モバイル端末のソフトウェア／ハードウェアアーキテクチャを学ぶ．
- 電池で動くモバイル端末の消費電力について学ぶ．
- モバイルネットワークにおける制御信号について学ぶ．

## キーワード

　モバイルコンピューティング，リアルタイム OS，汎用 OS，アプリケーション実行環境，アプリケーション配信サイト，SoC，通信インタフェース，待機時電力，常時接続，制御信号，バックグラウンド処理

## 3.1 モバイル端末概観

　モバイル端末は PDA (Personal Digital Assistant) からフィーチャーフォン，スマートフォンへと携帯性，性能，機能性で進化し，さらに携帯から装着へ，身に付けるモノが情報端末化

表 3.1 モバイル端末の種別

| 属性 | 説明 | 端末例 |
|---|---|---|
| Who | 年齢層や仕事 | キッズ端末（子ども向けのデザイン，インターネット接続の制限，防犯ブザー，位置情報みまもり等機能） |
| | | シニア端末（メニューや機能のシンプル化，大きな文字サイズ，指定の相手にワンタッチで電話がかけられるボタン，音声読み上げ機能等） |
| | | ビジネス端末（バーコード読み取り，キーボード，セキュリティ機能等） |
| When | 特定の活動時 | 電子書籍端末，デジタル教科書端末（本や教材のコンテンツ管理，閲覧，読書・学習支援機能等） |
| | 常時装着，常時利用 | ウェアラブル端末（時計型のスマートウォッチ，メガネ型のスマートグラス等） |
| Where | 特定の場所 | 建設現場や工場向け端末（耐衝撃性，防塵・防滴性に優れる） |
| | | 車載端末（ナビゲーション機能，情報コンテンツ等） |

表 3.2 モバイル端末の特徴

| 特徴 | 説明 |
|---|---|
| パーソナル性 | 個人が常に端末を携帯あるいは装着し，その端末を占有するため，端末は個人に紐付いている． |
| 常時性 | モバイル端末は常にネットワークにつながっており，サーバや他の端末からの通知を即座に受け取ることができる． |
| コンテキスト性 | モバイル端末が備える GPS や加速度センサなどを利用してユーザの状況の認識が可能となっている． |

するウェアラブル端末へと発展を続けている．

　モバイル端末は使う人 (Who)・いつ (When)・どこで (Where) にあたる利用シーンに合わせて様々な種別のものが開発されており，その例を表 3.1 に示す．この中で，常時装着，常時利用のウェアラブル端末は鞄やポケットから端末を取り出すことなく即座に利用でき，手に持つ必要がないため作業を妨げない．例えば料理やスポーツ，現場業務など両手がふさがっている状態でも利用可能である．端末が備えるセンサによってユーザの位置や向き，見ているものなど状況に応じた情報提示や心拍や血糖値などの生体データの継続的獲得，異常時の即時対応が可能となる．また，車載端末として専用端末でなくとも GPS・ジャイロ・加速度センサやリモコン，アタッチメントを備えるスマートフォン用周辺機器が提供されており，スマートフォンをカーナビ端末に仕立て上げることもできる．

　モバイル端末の特徴は Who, When, Where に対応づけると表 3.2 に示すとおり，個人に紐付くパーソナル性，常時ネットワークに接続し，いつもユーザのそばで通知が可能な常時性，位置情報等ユーザの状況を認識できるコンテキスト性の 3 つといえる．ユーザの属性 (Who)，時刻やスケジュール (When)，位置情報 (Where) に基づいて個々のユーザの属性に合わせたタイムリーなサービス提供や，スケジュールや位置情報を蓄積した行動履歴情報を活用したサービス提供が可能である．例えば i コンシェルや Google Now 等のユーザの行動を支援するエージェントサービスはユーザの生活エリアや好みに合わせて，鉄道の運行情報や渋滞情報，天気・

気象情報，イベント情報，お店などの情報を配信してくれる．

## 3.2 端末アーキテクチャ

モバイル端末は電話やメールなどのコミュニケーション機能から始まり，インターネット上のコンテンツへのアクセス能力を与えるブラウザ，そして様々な携帯するモノを機能として取り込んできた．目覚まし時計，電卓，デジタルカメラ，音楽プレーヤ，テレビ，ゲーム，財布，会員証，万歩計，地図・カーナビ，電子書籍など多機能化が進んできている．これら機能は端末のハードウェアとソフトウェアで実現されている．

典型的なモバイル端末のアーキテクチャを図 3.1 に示す．端末ソフトウェアはユーザが利用したい機能自身を提供するアプリケーションソフトウェア（アプリケーションと呼ぶ）と，端末の稼働自体を支えるシステムソフトウェアである OS (Operating System) から構成される．端末のハードウェアは CPU や GPU，RAM などのメモリ，内蔵ストレージ，外部ストレージ，通信デバイス，周辺デバイス，電源回路と電池から構成される．

OS は端末のハードウェアを制御し，CPU やメモリ，周辺デバイスなどのリソース管理を行う．メーカーや機種で異なるハードウェアの違いを OS が吸収することで，開発されたアプリケーションが異なるハードウェアで動作することを可能にしている．次項では端末ソフトウェアと端末ハードウェアの要素技術を述べる．

### 3.2.1 端末ソフトウェア

典型的なモバイル端末は通信処理用とアプリケーション処理用に 2 つの CPU を搭載し，それぞれの CPU でリアルタイム OS と汎用 OS が稼働する [9]．通信処理，アプリケーション処理の順で端末ソフトウェアの機能を見ていく．

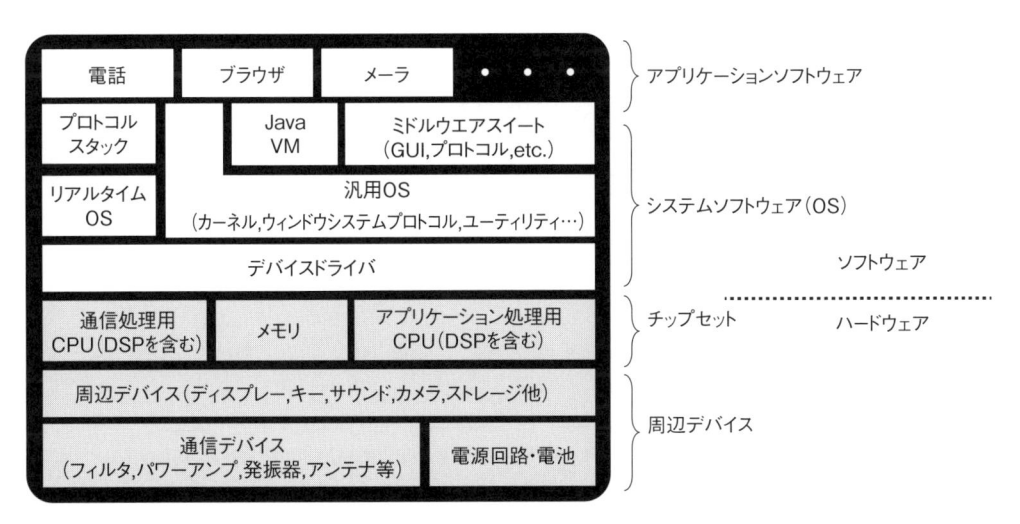

図 3.1 モバイル端末のアーキテクチャ

**(1) 通信処理**

リアルタイム OS 上ではプロトコルスタックが実装され通信処理を行う．電話やデータ通信など移動体通信サービスを提供する際，モバイル端末は電波状態の変動や高速移動に対応しつつ基地局と連携して動作するため，プロトコル処理において厳格なリアルタイム処理が必要とされる．リアルタイム OS は計算や機器の入出力，通信など様々な処理を実行するコンピュータシステムにおいて，処理の時間制約を保証するために必要な設計がされている OS である．タスクと呼ばれる処理の単位の実行時間を厳密に管理する機能やタスクの優先度に応じて実行を制御する機能などを提供する．リアルタイム OS の製品として例えば，$\mu$ ITRON，VxWorks，WindowsCE がある．

プロトコルスタックにおいては例えば以下に挙げる処理が実装されている [6]．3G 以前は 1 つの CPU でリアルタイム OS を動作させ，プロトコルスタックとアプリケーションの両方を実行していたが，3G 以降，通信処理負担の増加からアプリケーション処理用 CPU を導入する機種が増えた．

1. 移動端末と無線アクセスネットワーク間の無線回線制御プロトコル処理
2. 移動端末とコアネットワーク間の移動管理・呼制御プロトコル処理
3. 各種制御（周波数サーチ，セル選択，無線チャネル起動・停止，ハンドオーバなど）
4. ターミナルアダプタを介したアプリケーション処理部との通信制御および表示操作部制御
5. UIM (User Identity Module) 情報の読出し・書込処理

**(2) アプリケーション処理**

汎用 OS 上で各種の利用者向けアプリケーションが実行される．汎用 OS は Java 仮想マシン等のアプリケーション実行環境，GUI (Graphical User Interface) やウィンドウシステム，ファイルシステム，データベース，各種プロトコル，カーネル，周辺デバイスを制御するデバイスドライバを含む．スマートフォン，タブレット端末の汎用 OS は Android と iOS をはじめ Windows Phone など各種の OS がある．フィーチャーフォンの汎用 OS としては Symbian や Linux などが使われている．ウェアラブル端末はスマートフォンと同様の OS を利用するものもあれば，Android Wear や WatchOS 等ウェアラブル端末用 OS を搭載するものもある．

モバイル端末のアプリケーションの特徴はユーザがモバイルネットワークを通じてマーケットやストアと呼ばれるアプリケーション配信サイトにアクセスし，自分の好みや用途に合わせたアプリケーションを選んで利用できることである．アプリケーション配信サイトでは仕事，学び，ニュース，グルメ，健康，交通，旅行，ゲームなど様々なアプリケーションが提供されている．アプリケーションの提供主体も多様な企業，各種団体，個人と様々である．ユーザはアプリケーションを選んでモバイル端末にダウンロードおよびインストールすることで，モバイル端末を自分好みにカスタマイズできる．

またモバイル端末へのインストールが不要のウェブベースのアプリケーションもある．ブラウザなどからアプリケーションのサイトにアクセスすることで即座に使えること，OS に依存しないことが特徴であり，HTML5 技術を利用したアプリケーションが広がりつつある．

### (3) リソース制約の課題

モバイル端末ソフトウェアに関する課題を2つ述べる．第一に，小型・軽量・低コストの要求に起因するリソース制約のもとでの機能性・性能の実現が挙げられる．CPU やメモリ，ストレージ，バッテリー，ディスプレイは PC に比べて低速，低容量，低解像度であり，無線通信は帯域や遅延，安定性に制約がある．これらのリソース制約下において機能や性能，使い勝手を達成するための技術の例を示す．

- モバイルブラウザはメモリ容量が小さく通信帯域の狭いモバイル端末向けに最適化されたコンテンツ記述言語の対応（XHTML Mobile Profile や Compact HTML 規格等），小画面で効率的に Web コンテンツを表示するレンダリング機能を備える．
- Java ME (Java Platform, Micro Edition) はコンフィグレーションとプロファイルという区分で細かく機能仕様を定義することで，CPU パワー，メモリ容量，各種 I/O や通信機能などの機能や性能が異なる端末向けに最適化した Java 実行環境を提供可能としている．例えばフィーチャーフォンの1つの i モード対応端末では J2ME/CLDC (Java2 Platform Micro Edition/Connected, Limited Device Configuration), Doja プロファイルの実行環境を搭載している．
- モバイル端末の複雑な操作を直感的かつ低負担に行うユーザインタフェースの1つとして音声認識があり，その実現手段として端末内音声認識とサーバ型音声認識がある．サーバ型音声認識は通信状況の影響を受けるもののサーバの豊富なリソースを利用して，モバイル端末上では実行困難な大規模な語彙を活用した高精度の認識を可能としている [14]．

### (4) 安心安全の課題

第2の課題としてモバイル端末の安心・安全の確保が挙げられる．電話や家電としていつでも確実に使えるという信頼性の要求に加えて，生活や仕事に使うコンピュータとして重要な情報が漏洩，改ざんされることなく，適切に扱われなければならない．モバイル端末にはメールや電話帳，位置情報など個人の情報，クレジットカード番号や銀行口座など金銭の情報，書類や在庫データを含むビジネスの情報などの重要な情報が入っている．

安心・安全の確保の課題に対して，モバイル端末の携帯性に起因する紛失や盗難のリスクと，多様なアプリケーション開発者の存在がもたらす不正なアプリケーションの攻撃や障害のリスクがある [10]．アプリケーション開発を促進するため，OS の様々な機能がアプリケーション開発者に API (Application Programming Interface) の形態で提供されている．その一方で情報を漏洩させたり，端末を不正にロックさせる悪意のアプリケーションもある．悪意のアプリケーションや不具合のあるアプリケーションがあっても端末や他のアプリケーションの機能やデータを保護しなければならない．

モバイル端末の紛失や盗難のリスクに対して，OS はユーザ認証やストレージ内データの暗号化，モバイルデバイス管理等のセキュリティ技術を備えている．パスワードやジェスチャ，指紋など様々な認証技術により，OS は正当なユーザであることを認証する．SD カードを含む端末内のデータを暗号化することで，紛失，盗難の際にストレージの中を見られても情報を保護

できる．モバイルデバイス管理により，モバイルネットワークを介して遠隔からモバイル端末をロックしたり，端末内データを消去できる．

不正なアプリケーションによる攻撃や障害のリスクに対して，OS はサンドボックスやアクセス制御などのセキュリティ技術を備える．アプリケーションはサンドボックスと呼ばれる，システムの他の部分から隔離された領域に入れられ，与えられた権限の範囲で機能の実行やデータのアクセスを行う．アプリケーション同士は隔離されて他のアプリケーションからの干渉や障害から保護される．

OS 自身の脆弱性や不具合の問題もある．OTA (Over-the-Air) でのモバイル端末のソフトウェアアップデート技術によって，モバイルネットワークを通じて遠隔からセキュリティ問題の修正や OS のバージョンアップ，機能追加を行うことができる．

### 3.2.2　端末ハードウェア

端末のハードウェアは CPU や GPU，RAM (Random Access Memory)，内蔵／外部ストレージ，周辺デバイス，電源回路と電池，そしてモバイルネットワークや周辺機器と通信するための通信インタフェースから構成される．小型化，消費電力削減等のため一般に，モバイル端末は CPU やメモリ等を 1 チップに収めた SoC (System on a Chip) やシステム LSI を搭載する [7]．また 3.2.1 項で述べたように通信処理用 CPU とアプリケーション処理用 CPU を別個で備えるものが多い．周辺デバイスにはディスプレイ，タッチパネル，マイクやスピーカ，カメラ，GPS や加速度，ジャイロ，地磁気，照度，温度，気圧など各種センサが含まれる．ハイエンドのスマートフォンは 4 コアや 8 コアのマルチコア CPU，数 GB の RAM，数十 GB の ROM (Read Only Memory)，大型・高解像度のディスプレイ，高画素カメラを備えている．

電池は主にリチウムイオン 2 次電池が用いられている．充電の利便性のため，Quick Charge[1] 等の急速充電技術やワイヤレス給電技術が開発されている．ワイヤレス給電技術は端末にコネクタを接続することなく，充電台の上に端末を置くだけで充電できるようにする．電磁誘導方式や磁気共鳴方式が開発されており，それぞれ Qi と PMA，A4WP 規格がある．再生可能エネルギーとしてソーラーパネルを備えた端末や充電器もある．

### (1)　通信インタフェース

通信インタフェースに関してモバイル端末は広域エリアからスポット的エリア，ユーザの周りの機器と接続したパーソナルエリアネットワーク（無線 Personal Area Network：無線 PAN）における通信，数センチ程度の近接通信向けの非接触通信インタフェースまで，様々な用途に向けた通信インタフェースを備えている（表 3.3）．一部のスマートフォンやタブレット端末はセルラ通信と無線 LAN の同時通信に対応している．

パーソナルエリアの通信では，プロジェクタやキーボード等の周辺機器と接続して大画面での表示や操作性の向上をはかったり，ユニバーサルなリモコンとしてテレビや照明の制御ができる．また活動量計やスマートウォッチなどのウェアラブルデバイスと連携して，運動データの

---

[1] https://www.qualcomm.com/products/snapdragon/quick-charge

表 3.3 通信インタフェース

| エリア | 種別 | 説明 |
|---|---|---|
| 広域エリア | セルラ通信 (LTE や HSDPA, 3G 等) | 広域で高速移動中でも安定した通信を提供. |
| スポット的エリア | 無線 LAN (802.11a/b/g/n/ac 等) | 家やオフィス，駅や空港，店舗などに設置されたアクセスポイントを通じて高速通信が可能. |
| パーソナルエリア | Bluetooth や無線 LAN 等 | 周辺機器と接続してユーザインタフェースの拡張や制御が可能. |
| 近接 | NFC や FeliCa | かざす動作による決済や情報取得が可能. |

受信や通知情報の送信を行うこともできる．近接通信では，非接触通信インタフェースのカードエミュレーション機能により，端末がオフィスの鍵代わりになったり，店舗のレジで電子マネーやクレジットカードによる支払いをしたり，交通機関の乗車券として利用されている．商品やポスターに付与されたタグの読み取り，書き込み，デバイス間のペアリングにも利用できる．

**(2) 拡張性の課題**

モバイル端末ハードウェアの課題の 1 つは拡張性である．3.2.1 項で述べたようにモバイル端末のソフトウェアについてはユーザがアプリケーション配信サイトから好みのアプリケーションをダウンロードしたり，OTA によって OS の更新や修正を行うなど機能拡張やカスタマイズが可能となっている．一方でハードウェアの拡張性は現状では限定的である．PC ではメモリの追加や CPU やグラフィックボード，ストレージや各種ドライブの変更による機能拡張が可能であるが，モバイル端末では SD カードによるストレージの増強，ジャケット型デバイスによるおサイフケータイ機能の追加，TransferJet のアダプタなど外部デバイスと連携する形で実現されている．

拡張性の課題に対して Project Ara[2] ではブロック型のモジュールを骨組みに差し込む仕組みを用いて CPU，ディスプレイ，マイク，スピーカ，カメラ，無線通信，GPS，バッテリーなどのモジュールを自由に入れ替える構想を推進している．ユーザは端末を買い換えることなく性能を向上させたり，プロセッサやメモリをアップグレードしたり，旅行の際に大容量バッテリーや高性能カメラに変えるなど状況に応じたカスタマイズが可能となることが期待される．

## 3.3 電池稼働による稼働時間の制約

屋外や移動中といった給電が難しい状況で利用されるモバイル端末では電池が用いられる．端末機能を利用することでエネルギーを消費し電池容量を使いきると，電池を取り替えるか充電するかしない限り端末は利用できなくなる．このようにモバイル端末の利用は電池容量で制約されている．すぐに電池がなくなり端末機能が使えなくなってしまうと考える利用者からのモバイル端末への不満の声もある．

---

[2] http://www.projectara.com/

端末の処理能力の増大，多彩なセンサの搭載などによる高機能化や，利用できるモバイルネットワークの高速化に伴いモバイル端末の消費電力は増加する傾向にあり，搭載される電池も容量が大きくなっている．

**(1) モバイル端末の電力のモデル**

スマホの電池残量が減っていくのを見て，どこに電力が使われているのかと考えたことはないだろうか？モバイル端末の消費電力を理解するために単純なモデル式で表現しよう．この式を電力モデルと呼び，消費電力を表すため以下のような考えかたで表現してみる．端末は複数の構成要素（コンポーネント）から構成されているものとする．このコンポーネントは実際の消費電力との対応を考えて選択する．すなわち，実際に消費電力が大きいと思われる主要なコンポーネントで，消費状況の変化が観測できるものが良い選択候補である．端末のコンポーネントはそれぞれ固有の最大消費電力値を持ち，単位時間当たりどれだけ利用したかでコンポーネントごとの消費電力が決まるものと考える．すると，消費電力 $P$ は以下のように書ける．

$$P = \sum_{i}^{n} (コンポーネント\,i\,の固有の最大消費電力) \times (コンポーネント\,i\,の利用度)$$

電力を消費する主要なコンポーネントには表 3.4 のようなものがある．コンポーネントの利用度としてはネットワークであればパケットの送受信量，CPU であれば OS のカーネルで計測している負荷量などで表現することができる [8]．

実際の端末で消費電力を時間の経過に対して計測したデータをもとに簡潔に表現したものが図 3.2 上部の図である．この図ではデバイスのアクティブ状態，スリープ状態の 2 つの消費電力を図示している．アクティブ状態では「利用度 $p$ に応じて変動する部分（この消費電力の最大値は $c$）」と「アクティブ状態で必ず消費される部分 $P_{\text{off}}$」がある．これに対してスリープ状態では消費電力はわずかである．以上をまとめると電力モデルは以下の形になる．

$$P = P_{\text{off}} + \sum_{i}^{n} c_i p_i$$

コンポーネントの中で例えば CPU には複数の待機段階を持つものがあり，それぞれ内部状態を保持せず，各所の電源供給を停止する深い待機状態から，ほとんど通電状態を保持し，すぐにアクティブ状態に復帰可能な浅い待機状態まである．この浅い待機状態の消費電力が $P_{\text{off}}$ に該当する．深い待機状態の消費電力は簡単のため 0 としている．

**(2) 何もしていない間の電力の有効活用**

図 3.2 のアクティブ状態で必ず消費される電力について考えてみよう．これはアクティブ状

表 3.4 電力を消費する単位と指標

| コンポーネント | 利用度を表現する指標 |
|---|---|
| CPU, GPU | OS で管理する負荷量や統計値 |
| セルラ無線モデム，無線 LAN インタフェース | パケット送受信量 |

図 3.2 消費電力

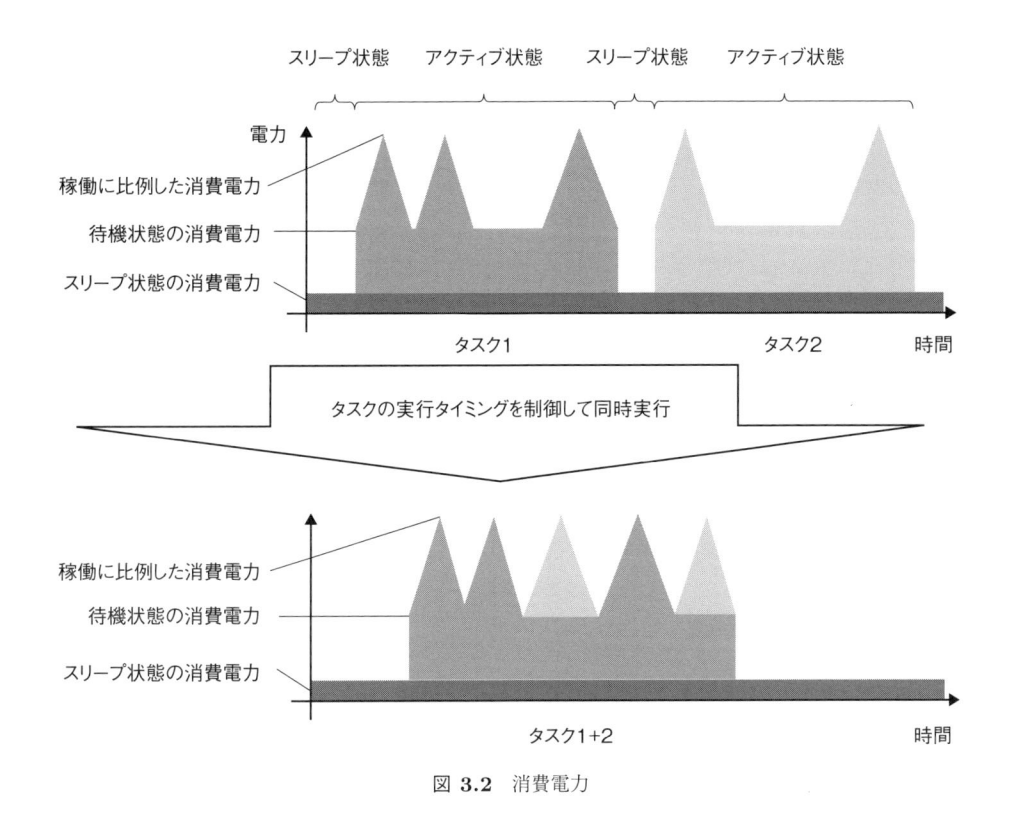

態にすぐに移行できる，図中の「待機状態の消費電力」である．これは浅い待機状態の消費電力に相当する．

アプリケーションが稼働し利用者とやり取りをしている時間のほとんどはデバイスは入力待ちにいる．ゲームのように内部処理と画面更新が頻繁に必要なものは別だが，電卓のように計算結果を表示して次の入力を待つようなものはその間に意味のある処理をしていない．この待ち時間にはデバイスはなるべく深い待機状態に移行した方が効率的だが，次の入力が比較的早く得られる場合は深い待機状態に入ることができず電力を消費しつつも有効な処理ができない．このような状況はネットワークやファイルシステム，システムイベントなどへの待機中に起こる．

消費電力を削減するためにはこの待機時電力を有効に活用することが 1 つの手段になる．待機時間に他の処理ができるよう，複数のアプリケーションを多重に起動しておく．図 3.2 下部の図では，タスク 1, 2 を同時に実行したときの消費電力と実行時間を模式的に表している．全体の実行時間はやや伸びるが，タスク 1, 2 を個別に実行したときの和よりは少ない．

この手法は対象の処理に実時間性の要求が少ない場合に有効である．昨今のスマートフォンでは画面が消灯している間にも利用者が意識しない間に動作や通信が発生することがある．例えばバックグラウンドでデータの同期やイベントの処理などが行われる [12]．このようなバックグラウンド処理の起動タイミングをシステムに委ねることで，システムが複数のバックグラウンド処理の多重起動を行うことができる．そのための API の例として Android OS では

setInexactRepeat() [1,5] がある.

　アプリケーションが動作するときモバイル端末の各コンポーネントをまんべんなく利用することはまれで，待ち時間が生じている．コンポーネントは待ち時間の間も電力を消費するため，この待ち時間に消費される電力を活用することが全体の電力効率を向上させることにつながる．

## 3.4 トラフィックにおけるユーザ通信と制御信号

　常時接続が常識になりつつあるモバイルネットワークではあるが，その実現には様々な工夫がある．利用者に効率的に使ってもらうために開発者が知っておくべきことを述べる．実際には無線通信に用いられる電波の資源は有限であり，不用意な網の利用は IP ネットワーキングを実現するための制御信号を増加させ，網の効率を低下させたり，セルラ無線モデムのスリープ時間が短かくなることで電池持ちが悪化したりすることがある．

　インターネットは様々な異種ネットワークを統合し運用されている．大まかには有線，無線の種類があり，無線だけでもローカルな無線技術である Wi-Fi や広域通信網である携帯電話網などがあり，それぞれ物理層だけでも伝送・接続技術は大きく異なる．

　インターネットを構成するこのような異種ネットワークをサブネットワークと呼んでいる．これらを統一的に運用するためにインターネット層では参加ノード間で送受信それぞれの IP アドレス情報が付けられた IP パケットの任意の時点での転送機能という単純な概念のみを相互接続の前提としている．

　携帯電話網が伝送するトラフィックの中身はユーザが要求したコンテンツだけでなく，IP パケットの伝達を成立させるために必要な制御のための通信が含まれている．最終的にユーザアプリケーションに伝達されるトラフィックをユーザ通信と呼び，この IP パケットの伝達のためのトラフィックを制御信号と呼んでいる．

　無線網のような複雑なサブネットワークで任意の時点でのパケット転送を実現するのは単純ではない．有線ネットワークでは端末は網に物理的に常時接続されているが，携帯電話網では接続する多数の端末に対して基地局に向けて信号を送受信するために無線リソース（単純には例えば周波数帯域と考えてもよい）を割り当てたり回収したりする．

　直感的には自明であり有線網で親しんだ常時接続という特徴を実現するだけでも携帯電話網では無線リソースの管理や端末の位置登録，認証といった網制御の機能が必要であり，このような機能を実現するための制御プロトコルが IP プロトコルの下で動作している．

### ■ 効果的な網資源の利用のために

　単純なパケット伝送網を実現するために実際の携帯電話網では複雑な制御が行われている．網の負荷を軽減したり，網を安定的に利用するために，これまでの議論をもとに以下の 2 つの指針を考えよう．

- **網と端末の接続・切断のタイミングの効率化**

網や端末は通信機能が一定時間利用されないと切断状態に移行しようとする．しかしアプリケーション側のタイマ処理などで間隔を置いてネットワークアクセスが継続する場合には，なかなか切断状態に遷移できず無線リソースを確保したまま利用度の低い状態が続いてしまったり，小刻みに切断状態と接続状態を繰り返して制御信号の伝送量が無駄に増加してしまったりすることがある．

この問題に対しては，ネットワークアクセスはなるべくまとめて行い，アクセスとアクセスの間に十分なインターバル間隔を空けるのがよい．このようにすると十分なインターバル間隔の間に端末がスリープする機会になるので消費電力の面でも有効である（前項のオフセットの議論を思いだそう）．

- **バースト的なトラフィックの回避**

不注意なプログラミングによって多数の端末が同じタイミングで通信を行うと，負荷のかかる輻輳状態から網やその先にあるインターネットサーバが不安定になることも起こる．これまでも例えば元旦の午前 0 時に「明けましておめでとう」と電話したりメールしたりすることで人為的なトラフィックの集中が起こっていた．このような状態では新たに通信しようとする端末は接続を開始できないし，網は既に接続している端末の資源管理だけで多くの伝送量を浪費してしまう．スマートフォンでは利用者のプログラムの挙動によってもトラフィックの集中が起こる．例えば今日の天気を取得しようとし，これを午前 7 時に設定したプログラムがアプリケーション配信サイトで多数の端末に配布されることを考えよう．開発者が 1 人で動作させるだけではあまり問題はないが，多数の端末が同期して午前 7 時に天気予報サービスにアクセスしてしまったらサーバは負荷に耐えられずにダウンするかもしれないし，多数の接続要求によって制御信号の面でも，ユーザトラフィックの面でも網にも大きな負荷になる [13]．

この問題については端末ごとに通信動作を開始するタイミングを意図的にずらすことを心掛ける必要がある [11,12]．

## 演習問題

**設問1** モバイル端末のOS (Operating System) の役割を述べた以下の空欄にあてはまる言葉を埋めよ．

端末ソフトウェアはユーザが利用したい機能自身を提供するアプリケーションソフトウェアと，端末の稼働自体を支える　1　ソフトウェアであるOSから構成される．端末のハードウェアはCPUやGPU，RAMなどメモリ，内蔵ストレージ，外部ストレージ，通信デバイス，周辺デバイス，電源回路と電池から構成される．OSは端末のハードウェアを制御し，CPUやメモリ，周辺デバイスなどのリソース管理を行う．メーカーや機種で異なる　2　の違いをOSが吸収することで，開発された　3　が異なる　4　で動作することを可能にしている．

**設問2** モバイル端末のCPUやメモリ，ストレージ，バッテリーはPCに比べて低速，低容量であり，無線通信の速度低下や遅延の増加，サービスエリア外での利用不能状態など通信品質の変化の影響を受ける．これらのリソース制約を克服して機能や性能向上を達成する手段の1つとして，モバイルアプリケーションの機能を端末とサーバで分散して実行し，メモリ消費や処理量，通信量が大きい機能をリソースが豊富なサーバで実行することが考えられる．このようなアプリケーションの端末側機能とサーバ側機能が連携する構成において，無線通信の品質変化によって起こりうるアプリケーションの性能上の問題を述べよ．

**設問3** スマートフォン向けのマルウェア（悪意のあるソフトウェア）の事例を2つ以上調べて，その目的と端末に与える被害内容，端末への進入経路を述べよ．

**設問4** コンポーネントの待ち時間を活用することは省電力化だけでなく，システム全体の処理スループットを向上させることにもつながる．例えば大きな構成のプログラムをソースコードからビルドする作業では多数のファイルをアクセスするがCPUはファイルシステムの応答待ち時間に入っていることが多い．この時間を有効に活用するにはどうすればよいか．

**設問5** 携帯電話網に不必要な負荷を与えないために制御信号を減らすことを述べた以下の文の空欄にあてはまる言葉を埋めよ．

ネットワークアクセスはなるべく　5　行い，アクセスとアクセスの間に十分な　6　を空けるのがよい．タイマで起動し通信するプログラムを作成するときは端末同士の通信タイミングが　7　しないようにする．そのためにはタイミングをランダムに　8　などで変化させるとよい．不注意なプログラミングによって多数の端末が同じタイミングで通信を行うと，負荷のかかる　9　状態から網やその先にあるインターネットサーバが不安定になることも起こる．

**設問6** アプリケーションを省電力にするために留意すべき注意点を挙げてみよう．本文だけでなくアプリケーションを省電力にするために開発者向けにまとめられたガイドラインや指針 [1,3,4] を調査し参考にするとよい．

# 文　献

- 参考文献
  [1] NTT DOCOMO: Android アプリ作成ガイドライン vol.2.1.
  http://www.nttdocomo.co.jp/binary/pdf/service/developer/smart phone/technical info/etc/Android app guide (accessed 2014.3.19)
  [2] H. Dwivedi, C. Clark, and D. Thiel: "Mobile Application Security", McGraw Hill (2010).
  [3] GSMA: Smarter App Guidelines 2014.
  http://gsmaterminals.github.io/Developer-Guidelines-Public (accessed 2015.3.17)
  [4] KDDI 株式会社: 端末電池消費に関するアプリガイドライン ver.1.0.0.
  http://www.au.kddi.com/developer/android/pdf/terminal-battery.pdf (accessed 2013.4.21)
  [5] J. Sharkey: Coding for life – battery life, *Google IO Developer Conference* (2009).
  [6] 井田雄啓ほか：通信制御プロトコルスタックソフトウェアの開発．NTT DOCOMO テクニカル・ジャーナル，vol.16, no.2 (2008).
  [7] 丸山誠治，星誠司，秋山友弘：携帯電話の高機能化を支える端末プラットフォーム開発．NTT DOCOMO テクニカル・ジャーナル，vol.16, no.2 (2008).
  [8] 石原亨ほか：OS から解析可能な無線通信端末の消費電力モデルとその生成手法，消費電力，組込技術とネットワークに関するワークショップ ETNET2009, 電子情報通信学会技術研究報告，CPSY, コンピュータシステム，vol.108, no.463, pp.25–30 (2009).
  [9] 太田賢，鈴木敬，照沼和明：携帯電話機のソフトウェアプラットフォーム，情報処理，vol.47, no.9, pp.1006–1012 (2006).
  [10] 独立行政法人情報処理推進機構セキュリティセンター：組込みシステムの脅威と対策に関するセキュリティ技術マップの調査報告書 (2007). (accessed 2015.7.20)
  [11] 川崎仁嗣ほか：Android OS における状態変化通知による通信集中の削減手法．情報処理学会論文誌コンピューティングシステム (ACS), vol.7, no.1, pp.23–34 (2014).
  [12] 小西哲平ほか：画面オフ状態におけるバックグラウンドタスク同時実行による Android 端末の省電力化，情報処理学会論文誌，vol.55, no.2, pp.587–597 (2014).
  [13] 日経コミュニケーション 編：『スマホが変えた携帯電話ネットワーク新常識』，日経 BP 社 (2012).
  [14] 飯塚真也ほか：端末機能やサービスの利便性向上のための音声認識技術とアプリケーション開発，NTT DOCOMO テクニカル・ジャーナル，vol.19, no.4 (2012).
- 推薦図書
  [15] タオソフトウェア株式会社：『Android Security 安全なアプリケーションを作成するために』，インプレスジャパン (2011).

# 第4章
# 電波伝搬

□ 学習のポイント

　無線通信の担い手である電波は周波数が 3 kH～3 THz の間で 9 つの周波数帯（超長波，長波，中波，短波，超短波，極超短波，マイクロ波，ミリ波，サブミリ波）に大きく分類され，各周波数帯の用途はそれぞれの伝搬特性を鑑みて決められている．ここで，移動通信システムの 1 つである携帯電話システムは極超短波（UHF 帯）に属する 800 MHz～2 GHz の電波を利用しているものである．

　無線通信システムの観点から電波の伝搬特性を評価する指標にはいくつかあるが，最も基本となるのは受信電力の変動特性（／減衰特性）である．受信電力は電波の伝搬環境に大きく影響を受け，特に，携帯電話システムのように送受信間が"見通し外・マルチパス"となる環境では複雑に変動する．本章では，まず電波の分類について述べた後，無線通信と電波伝搬の関係について説明する．次に，電波伝搬の基礎として自由空間伝搬・平面大地伝搬・山岳回折伝搬における受信電力の変動特性について説明し，最後に，見通し外・マルチパス環境における受信電力特性について説明する．

- 電波の分類について伝搬モードとその用途について理解する．
- 無線通信と電波伝搬の関係について，特にアンテナを含めた送信電力と受信電力の関係を伝搬損失の概念とともに理解する．
- 電波伝搬の基礎となる自由空間伝搬・平面大地伝搬・山岳回折伝搬の特性を反射や回折の概念と共に理解する．
- 見通し外・マルチパス環境において生じる受信電力の複雑な変動について，観測スケールの観点から理解する．

□ キーワード

　アンテナ利得，伝搬損失，フリスの伝送公式，自由空間伝搬，平面大地伝搬，山岳回折伝搬，マルチパス伝搬，瞬時変動，短区間変動，長区間変動

## 4.1 電波の分類

　電波は電磁波のうち光より周波数が低いものを指し，特に電波法（第 2 条第 1 項）では「300 万メガヘルツ (3,000,000 MHz=3,000 GHz=3 THz) 以下の周波数の電磁波」と定義している．なお，周波数 $f$ [Hz] と波長 $\lambda$ [m] の関係は，光速を $c$ ($\approx 3\times 10^8$ m/s) とすると，

表 4.1　周波数帯ごとの主な用途と電波の特徴

| 周波数の分類 | 周波数 | 波長 | 用途 |
| --- | --- | --- | --- |
| 超長波<br>(Very Low Frequency: VLF) | 3〜30 kHz | 10〜100 km | 海底探査，等 |
| 長波<br>(Low Frequency: LF) | 30〜300 kHz | 1〜10 km | 船舶・航空機用ビーコン，標準電波 |
| 中波<br>(Medium Frequency: MF) | 0.3〜3 MHz | 0.1〜1 km | 船舶通信，中波放送（AMラジオ），船舶・航空機用ビーコン，アマチュア無線 |
| 短波<br>(High Frequency: HF) | 3〜30 MHz | 10〜100 m | 船舶・航空機通信，短波放送，アマチュア無線 |
| 超短波<br>(Very High Frequency: VHF) | 30〜300 MHz | 1〜10 m | FM放送，マルチメディア放送，列車無線，警察無線，アマチュア無線，コードレス電話，等 |
| 極超短波<br>(Ultra High Frequency: UHF) | 0.3〜3 GHz | 0.1〜1 m | 携帯電話，タクシー無線，TV放送，移動体衛星通信，列車無線，等 |
| マイクロ波<br>(Super High Frequency: SHF) | 3〜30 GHz | 1〜10 cm | マイクロ波中継，放送番組中継，衛星通信，衛星放送，無線LAN，等 |
| ミリ波<br>(Extra High Frequency: EHF) | 30〜300 GHz | 0.1〜1 cm | 電波天文，衛星通信，加入者系無線アクセス，レーダー，等 |
| サブミリ波 | 0.3〜3 THz | 0.1〜1 mm | 電波望遠鏡による天文観測，等 |

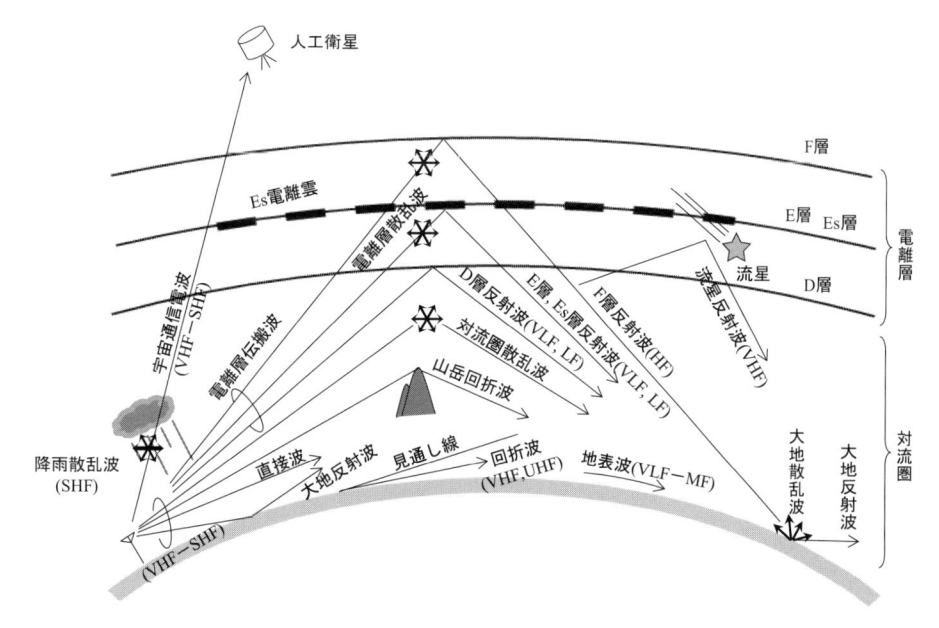

図 4.1　各種の電波伝搬モード

$$\lambda = c/f \tag{4.1}$$

で与えられることから，3 THz の波長は 0.1 mm である．また，電波は表 4.1 のように周波数帯に対してさらに分類される [1]．

　電波の伝搬特性は，伝搬する媒質と周波数により決定される．図 4.1 は超長波からサブミリ

波に至る周波数スペクトルにおいて，大地，対流圏，電離層の影響により生じる伝搬モードの代表例を示したものである [2]．これらの伝搬モードは伝搬媒質である大地，対流圏，電離圏に応じて，それぞれ地上波伝搬，対流圏伝搬，電離圏伝搬に分類される．VLF から HF の周波数帯の電波は電離層の影響を著しく受ける．VHF 以上の周波数帯の電波は電離圏の影響をほとんど無視することができるが，対流圏の影響を大きく受ける．地上波伝搬は全ての周波数帯の電波が持つ伝搬モードであるが，特に LF 以下と VHF 以上の周波数で重要である．また，VHF 以上においては，建物などの構造物からの反射波や回折波も主要な伝搬モードとなる．

このように，電波の伝搬するモードは周波数帯に対して様々である．これらの特徴を鑑みて，各周波数帯はその用途が表 4.1 のように割り当てられている．

## 4.2 無線通信と電波伝搬

図 4.2 に示すように，無線通信は基本的に，① 送信信号を発生させる送信機，② 電気信号を電波の信号に変換する送信アンテナ，③ 電波の伝搬路となる媒質，④ 電波の信号から電気信号に変換する受信アンテナ，⑤ 受信信号を再生する受信機，の構成で表すことができる．ここで，無線部分における受信特性を決定する要素は ② ～ ④ である．

### 4.2.1 アンテナの基本特性と種類

アンテナから放射される電波の電界強度は放射方向に依存し，送信電力等で決まる定数を $E_0$ とすると，一般に

$$E(\theta, \varphi) = E_0 D(\theta, \varphi) \tag{4.2}$$

と表される．ここで，$D(\theta,\varphi)$ は指向性関数という．また，指向性を図示したものが指向性パターンであり，特に電界の指向性は電界パターン，電力の指向性は電力パターンという．なお，特に断らない場合，アンテナの指向性パターンは電力パターンを指すことが多い．一般に，指向性に方向性がある場合には指向性があるといい，指向性が方向によらず一様なものを等方性 (isotropic) または無指向性であるという．等方性のアンテナは理論上のものであるが，アンテナ特性を規定する際の基準としてよく用いられる．

指向性が図 4.3 のように，いくつかのローブ (lobe) に別れているとき，最大放射方向を持つものをメインローブ (main lobe) といい，それ以外はサイドローブ (side lobe) という．ただ

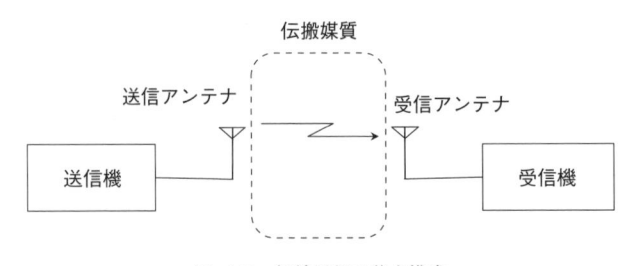

図 4.2　無線通信の基本構成

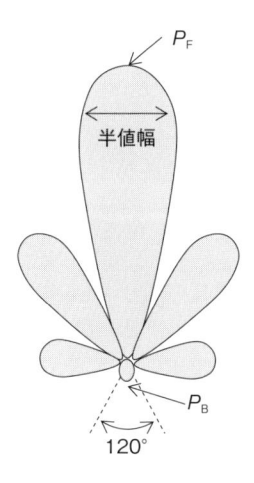

図 4.3 電力パターン

し，サイドローブの中でメインローブの後方（最大放射方向から $180 \pm 60°$ の範囲）にあるものは，特にバックローブ (back lobe) と呼ばれる．指向性を簡易に表すパラメータとしては，"メインローブにおいて放射電力が最大値 $P_F$ の半分になる幅"で定義される半値幅（もしくは半値角）や"メインローブとバックローブにおける最大電力比：$P_F/P_B$"で定義されるフロントバック比 (front-to-back ratio) がよく用いられる．

アンテナから放射される電力の指向性を定量的に評価する指標に指向性利得 (directive gain) がある．指向性利得は"ある方向の放射電力密度と，全放射電力を全方向について平均した放射電力密度との比"で定義されるものであり，指向性関数 $D(\theta, \varphi)$ を用いると，

$$G(\theta, \varphi) = \frac{|D(\theta, \varphi)|^2}{\frac{1}{4\pi}\int_0^{2\pi}\int_0^{\pi}|D(\theta, \varphi)|^2 \sin\theta d\theta d\varphi} \tag{4.3}$$

で表される．なお，特に放射方向についてのことわりがない場合，指向性利得はそのアンテナの最大放射方向の値を指す．例えば，$D(\theta, \varphi) = \sin\theta$ の微小ダイポールでは，式 (4.3) より指向性利得が $G(\theta, \varphi) = (3/2)\sin^2\theta$ となり，その最大放射方向 ($\theta = \pi/2$) の値が 1.5 となる．また，式 (4.3) で定義される指向性利得は"等方性アンテナに対する利得"と考えることができる[1]．そこで，特に指向性利得をデシベル値 ($10\log G$)[2] で表した際の単位は "dBi" が用いられる．なお，アンテナ利得を"完全半波長アンテナの利得 1.64（デシベルで表すと 2.15 dBi）に対する相対利得 $G_r$ $(= G/1.64)$"で表す場合もあり，その際のデシベル値 ($10\log G_r$) の単位は "dBd" が用いられる．

現在，アンテナにはその特性が異なる様々なものが提案されている．例えば，身近なところでは，AM ラジオに利用されるロッドアンテナ，地上波 TV 放送に利用される八木・宇田アンテナ，衛星 TV 放送に利用されるパラボラアンテナなどがあり，これらは指向性とその利得がそれぞれ異なる．また，物理的な構造からの分類では，開口面アンテナ，線状アンテナ，パッ

---
[1] 等方性アンテナを基準することを強調するために，この利得を絶対利得 (absolute gain) と呼ぶ場合もしばしばある．
[2] デシベルにおける対数は常用対数であり，底は 10 である．

チアンテナ，アレーアンテナ等がある．通信システムにおいてどのようなアンテナが利用されるかは，システムの要求条件やコスト面等に依る．

以上がアンテナの基本特性である．なお，アンテナの特性に関するより詳細については文献 [2,3]，アンテナの種類や特徴については文献 [4] などを参照されたい．

### 4.2.2 送信電力と受信電力の関係

今，送信アンテナの入力端における信号の電力（送信電力）を $P_T$ [W]，送信アンテナの利得を $G_T(\theta,\varphi)$（ただし，$(\theta,\varphi)$ は送信アンテナを基準とした極座標における電波の出射方向））とすると，アンテナからの実効放射電力 (effective isotropically radiated power: e.i.r.p) $P_{\text{eirp}}(\theta,\varphi)$ [W] は

$$P_{\text{eirp}}(\theta,\varphi) = P_T G_T(\theta,\varphi) \quad (4.4)$$

となる．一方，放射された電波の受信アンテナの位置における単位面積当たりの電力（電力密度）を $P_U$ [W/m$^2$]，受信アンテナの実効面積を $A_e$ [m$^2$] とすると，受信される信号の電力 $P_R$ [W] は

$$P_R = P_U A_e \quad (4.5)$$

で与えられる．ここで，受信アンテナの実効面積 $A_e$ とその利得 $G_R(\theta,\varphi)$（ただし，$(\theta,\varphi)$ は受信アンテナを基準とした極座標における電波の到来方向）は

$$A_e = \frac{\lambda^2}{4\pi} G_R(\theta,\varphi) \quad (4.6)^{[3]}$$

の関係にあることから，受信電力 $P_R$ は式 (4.6) を式 (4.5) に代入することにより，

$$P_R = P_U \frac{\lambda^2}{4\pi} G_R(\theta,\varphi) \quad (4.7)$$

と表すことができる．また，伝搬媒質内を伝搬することによる損失（伝搬損失）$L$ は受信アンテナに等方性アンテナを用いた場合の "送信電力と受信電力の比" として

$$L = \frac{P_{\text{eirp}}(\theta,\varphi)}{P_R/G_R(\theta,\varphi)} = \frac{P_T G_T(\theta,\varphi)}{\left(P_U \frac{\lambda^2}{4\pi}\right)} \quad (4.8)$$

で定義される．なお，その値は $L \geq 1$ となる．伝搬損失を用いると $P_R$ は式 (4.7) と (4.8) の関係から

$$P_R = \frac{P_T G_T(\theta,\varphi) G_R(\theta,\varphi)}{L} \quad (4.9)^{[4]}$$

で与えられる．式 (4.9) は送信電力と受信電力との基本的な式であり，特に，伝搬媒質が後述する自由空間と見なされる場合には，フリス (Friis) の伝送公式（または伝達公式）と呼ばれる．

---

[3] 等方性アンテナの利得は $G = 1$ である．すなわち，式 (4.6) における $\lambda^2/(4\pi)$ は等方性アンテナの実効面積を表している．

[4] 式 (4.9) の関係はしばしば $P_R = P_T G_T(\theta,\varphi) G_R(\theta,\varphi) L$ と表記される場合がある．この場合の伝搬損失 $L$ は式 (4.8) の分子と分母を逆にした定義になっているものであり，その値は $L \leq 1$ である．ただし，近年は本来の定義と区別するために "パスゲイン (path gain)" と一般的に呼ばれる．

ところで，デシベル値はある基準となる値に対する比（ただし，電力次元）を対数の 10 倍で表したものである[5]．送信電力においては $1\,\mathrm{W}$ や $1\,\mathrm{mW}$ を基準とし，これらの値の単位はそれぞれ "dBW"，"dBm" である．なお，定義より $1\,\mathrm{dBW}=30\,\mathrm{dBm}$ である．また，式 (4.8) のように伝搬損失はそのものが"比"で定義された物理量であることから単位は "dB" である．式 (4.9) をデシベルで表すと

$$P_\mathrm{R}\,[\mathrm{dBm}] = P_\mathrm{T}\,[\mathrm{dBm}] + G_\mathrm{T}\,(\theta,\varphi)\,[\mathrm{dBi}] + G_\mathrm{R}\,(\theta,\varphi)\,[\mathrm{dBi}] - L\,[\mathrm{dB}] \qquad (4.10)$$

と表せる．各物理量をデシベルで表すと受信電力を加減算で計算できる利点があり，無線通信においては頻繁に利用される．

### 4.2.3 受信電力と電界強度，受信電圧の相互関係

無線システムではしばしば受信電力の代わりに電界強度や受信電圧を用いて議論されることがある．そこで，これらの関係について簡単にまとめる．なお，詳細は文献 [5] などを参照のこと．

到来する電波の電界強度（ただし，波高値）を $E_\mathrm{m}\,[\mathrm{V/m}]$，自由空間のインピーダンスを $Z_0 = 120\pi\,\Omega$ とすると，電力密度 $P_\mathrm{U}\,[\mathrm{W/m^2}]$ は

$$P_\mathrm{U} = \frac{1}{2}\frac{E_\mathrm{m}^2}{Z_0} \qquad (4.11)$$

で与えられる．したがって，式 (4.11) を式 (4.5) に代入することにより，

$$P_\mathrm{R} = \frac{1}{2}\frac{E_\mathrm{m}^2}{Z_0} A_\mathrm{e} \qquad (4.12)$$

の関係を得る．ここで，無線通信では，電界強度の単位に "$\mu\mathrm{V/m}$"（デシベルの単位：$\mathrm{dB}\mu\mathrm{V/m}$），受信電力の単位に "mW" を使用するのが一般的である．そこで，改めて $E_\mathrm{m}\,[\mu\mathrm{V/m}]$，$P_\mathrm{R}\,[\mathrm{mW}]$ とすると，式 (4.12) のデシベル表記は，

$$P_\mathrm{R}\,[\mathrm{dBm}] = E_\mathrm{m}\,[\mathrm{dB}\mu\mathrm{V/m}] - 90 - 10\log(2Z_0) + 10\log A_\mathrm{e} \qquad (4.13)$$

と表せる．なお，電界強度が実効値 $E_\mathrm{e}$ で定義されている場合には式 (4.11), (4.12) に "$E_\mathrm{m} = \sqrt{2}E_\mathrm{e}$" を代入すればよい．

到来する電波の電界強度（ただし，波高値）を $E_\mathrm{m}\,[\mathrm{V/m}]$，受信アンテナの実効長を $l_\mathrm{e}\,[\mathrm{m}]$ とすると，アンテナに誘起される電圧（ただし，開放電圧）$V_\mathrm{m}\,[\mathrm{V}]$ は $E_\mathrm{m}l_\mathrm{e}$ で与えられる．ここで，アンテナ実効長はその利得 $G_\mathrm{R}(\theta,\varphi)$ を用いて，

$$l_\mathrm{e} = \frac{\lambda}{\pi}\sqrt{\frac{G_\mathrm{R}\,(\theta,\varphi)}{1.64}} \qquad (4.14)[6]$$

と表せる [5]．したがって，誘起電圧は

---

[5] デシベル値に対して，デシベル値に変換する前の値は"真値"と呼ばれる．
[6] 完全半波長アンテナ（/半波長ダイポールアンテナ）の利得と実効長はそれぞれ $G_\mathrm{R} = 1.64$, $l_\mathrm{e} = \lambda/\pi$ である．

$$V_\mathrm{m} = E_\mathrm{m} l_e = E_\mathrm{m} \frac{\lambda}{\pi} \sqrt{\frac{G_\mathrm{R}(\theta, \varphi)}{1.64}} \tag{4.15}$$

で与えられる．ここで，無線通信では，誘起電圧の単位に "$\mu\mathrm{V}$"（デシベルの単位：$\mathrm{dB}\mu\mathrm{V}$）を使用するのが一般的である．そこで，改めて $V_\mathrm{m}\,[\mu\mathrm{V}]$，$E_\mathrm{m}\,[\mu\mathrm{V}/\mathrm{m}]$ とすると，式 (4.15) のデシベル表記は，

$$V_\mathrm{m}\,[\mathrm{dB}\mu\mathrm{V}] = E_\mathrm{m}\,[\mathrm{dB}\mu\mathrm{V}/\mathrm{m}] + 20\log(\lambda/\pi) + 10\log G_\mathrm{R} - 2.15 \tag{4.16}$$

と表せる[7]．なお，式 (4.14) と式 (4.6) よりわかるとおり，アンテナの実効面積と実効長には

$$A_e = \frac{1.64\pi}{4} l_e^2 \tag{4.17}$$

の関係がある．

アンテナのインピーダンスを $Z = R + jX$，受信機のインピーダンスを $Z_1 = R_1 + jX_1$ とすると，受信電力（回路から取り出せる最大電力：有能電力）は，$R_1 = R$，$X_1 = -X$ の条件より，

$$P_\mathrm{R} = \frac{V_\mathrm{m}^2}{8R} = \frac{V_0^2}{4R} \tag{4.18}$$

で与えられる．ただし，$V_\mathrm{m}\,[\mathrm{V}]$ は前述のアンテナに誘起される電圧（ただし，開放電圧）であり，$V_0\,[\mathrm{V}]$ はその実効値 ($V_\mathrm{m}/\sqrt{2}$) である．ここで，改めて $V_0\,[\mu\mathrm{V}]$，$P_\mathrm{R}\,[\mathrm{mW}]$ とすると，式 (4.18) のデシベル表記は，

$$P_\mathrm{R}\,[\mathrm{dBm}] = V_0\,[\mathrm{dB}\mu\mathrm{V}] - 96 - 10\log R \tag{4.19}$$

と表せる．なお，特に $R = 50\Omega$ の場合，式 (4.19) は

$$P_\mathrm{R}\,[\mathrm{dBm}] = V_0\,[\mathrm{dB}\mu\mathrm{V}] - 113 \tag{4.20}$$

となる．

## 4.3 電波伝搬の基礎

本節では電波伝搬の基礎として，

- 自由空間伝搬：地物が存在せずかつ均質等方性[8]の空間は自由空間と呼ばれ，その空間に送信アンテナと受信アンテナが設置されている場合の伝搬．
- 平面大地伝搬：平坦な大地以外に地物のない空間に送信アンテナと受信アンテナが設置されている場合の伝搬．
- 山岳回折伝搬：送信アンテナと受信アンテナの間に山岳が存在する場合の伝搬．

---

[7] デシベル値はある基準となる値に対する電力次元での比である．したがって，式 (4.16) は式 (4.15) の両辺に対して "$20\log x\,(=10\log x^2)$" の演算を行うことより導出している．
[8] 媒質が均一で，その特性が周波数に依存しないこと．

について述べる．

### 4.3.1 自由空間伝搬

まず，送信アンテナとして等方性アンテナを仮定する．等方性アンテナは無指向性であることから，その実効放射電力は全方向で一様である．すなわち，図 4.4 に示すように，送信アンテナから距離 $d$ となる球面上において単位面積当たりの電力は等しいといえる．したがって，実効放射電力を $P_{\text{eirp}} = P_\text{T}$ とすると，放射電力密度 $P_\text{U}$ は $P_\text{T}/(4\pi d^2)$（ただし，$d$ の単位は [m]）で与えられる．ここで，アンテナの指向性利得は 4.2 節で述べたように，"ある方向の放射電力密度と，全放射電力を全方向について平均した放射電力密度との比" であるとともに "等方性アンテナに対する利得" で定義されるものである．したがって，送信アンテナに指向性アンテナを用いた場合の放射電力密度は，受信方向の利得を $G_\text{T}$ とすれば，

$$P_\text{U} = \frac{P_\text{T}}{4\pi d^2} G_\text{T} \tag{4.21}$$

で与えられる．

自由空間における受信電力は式 (4.21) を式 (4.7) に代入することにより，

$$P_\text{R} = \frac{P_\text{T} G_\text{T} G_\text{R}}{d^2} \left(\frac{\lambda}{4\pi}\right)^2 \tag{4.22}$$

で与えられる．なお，$G_\text{R}$ は電波の到来する方向における利得である．また，電界強度（ただし，波高値）は式 (4.11) より電力密度と "$E_m = \sqrt{2Z_0 P_\text{U}} = \sqrt{240\pi P_\text{U}}$" の関係にあることから，

$$E_\text{m} = \sqrt{2Z_0 \frac{P_\text{T} G_\text{T}}{4\pi d^2}} = \sqrt{2Z_0 \frac{P_\text{T} G_\text{T}}{4\pi}} \frac{1}{d} = \frac{\sqrt{60 P_\text{T} G_\text{T}}}{d} \tag{4.23}$$

と表せる．さらに，自由空間における伝搬損失は式 (4.21) を式 (4.8) に代入することにより（もしくは，式 (4.22) と式 (4.9) の関係から），

$$L = \left(\frac{4\pi d}{\lambda}\right)^2 = d^2 \cdot f^2 \cdot \left(\frac{4\pi}{c}\right)^2 \tag{4.24}$$

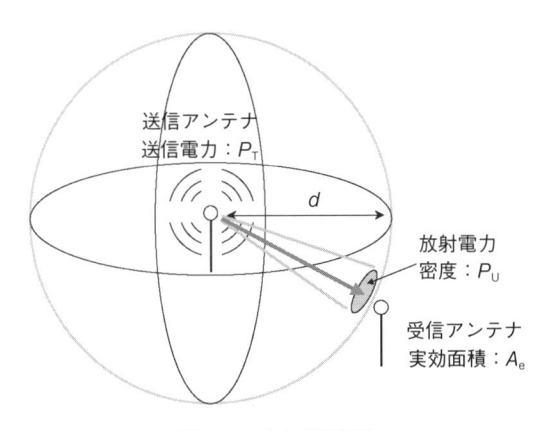

図 4.4 自由空間伝搬

と表せる．ただし，$f$ は周波数（単位：Hz），$c$ は光速（約 $3 \times 10^8$ m/s）であり，右辺第 1 式から第 2 式への変換には式 (4.1) の "$\lambda = c/f$" の関係を用いている．式 (4.24) は自由空間伝搬損失（もしくは自由空間損失）と呼ばれ，様々な環境における伝搬損失特性を評価する際の基準となるものである[9]．

ところで，送信アンテナから距離 $d$ にある受信点の電界強度は，時間と空間による位相の変化を考慮すると，

$$E = E_0 \frac{e^{j(\omega t - kd)}}{d} \tag{4.25}$$

で表される [3]．ただし，$t$：時間（単位は [s]），$\omega (= 2\pi f)$：角周波数，$k(= 2\pi/\lambda)$：波数である．また，$E_0$ は単位距離における電界強度の波高値であり，式 (4.23) より，

$$E_0 = \sqrt{2Z_0 \frac{P_\mathrm{T} G_\mathrm{T}}{4\pi}} \tag{4.26}$$

で与えられる．なお，受信電力等を求める場合には "$E_\mathrm{m} = |E|$" を前述の各式に代入すれば良い．以下では電界強度として式 (4.25) の表現を用いることとする．

### 4.3.2 平面大地伝搬

平面大地伝搬において受信アンテナに到来する波は，"送信アンテナから直接到来する波（直接波）" と "平面大地による反射波（大地反射波）" の 2 種類である．以下，図 4.5 のモデルを用いて平面大地伝搬の特性について説明する．ただし，簡単化のために送信アンテナと受信アンテナはともに等方性アンテナ（$G_\mathrm{T} = G_\mathrm{R} = 1$）とする．

今，直接波と大地反射波の経路長をそれぞれ $r_1, r_2$ とすると，各波の受信点における電界強

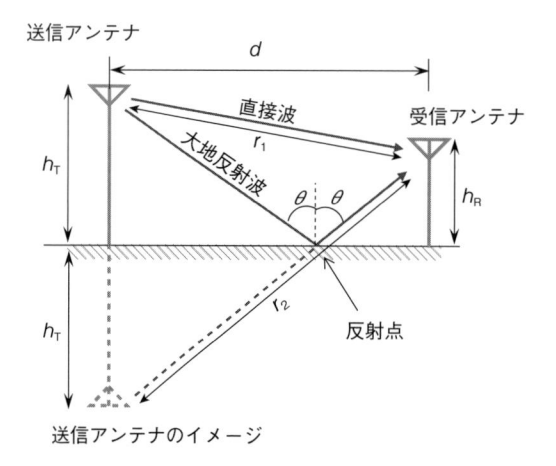

**図 4.5** 平面大地伝搬

---

[9] 自由空間は "周波数に依存しない空間" である．一方，式 (4.24) のように自由空間損失は "$f^2$" の周波数特性を持つ．一見これは矛盾しているように思われるが，その理由は伝搬損失の定義 "送受信アンテナに等方性アンテナを用いた場合の送信電力と受信電力の比" にある．すなわち，伝搬損失には等方性アンテナの特性が含まれ，その周波数特性は受信側の等方性アンテナの実効面積（$\lambda^2/(4\pi)$）が反映されたものである．

度は，式 (4.25) より，

$$E_1 = E_0 \frac{e^{j(\omega t - kr_1)}}{r_1} \tag{4.27a}$$

$$E_2 = E_0 \frac{e^{j(\omega t - kr_2)}}{r_2} R(\theta) \tag{4.27b}$$

と表せる．ただし，$R(\theta)$ は波が角度 $\theta$ で大地に入射した場合の反射係数である．ここで，受信アンテナに複数の波が到来する場合の電界強度は"各波の電界強度の和"で与えられることから，平面大地伝搬における電界強度は

$$E = E_1 + E_2 = E_0 \left\{ \frac{e^{-jkr_1}}{r_1} + \frac{e^{-jkr_2}}{r_2} R(\theta) \right\} e^{j\omega t} \tag{4.28}$$

で与えられ，その振幅（大きさ）は

$$|E| = \sqrt{EE^*} = E_0 \left| \frac{e^{-jkr_1}}{r_1} + \frac{e^{-jkr_2}}{r_2} R(\theta) \right| \tag{4.29}$$

で与えられる．なお，$r_1, r_2, \theta$ は図 4.5 の水平面内の送受信間距離：$d$，送信アンテナ高：$h_\mathrm{T}$，受信アンテナ高：$h_\mathrm{R}$ を用いると，

$$r_1 = \sqrt{d^2 + (h_\mathrm{T} - h_\mathrm{R})^2}, \quad r_2 = \sqrt{d^2 + (h_\mathrm{T} + h_\mathrm{R})^2} \tag{4.30}$$

$$\theta = \frac{\pi}{2} - \tan^{-1}\left(\frac{h_\mathrm{T} + h_\mathrm{R}}{d}\right) \tag{4.31}$$

と表せる．

式 (4.30) は二項定理を用いると

$$\begin{cases} r_1 = d\left[1 + \frac{1}{2}\left(\frac{h_\mathrm{T} - h_\mathrm{R}}{d}\right)^2 - \frac{1}{8}\left(\frac{h_\mathrm{T} - h_\mathrm{R}}{d}\right)^4 + \cdots\right] \\ r_2 = d\left[1 + \frac{1}{2}\left(\frac{h_\mathrm{T} + h_\mathrm{R}}{d}\right)^2 - \frac{1}{8}\left(\frac{h_\mathrm{T} + h_\mathrm{R}}{d}\right)^4 + \cdots\right] \end{cases} \tag{4.32}$$

と表せる．式 (4.29) において，各波の振幅項にある $r_1$ と $r_2$ を式 (4.32) の第 1 項で近似 ($r_1 = r_2 = d$) し，また，複素量である反射係数を"$R(\theta) = |R(\theta)|e^{\xi}(\theta)$（ただし，$\xi(\theta) = \angle R(\theta)$)"すると，式 (4.29) は，

$$\begin{aligned} |E| &\approx \frac{E_0}{d}\left|e^{-jkr_1} + e^{-jkr_2}|R(\theta)|e^{j\xi(\theta)}\right| = \frac{E_0}{d}\left|1 + e^{-jk(r_2 - r_1)}|R(\theta)|e^{j\xi(\theta)}\right| \\ &= \frac{E_0}{d}\sqrt{1 + |R(\theta)|^2 + 2|R(\theta)|\cos(k(r_2 - r_1) - \xi(\theta))} \end{aligned} \tag{4.33}$$

と表せる．式 (4.33) には $\cos(.)$ の項が含まれていることから，電界強度は送受信間距離 $d$ の増加に伴って振動しながら減少することがわかる．この振動は直接波と大地反射波が干渉することによる．電界強度の包絡線は $\cos(.) = 1$ とすることで得られることから，

$$|E|_{\text{env}} = \frac{E_0}{d}\left(1 + |R(\theta)|\right) \tag{4.34}$$

と表せる．ここで，$0 \leq |R(\theta)| \leq 1$ であることから，包絡線の値は自由空間の値よりも大きくなる．

送受信間が十分に遠方にある場合，$R(\theta) = -1$（すなわち，$|R(\theta)| = 1, \xi(\theta) = \pi$）と見なせる [3]．また，経路長差 "$r_2 - r_1$" も十分に小さいことから，式 (4.33) の cos(.) の項は，

$$\begin{aligned}\cos\left(k\left(r_2 - r_1\right) - \pi\right) &= -\cos\left(k\left(r_2 - r_1\right)\right) = -1 + 2\sin^2\left(\frac{k\left(r_2 - r_1\right)}{2}\right) \\ &\approx -1 + 2\left(\frac{k\left(r_2 - r_1\right)}{2}\right)^2\end{aligned} \tag{4.35}$$

と近似できる．さらに，式 (4.35) の $r_1$ と $r_2$ を式 (4.32) の第 2 項までで近似すると，

$$r_2 - r_1 \approx d\left\{1 + \frac{1}{2}\left(\frac{h_\text{T} + h_\text{R}}{d}\right)^2\right\} - d\left\{1 + \frac{1}{2}\left(\frac{h_\text{T} - h_\text{R}}{d}\right)^2\right\} = \frac{2h_\text{T}h_\text{R}}{d} \tag{4.36}$$

で与えられることから，送受信間が十分に遠方にある場合の電界強度（ただし，振幅）は，式 (4.35), (4.36) を式 (4.33) に代入して，

$$|E| \approx E_0 \frac{2kh_\text{T}h_\text{R}}{d^2} = E_0 \frac{4\pi}{\lambda} \frac{h_\text{T}h_\text{R}}{d^2} = \sqrt{2Z_0 P_\text{T}} \frac{\sqrt{4\pi}}{\lambda} \frac{h_\text{T}h_\text{R}}{d^2} \tag{4.37}$$

となる．なお，式 (4.37) では $k = 2\pi/\lambda$ と式 (4.26)（ただし，題意より $G_\text{T} = 1$ としている）の関係を用いている．

図 4.6 は $f = 1\,\text{GHz}(\lambda = 0.3\,\text{m})$，$h_\text{T} = 3\,\text{m}$，$h_\text{R} = 1.5\,\text{m}$ として式 (4.33) より計算した結果である．また，あわせて，式 (4.34) による包絡線の値，式 (4.37) の遠方近似式による値，式 (4.23) による自由空間の値も示している．ただし，全ての場合において，反射係数は $d$ によらず $R(\theta) = -1$ としている．平面大地伝搬の電界強度は，送受信間距離が比較的近い場合には

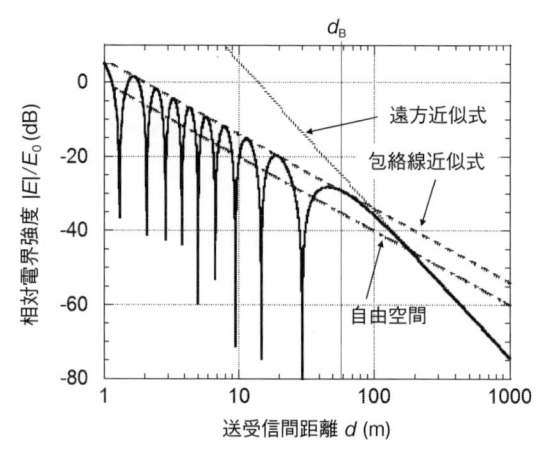

図 4.6　平面大地伝搬の計算例

$d^{-1}$ で減少し，遠方では $d^{-2}$ で減少することになる．これは，伝搬損失で考えると，距離に対する損失がそれぞれ $d^2$ と $d^4$ で増加することを意味する[10]．また，この距離の特性が変化するポイント（図 4.6 において $d_\mathrm{B}$ で示した距離のポイント）はブレークポイントと呼ばれる．なお，ブレークポイントの定義はいくつかあるが，一般的には，図 4.6 のように距離に対して現れる電界強度（もしくは受信電力）の極大点のうち，"送信点から最も遠い極大点の位置" で定義される．

以上が平面大地伝搬であり，直接波と大地反射波が干渉することが特徴である．

### 4.3.3 山岳回折伝搬

送信アンテナと受信アンテナの間に山岳が存在する場合，受信アンテナには山岳の裏側に回り込んで伝搬する回折波が到来する．この山岳回折伝搬の解析には，図 4.7 に示すハーフスクリーン（もしくはナイフエッジ）によるモデルがしばしば用いられる．図において，送受信点は $y$ 軸上にあり，スクリーンは $x$-$z$ 面内（ただし，$z \leq H$）にあるものとしている．

回折波による受信点の電界強度はホイヘンスの原理[11]を用いて求めることができる．すなわち，受信点の電界は全ての 2 次波源から放射される波の和で与えられる．具体的には，図 4.7 のモデルであれば $x$-$z$ 面内（ただし，$z > H$）に 2 次波源を仮定し，その微小領域 $dxdz$ からの電界強度は

$$dE = \frac{j}{\lambda}\left(E_0 \frac{e^{-jkr_1}}{r_1}\right)\frac{e^{-jkr_2}}{r_2}e^{j\omega t}dxdz \tag{4.38}$$

ただし，

$$r_1 = \sqrt{d_1^2 + (z^2 + x^2)}, \quad r_2 = \sqrt{d_2^2 + (z^2 + x^2)} \tag{4.39}$$

と表されることから，受信点の電界強度は，

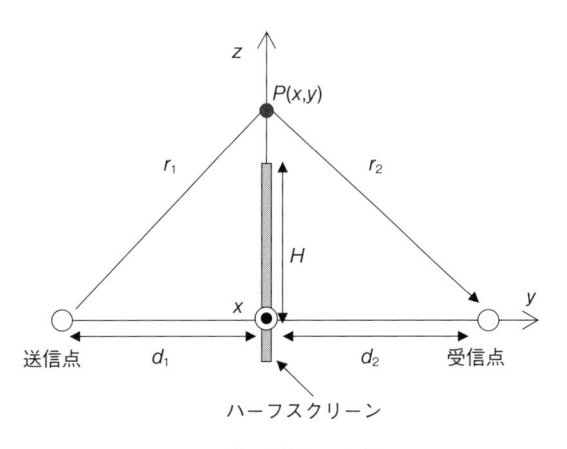

図 4.7 山岳回折伝搬の解析モデル

---
[10] $E_\mathrm{m} = |E|$ と考えて式 (4.37) を式 (4.6) とともに式 (4.12) に代入すると受信電力の式が得られる．後はそれを式 (4.9) に代入すれば伝搬損失が得られる．なお，題意より "$G_\mathrm{T} = G_\mathrm{R} = 1$" とする．
[11] "ある波面の 1 つ 1 つの点が新しい波源となって新しい波面を次々に作り出し，それらの合成が全体の波面となる" という原理．

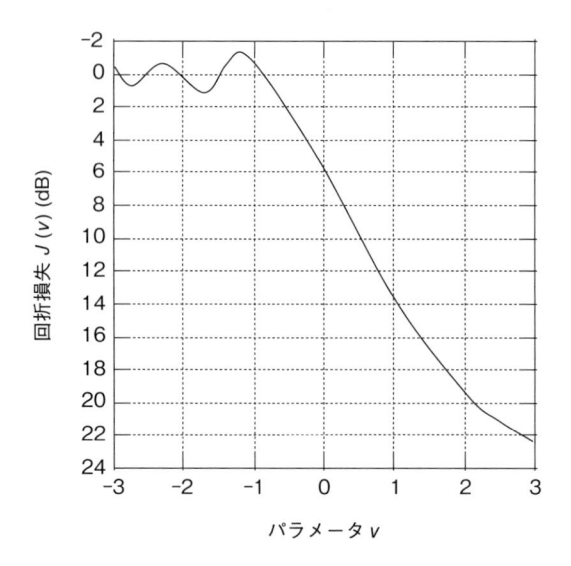

**図 4.8** 回折損失

$$E = \frac{jE_0 e^{j\omega t}}{\lambda} \int_{-\infty}^{\infty} \int_{H}^{\infty} \frac{e^{-jk(r_1+r_2)}}{r_1 r_2} dx dz$$

$$\approx E_0 \frac{e^{j\{\omega t - k(d_1+d_2)\}}}{d_1 + d_2} \frac{1+j}{2} \int_{\nu}^{\infty} \exp\left(-j\frac{\pi}{2}t^2\right) dt \quad (4.40)$$

で与えられる [6]. ただし, 右辺第1式から第2式への近似にはフレネル近似を適用し, また,

$$\nu = H\sqrt{\frac{2}{\lambda}\left(\frac{1}{d_1} + \frac{1}{d_2}\right)} \quad (4.41)$$

である. ここで, ハーフスクリーンがない場合の電界強度は, 式 (4.40) に $\nu = -\infty$ を代入し,

$$E = E_0 \frac{e^{j\{\omega t - k(d_1+d_2)\}}}{d_1 + d_2} (\equiv E_\mathrm{f}) \quad (4.42)$$

と表され, $d = d_1 + d_2$ とすれば自由空間伝搬の式 (4.25) と一致する. したがって, 回折による損失は

$$J(\nu) = \frac{|E_\mathrm{f}|^2}{|E|^2} = \left|\frac{1+j}{2}\int_\nu^\infty \exp\left(-j\frac{\pi}{2}t^2\right)dt\right|^{-2} \quad (4.43)$$

で与えられる. 式 (4.43) を計算した結果を図 4.8 に示す. 図より, $\nu = 0$ ($H = 0$) における回折損失が $J(\nu) = 1/4$ ($= 6\,\mathrm{dB}$) となっているが, これは電界強度の大きさが自由空間の場合の半分になることによる. また, $\nu > -0.7$ については

$$J(\nu) = 6.9 + 20\log\left(\sqrt{(\nu-0.1)^2+1} + \nu - 0.1\right) \,[\mathrm{dB}] \quad (4.44)$$

で近似できることが知られている [7].

## 4.4 マルチパス環境の電波伝搬

移動通信のような環境は，図 4.9 に示すように，主に見通し外・マルチパス[12] 環境であることが特徴である．したがって，自由空間伝搬と異なり信号の受信電力は移動に伴い複雑に変動する．そこで，奥村らは，図 4.10 に示すように，受信電力の変動を観測するスケールに応じて，

- 瞬時変動：短区間（数波長区間）内における受信電力の瞬時値の変動

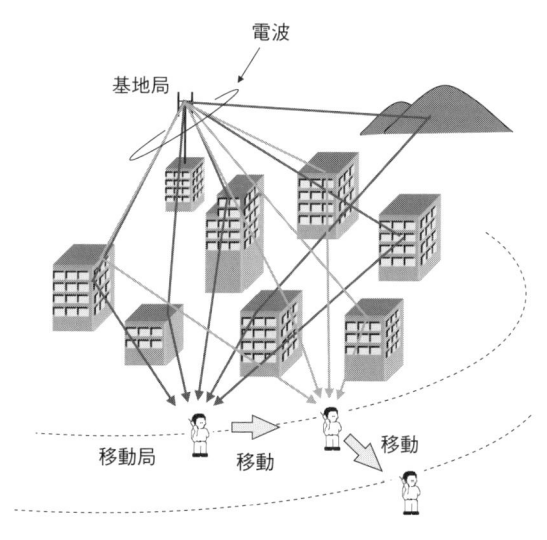

図 4.9 マルチパス伝搬

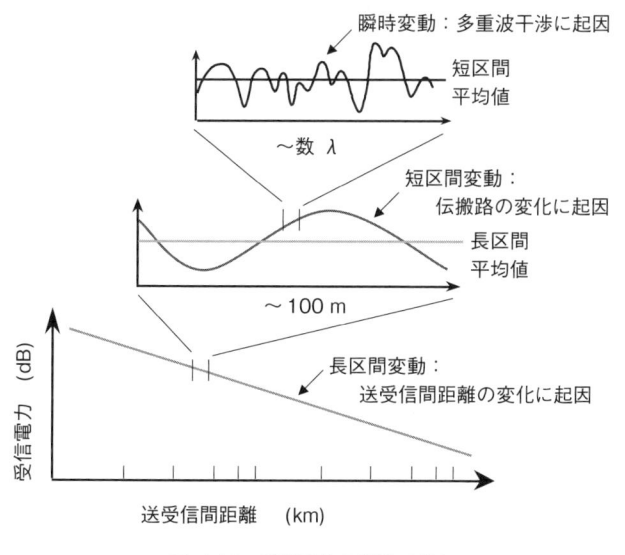

図 4.10 受信電力の変動モデル

---
[12] パスとは送信から受信に至る電波の伝搬路のことであり，マルチパスはそれが複数ある状態．

- 短区間変動：長区間（数十〜100 m 程度の区間）内における瞬時値の短区間内中央値（もしくは平均値）の変動
- 長区間変動：短区間中央値の長区間内中央値（もしくは平均値）の変動

の3種類でモデル化した [7]．以下，各変動について述べる．

### 4.4.1 瞬時変動

瞬時変動は受信アンテナに到来する複数の波の干渉により生じる変動であり，マルチパスフェージングとも呼ばれる．今，到来する波の数を $N$，$\#i$ 波の電界強度を $E_i(t) = r_i(t)e^{j(\omega t + \theta_i(t))}$ $(= x_i(t) + jy_i(t))$ とすると，トータルの電界強度は，

$$E(t) = \sum_{i=1}^{N} r_i(t) e^{j\{\omega t + \theta_i(t)\}} = e^{j\omega t} \sum_{i=1}^{N} r_i(t) e^{j\theta_i(t)} = e^{j\omega t} \left( \sum_{i=1}^{N} x_i(t) + j \sum_{i=1}^{N} y_i(t) \right) \tag{4.45}$$

で与えられ，その大きさは，

$$|E(t)| = \left| \sum_{i=1}^{N} r_i(t) e^{j\theta_i(t)} \right| = \left| \sum_{i=1}^{N} x_i(t) + j \sum_{i=1}^{N} y_i(t) \right| \ (\equiv |X + jY|) \tag{4.46}$$

で与えられる．ここで，到来波数 $N$ が十分に大きく，かつ各波の振幅 $r_i(t)$ がほぼ等しい場合，$X$ と $Y$ は互いに独立な正規ランダム過程（それぞれ，平均：ゼロ，分散 $\sigma^2$）となる．したがって，$X$, $Y$ の結合確立密度関数は，

$$\begin{aligned} p(X, Y) &= \frac{1}{\sqrt{2\pi}\sigma} \exp\left(-\frac{X^2}{2\sigma^2}\right) \frac{1}{\sqrt{2\pi}\sigma} \exp\left(-\frac{Y^2}{2\sigma^2}\right) \\ &= \frac{1}{2\pi\sigma^2} \exp\left(-\frac{X^2 + Y^2}{2\sigma^2}\right) \end{aligned} \tag{4.47}$$

と表せる．ここで，$X = R\cos\Theta, Y = R\sin\Theta$ とすると，式 (4.47) の確率密度関数は，

$$p(R, \Theta) = p(X, Y) \left| \begin{array}{cc} \frac{\partial X}{\partial R} & \frac{\partial X}{\partial \Theta} \\ \frac{\partial Y}{\partial R} & \frac{\partial Y}{\partial \Theta} \end{array} \right| = \frac{R}{2\pi\sigma^2} \exp\left(-\frac{R^2}{2\sigma^2}\right) \tag{4.48}$$

となる．式 (4.46) で与えられる電界強度の大きさ $|E|$ は $R$ そのものであり，その分布は式 (4.48) の周辺分布として，

$$p(R) = \int_0^{2\pi} p(R, \Theta) d\Theta = \frac{R}{\sigma^2} \exp\left(-\frac{R^2}{2\sigma^2}\right) \tag{4.49}$$

と表せる．これはレイリー分布と呼ばれる分布である．なお，電界強度の振幅がレイリー分布に従うことから，この場合の瞬時変動は特にレイリーフェージングと呼ばれる．また，平均受信電力は

$$P_R = \left\langle \frac{R^2}{2} \right\rangle = \frac{1}{2}\langle X^2 + Y^2 \rangle = \frac{1}{2}\langle \sigma^2 + \sigma^2 \rangle = \sigma^2 \tag{4.50}$$

である．ただし，$\langle \cdot \rangle$ はアンサンブル平均を表す．

受信電力 $\gamma$ の分布は $\gamma = R^2/2$ の関係から式 (4.49) の変数変換を行うことにより，

$$p(\gamma) = \frac{1}{\sigma^2} \exp\left(-\frac{\gamma}{\sigma^2}\right) = \frac{1}{P_{\mathrm{R}}} \exp\left(-\frac{\gamma}{P_{\mathrm{R}}}\right) \tag{4.51}$$

となる．式 (4.51) は受信電力の分布が指数分布となることを意味する．

以上が瞬時変動特性である．ここでは電界強度と受信電力の分布特性について説明したが，電界強度の変動波形を生成する方法等の詳細については文献 [8,9] を参照されたい．

### 4.4.2 短区間変動特性

送受信間の伝搬路は，図 4.9 に示すように移動局の移動に伴い変化する．短区間変動は伝搬路ごとに "建物から受ける遮蔽の度合い" が異なることに起因する変動であり，シャドウイング（／シャドウフェージング）とも呼ばれる．

短区間変動における受信電力（短区間中央値としての電力）$x$ の変動分布 $p(x)$ は，測定結果より対数正規分布

$$p(x) = \frac{10 \log(e)}{\sqrt{2\pi}\sigma_{\mathrm{s}} x} \exp\left(-\frac{(10 \log x - m_{\mathrm{s}})^2}{2\sigma_{\mathrm{s}}^2}\right) \tag{4.52}$$

で表せることが検証されている．ただし，$m_{\mathrm{s}}$, $\sigma_{\mathrm{s}}$ は受信電力のデシベル値 $(10\log(x))$ の平均と標準偏差であり，ともにデシベル値である．ここで，$m_{\mathrm{s}}$ は後述する長区間内中央値に相当するものであることから，短区間変動特性として評価すべき指標は $\sigma_{\mathrm{s}}$ である．その値は伝搬環境や周波数により異なるが，移動通信の市街地マクロセル環境 [13] では周波数 800 MHz～3 GHz において 6～8 dB となることが報告されている [7–9]．

以上が短区間変動特性である．その変動波形の生成法等の詳細については文献 [8,9] を参照されたい．

### 4.4.3 長区間変動特性

受信電力の長区間内中央値は送受信間の距離に応じて減少する．ここで，伝搬損失を式 (4.8) と同様に "送信電力と受信電力（ただし，長区間中央値）の比" で定義すると，その値は送受信間距離に応じて増加することとなる．そこで，"受信電力の長区間変動特性" は一般に伝搬損失特性（／伝搬損失距離特性）と呼ばれる．

前述のように定義した伝搬損失は測定結果より $Loss = \beta d^\alpha$ （ただし，$d$：送受信間距離，$\alpha$, $\beta$：周波数や伝搬環境等で決まる定数）で表せ，移動通信の市街地マクロセル環境においては $\alpha = 3$～$4$ となることが報告されている [7–9]．より詳細には，伝搬損失推定式として与えられており，その代表が次の奥村–秦式である．

$$\begin{aligned}Loss\,[\mathrm{dB}] = {} & 69.55 + 26.16 \cdot \log f - 13.82 \cdot \log h_{\mathrm{b}} \\ & + (44.9 - 6.55 \cdot \log h_{\mathrm{b}}) \log d - a\,(h_{\mathrm{m}})\end{aligned} \tag{4.53}$$

---

[13] マクロセル環境とは，基地局アンテナが周辺建物より高い場所に設置されている場合の通信環境を指す．

各パラメータの意味と適用範囲は，$h_\mathrm{b}$：基地局アンテナ高 [m, 30〜200 m]，$f$：周波数 [MHz, 150〜1500 MHz]，$h_\mathrm{m}$：移動局アンテナ高 [m, 1〜10 m]，$d$：水平面内の送受信間距離 [km, 1〜20 km] である．また，$a(h_\mathrm{m})$ は移動局アンテナ高に対する補正項であり，

i) 中小都市

$$a(h_\mathrm{m}) = (1.1 \cdot \log f - 0.7) h_\mathrm{m} - (1.56 \cdot \log f - 0.8) \tag{4.54a}$$

ii) 大都市

$$a(h_\mathrm{m}) = \begin{cases} 8.29 \{\log(1.54 h_\mathrm{m})\}^2 - 1.1 & \text{for } f \leq 400\,\mathrm{MHz} \\ 3.2 \{\log(11.75 \cdot h_\mathrm{m})\}^2 - 4.97 & \text{for } 400\,\mathrm{MHz} \leq f \end{cases} \tag{4.54b}$$

で与えられる．また，郊外地や開放地に対しては，中小都市の伝搬損失 $Loss$（中小都市）[dB] の値を用いて，

iii) 郊外地

$$Loss\,[\mathrm{dB}] = Loss(\text{中小都市}) - 2\{\log(f/28)\}^2 - 5.4 \tag{4.55}$$

iv) 開放地

$$Loss\,[\mathrm{dB}] = Loss(\text{中小都市}) - 4.78\{\log f\}^2 + 18.33 \log f - 40.94 \tag{4.56}$$

で与えられる．式 (4.53) において，距離に対する定数 $\alpha$ は基地局アンテナ高 $h_\mathrm{b}$ の関数となっており，$h_\mathrm{b} = 40\,\mathrm{m}$ とすると "$\alpha = 3.44$" となることがわかる．

図 4.11 に中小都市における奥村–秦式の計算例を示す．ただし，本来適用範囲外である $d < 1\,\mathrm{lm}$ についても示している事に注意．伝搬損失が得られれば，受信電力（ただし，長区間中央値）は，フリスの伝送公式と同様に式 (4.9) を用いて求めることができる．

現在は奥村–秦式以外にも様々な伝搬損失推定式が提案されている．それらの詳細については文献 [8, 9] を参照されたい．

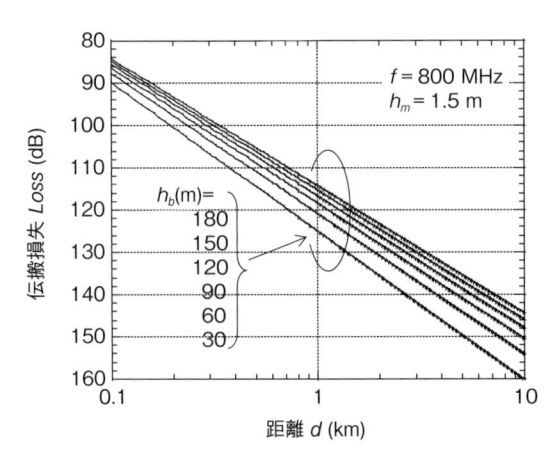

図 4.11 奥村–秦式の計算例

## 演習問題

**設問1** 送信する電波の周波数を 2 GHz とし，送信点から 1 km 地点における自由空間伝搬損失を求めよ．ただし，単位は [dB] とする．また，その際に，送信電力 5 W，送信アンテナ利得 7 dBd，受信アンテナ利得 2 dBi であった場合の受信電力も求めよ．ただし，単位は [dBm] とする．なお，光速は $3 \times 10^8$ m/s とし，アンテナの指向性は考慮しなくてよい．

**設問2** 平面大地伝搬において，送受信間が十分に遠方にある場合の伝搬損失を与える近似式を式 (4.37) から式 (4.12), (4.6), (4.9) の関係より導出せよ．また，その結果より周波数特性について論じよ．

（ヒント：式 (4.12) において $E_\mathrm{m} = |E|$ とし，また，送信アンテナと受信アンテナの利得は "$G_\mathrm{T} = G_\mathrm{R} = 1$" と考えるとよい．）

**設問3** 平面大地伝搬では電界強度の距離に対する特性が変化する，いわゆるブレークポイントが存在する．ブレークポイントを本文で述べたように "送信点から最も遠い電界強度の極大点の位置" と定義し，その位置 $d_\mathrm{B}$（送信アンテナからブレークポイントまでの距離）を式 (4.33) より導け．ただし，大地の反射係数は $R(\theta) = -1$ (すなわち，$|R(\theta)| = 1, \xi(\theta) = \pi$) と見なせるものとする．

（ヒント：式 (4.33) において電界強度の極大点は "$\cos(k(r_2 - r_1) - \xi(\theta)) = 1$" となる位置で現れる．また，十分遠方では式 (4.36) が成立つ．）

**設問4** 電界強度の振幅分布を与える式 (4.49) から受信電力の分布を与える式 (4.51) を導出せよ．

（ヒント：式 (4.49) は確率密度関数であり，確率密度関数の変数変換では $p(y) = p(x) \left| \frac{dx}{dy} \right|$ の関係を用いる．）

**設問5** 短区間変動における受信電力（ただし，短区間中央値としての電力）$x$ の変動分布は，式 (4.52) に示すように対数正規分布で与えられる．ここで，受信電力をデシベル値 ($z = 10 \log(x)$) とした場合の変動分布を導出せよ．

（ヒント：式 (4.52) は確率密度関数であり，確率密度関数の変数変換では $p(y) = p(x) \left| \frac{dx}{dy} \right| p(x)$ の関係を用いる．）

**設問6** 1.6 GHz と 800 MHz の伝搬損失差を送信電力のみで補うには（すなわち，両周波数で同じ受信電力が得られるには），800 MHz に対して 1.6 GHz の送信電力を何倍にすればよいか，伝搬環境が自由空間とマルチパス環境の場合についてそれぞれ求めよ．ただし，マルチパス環境では長区間変動特性のみを考慮し，その伝搬損失は奥村–秦式（大都市）で求められるものとする．

## 文　献

● 参考文献

[1] 総務省：電波利用ホームページ.
http://www.tele.soumu.go.jp/j/adm/freq/search/myuse/summary/index.htm.

[2] 電子情報通信学会 編：『アンテナ工学ハンドブック（第 2 版）』, オーム社 (2008).

[3] 安達三郎：『電磁波工学』, コロナ社 (1983).

[4] 後藤尚久：『アンテナがわかる本』, オーム社 (2005).

[5] 進士昌明 編：『移動通信』, 丸善 (1989).

[6] F. P. Fontan and P. M. Espineira: "Modeling the Wireless Propagation Channel a Simulation Approach with MATLAB", John Wiley & Sons (2008).

[7] 細矢良雄 監修：『電波伝搬ハンドブック』, リアライズ社 (1999).

[8] 岩井誠人：『移動通信における電波伝搬——無線通信シミュレーションのための基礎知識』, コロナ社 (2012).

[9] A. Goldsmith 著, 小林岳彦 監訳：『ゴールドスミス ワイヤレス通信工学——基礎理論から MIMO, OFDM, アドホックネットワークまで』, 丸善 (2007).

# 第5章
# 携帯電話無線アクセス技術

## 学習のポイント

本章では，第1章で概要を述べた携帯電話システムにおいて要となる無線アクセスすなわち電波を用いて基地局と携帯電話端末（ユーザ端末）間を無線リンク接続するために必要となる基本的技術と応用的技術について解説する．具体的には，音声，画像，データといった今日の携帯電話システムで扱われている各種情報を，有限の資源である電波に効率良く載せて基地局とユーザ端末間の高品質かつ安定的な無線伝送を実現するための基本的技術として，無線変復調，無線伝送誤り制御，ダイバシティの各技術を述べた後，同一の無線周波数帯域を用いてより多くの情報データを送受信可能とし，高速通信を実現する応用的技術として高度無線伝送技術について述べる．

この章を通して以下のことを学ぶ．

- 有限の資源である電波（無線周波数帯域）を使って効率良く情報データ通信を行うための無線リンク構造．
- 電波に情報データを載せて基地局とユーザ端末間で送受信するしくみ．
- 電波により送受信する情報データの伝送誤りを低く抑え，高品質・高信頼度に無線伝送するしくみ．
- ユーザ端末の移動に伴い通信環境が変化しても高品質かつ安定して無線伝送するしくみ．
- 同一の無線周波数帯域を使用してより多くの情報データを送受信可能とする高度無線伝送のしくみ．

## キーワード

携帯電話システム，無線アクセス，無線変復調技術，振幅変調，周波数変調，位相変調，多値変調，適応変調符号化，無線伝送誤り制御，FEC，誤り訂正方符号化，インターリーバ，ARQ，ハイブリッドARQ，空間ダイバシティ，アンテナダイバシティ，パスダイバシティ，時間ダイバシティ，周波数ダイバシティ，MIMO多重伝送，MIMOダイバシティ

## 5.1 携帯電話システムの無線アクセス方式

携帯電話システムにおける無線アクセス方式とは，OSI（開放型システム間相互接続）基本参照モデルの第2層・データリンク層と第1層・物理層の機能に相当し，携帯電話における音

【制御プレン(C-plane)用チャネル】

```
制御チャネル ─┬─ 報知チャネル
              ├─ 呼び出しチャネル
              ├─ 共通制御チャネル
              └─ 個別制御チャネル
```

【ユーザプレン(U-plane)用チャネル】

```
通信チャネル ─┬─ 個別通信チャネル
              └─ 共通通信チャネル
```

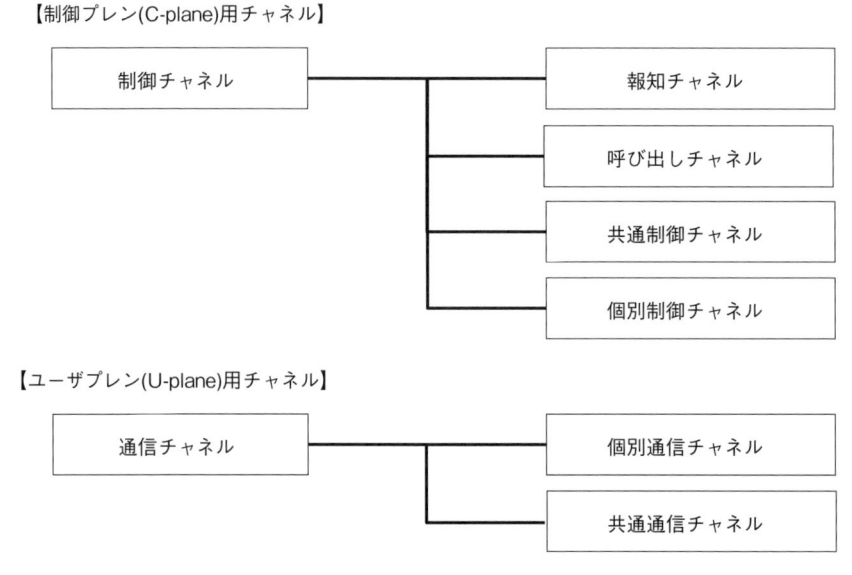

図 5.1　無線アクセス方式で用いられるチャネル

声通信サービスを例にとると，基地局とユーザ端末（携帯電話機）との間に設定された無線リンクの上で，発信（または着信），通話，終話までの一連の機能を提供する．多数のユーザがシステムに与えられた有限の無線周波数帯域を用いて効率良く情報通信を行うために，無線リンク上のチャネルを通信チャネル（ユーザデータ）チャネルと制御チャネルの2種類に大別する．例えば，携帯電話機から発信する場合，最初に制御チャネルを用いて基地局（ネットワーク）へ通話に要する通信チャネル（音声情報をやり取りするチャネル）を新規に要求し，基地局から通信チャネルが割り当てられた後，通話を開始する．ここで，一般に制御チャネルには多数のユーザで共有する共通制御チャネルを，通信チャネルには各ユーザで独立な個別通信チャネルをそれぞれ使用するが，図 5.1 に示すように，制御チャネルには，さらにシステム全体の制御情報を報知する報知チャネル，着信時の呼び出し制御に用いる呼び出しチャネル，個別通信チャネルの設定以降にユーザ毎の個別制御情報をやり取りする個別制御チャネルなどがあり，一方，通信チャネルには複数ユーザ端末が共有してユーザデータを伝送する共通通信チャネルなどがある．また，通信を確立するためなどにやり取りされる一連の制御処理を制御プレーン (Control (C)-Plane)，ユーザデータの送受信処理をユーザプレーン (User (U)-Plane) と呼ぶ．

　本章の以下の節では，ユーザデータや制御データなどの情報データを電波に載せるための無線変復調技術，無線リンクを介して無線伝送を行う際，ユーザ端末の移動に伴って生じる電波伝搬路の変動の影響を軽減し，伝送品質を向上させるための伝送誤り制御技術，ダイバシティ技術および高度無線伝送技術について述べる．

## 5.2 無線変復調技術

### 5.2.1 基本変調方式

情報データを載せる前の電波は搬送波（キャリア）と呼ばれ，図5.2(a)に示すように一定の振幅（または大きさ）かつ周波数（または周期）で正弦波形を繰り返すのみで，音声やデータなどの意味づけはない．この搬送波に情報データを載せる操作を変調と呼び，変調の際用いる情報データに対応した信号がアナログ信号かデジタル信号かによって，アナログ変調とデジタル変調とに分けられる．第1世代の携帯電話システムでは主にアナログ変調を用いていたが，第2世代以降のシステムではデジタル変調を使用するようになった．一方，変調の次元は基本的に振幅，周波数，位相の3種類あり，それぞれにおいてアナログ変調またはデジタル変調がある[1]．なお，搬送波を情報データ信号によって変調して得られた信号を変調波と呼ぶが，無線リンク（2つの地点間を無線で結ぶ通信路）を介して相手方に伝送された変調波から元の情報データ信号を復元する操作を復調と呼ぶ．

**(1) 振幅次元の変調**

図5.2(b)に示すように送信信号の大きさ（レベル）に応じて搬送波の振幅を変化させるもので，アナログ信号で変調するものを振幅変調 (Amplitude Modulation: AM)，デジタル信号で変調するものを振幅シフトキーイング (Amplitude Shift Keying: ASK) と呼ぶ．振幅次元の変調は，回路構成が単純であるのが特長だが，無線リンクのレベル変動やノイズによる伝送品質の劣化が起こりやすい．

**(2) 周波数次元の変調**

図5.2(c)に示すように送信信号の大きさ（レベル）に応じて搬送波の周波数を変化させるもので，アナログ信号で変調するものを周波数変調 (Frequency Modulation: FM)，デジタル信号で変調するものを周波数シフトキーイング (Frequency Shift Keying: FSK) と呼ぶ．周波数次元の変調は，変調波の出力レベルが情報データ信号によって変化することがなく，常に一定のレベルで送信するため，振幅次元の変調に比べて無線リンクのレベル変動やノイズによる影響を受けにくい．

**(3) 位相次元の変調**

図5.2(d)に示すように送信信号の大きさ（レベル）に応じて搬送波の位相を変化させるもので，アナログ信号で変調するものを位相変調 (Phase Modulation: PM)，デジタル信号で変調するものを位相シフトキーイング (Phase Shift Keying: PSK) と呼ぶ．位相次元の変調は，周波数次元の変調と同様に変調波が一定レベルであるのに加えて，周波数次元の変調に比べて，電力および周波数の利用効率の点で優れていることが特長である．

### 5.2.2 多値変調方式

基本変調方式において，1つの送信デジタル信号（シンボル）において伝送できる情報データ

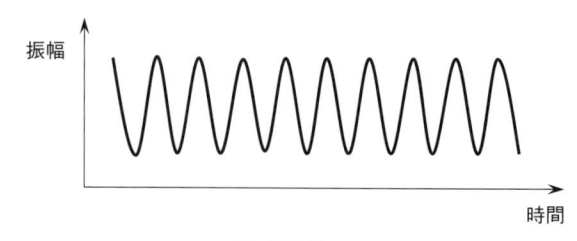

(a) 搬送波

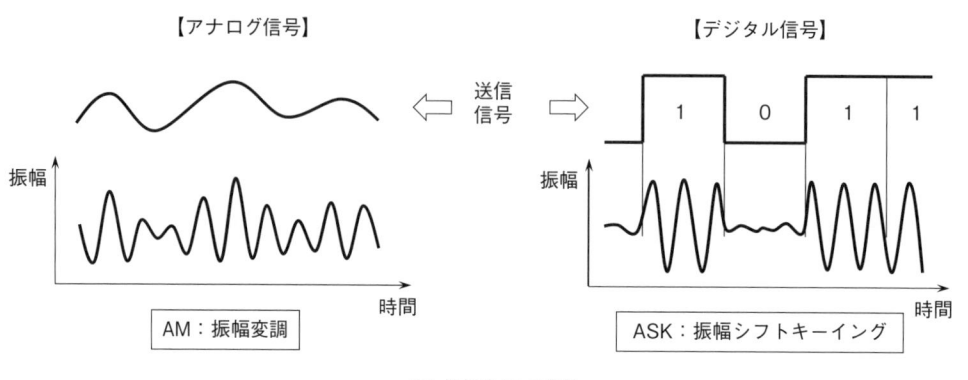

(b) 振幅次元の変調

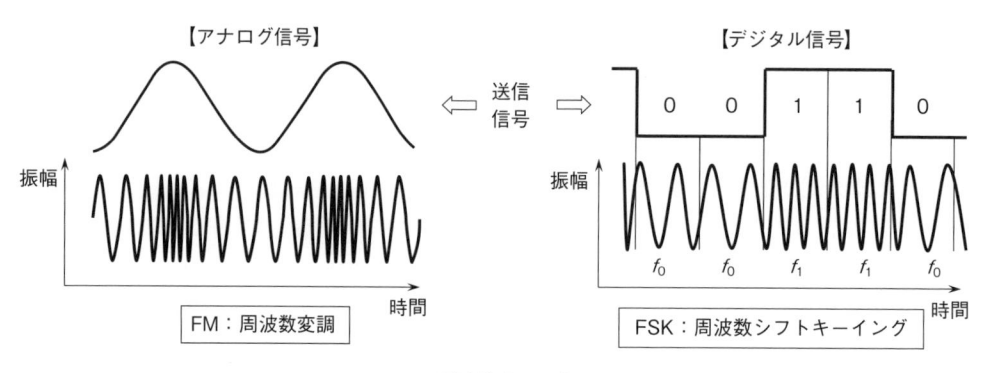

AM：振幅変調 / ASK：振幅シフトキーイング

(c) 周波数次元の変調

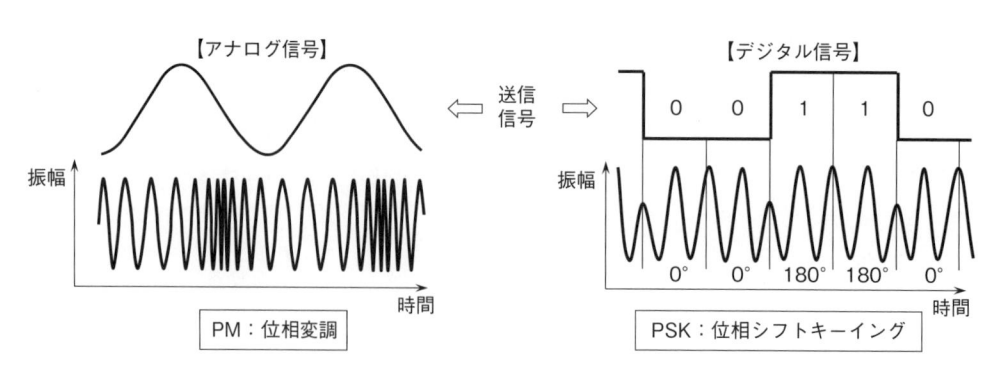

FM：周波数変調 / FSK：周波数シフトキーイング

(d) 位相次元の変調

PM：位相変調 / PSK：位相シフトキーイング

図 5.2　搬送波と基本変調方式

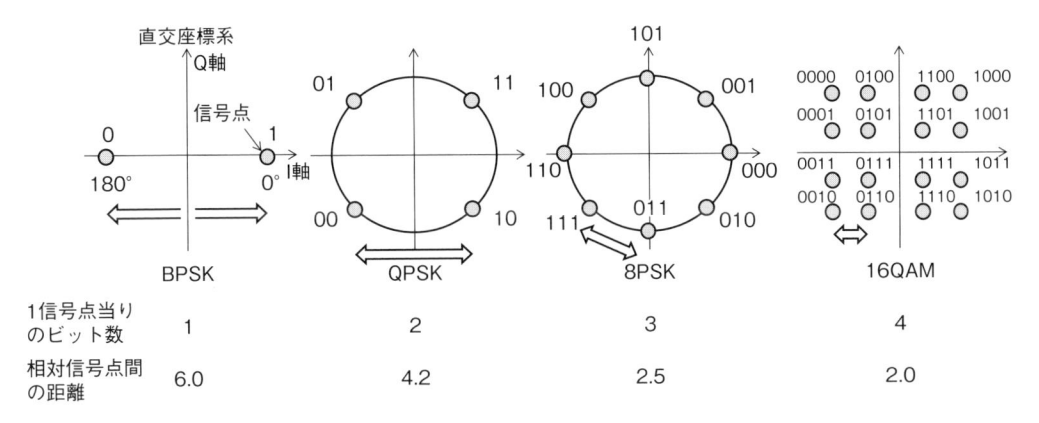

図 5.3　多値変調方式の信号点ダイヤグラム

は1ビット（0, 1の2状態）であったが，無線リンクにおける信号伝送速度の高速化のため，1つの信号（シンボル）に複数の情報ビットが乗せられる方式が考案され，これを多値変調方式と呼ぶ．位相変調であるPSKにおいて，2ビット，3ビットを伝送するものをそれぞれ4相位相シフトキーイング（Quadrature PSK: QPSK），8相位相シフトキーイング（8PSK）と呼ぶ．これに対して1ビットのみを伝送するPSKを2相位相シフトキーイング（Binary PSK: BPSK）と呼ぶ．これらは，図5.3に示すように2次元の複素平面（直交座標系）上に信号点が円周上に配置される（このような図を信号空間ダイヤグラム（Constellation diagram）とも呼ぶ）．一方，PSKとASKを組み合わせた直交振幅変調（Quadrature Amplitude Modulation: QAM）と呼ぶ多値変調方式があり，さらに多くのビット数を高効率で伝送可能である（4ビット伝送，すなわち，16点の信号点を有する16値直交振幅変調（16QAM）を図5.3に示す）．ここで，伝送速度と伝送品質はトレードオフの関係にあるが，これは，シンボルに対応する信号点の隣接する信号点間の距離（図5.3中の相対信号点間距離）が短くなることで，受信側の信号分離における余裕度が少なくなり無線リンクにおけるレベル変動や雑音の影響を受けやすくなることに起因する．

### 5.2.3　適応変調符号化技術

ユーザの移動等によって無線リンクの状態が変化した際，通信速度を常に最大化できるようにする技術として，適応変調符号化（Adaptive Modulation and Coding: AMC）と呼ばれる技術がある．AMCは受信信号の品質に応じて送信信号の変調多値数と誤り訂正符号の符号化率（符号化の冗長度）を動的に変化させるもので，図5.4に示すように受信信号品質に相当する受信信号対干渉雑音電力比（Signal-to-Interference plus Noise power Ratio: SINR）が高い値となるとき，すなわち受信品質の良い状態のときに，より大きな変調多値数（および符号化率）を適用してシンボル当たりの伝送情報量を増加させ通信速度向上を実現する[2]．AMCは第3.5世代（HSDPA）以降の携帯電話システムにおいて採用されている．

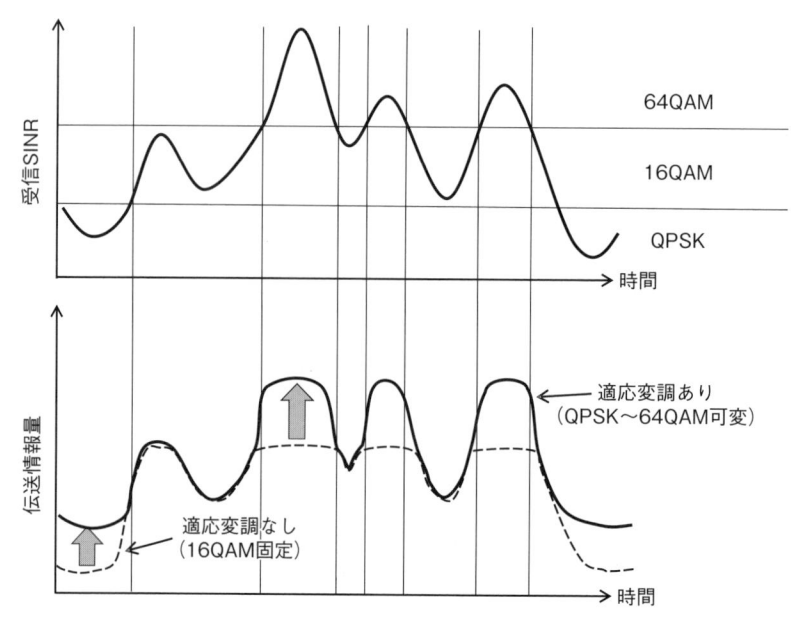

図 5.4　適応変調符号化

## 5.3 無線伝送誤り制御技術

### 5.3.1 携帯電話システムにおける誤り制御

　携帯電話システムにおけるデジタル無線伝送では，伝送情報ビットにバースト誤りとランダム誤りが発生する．バースト誤りは図 5.5 に示すように時間的に集中して発生する誤りであり，主としてユーザ端末の移動に伴って発生するフェージングによって受信信号レベルが時間的に大きく変動することで引き起こされる．ランダム誤りは，送信した個々のビットに独立して発生する誤りであり，主として受信機の熱雑音によって引き起こされる．このような誤りの発生をできるだけ抑え，高品質かつ高信頼度の無線伝送を実現するための技術として誤り制御があ

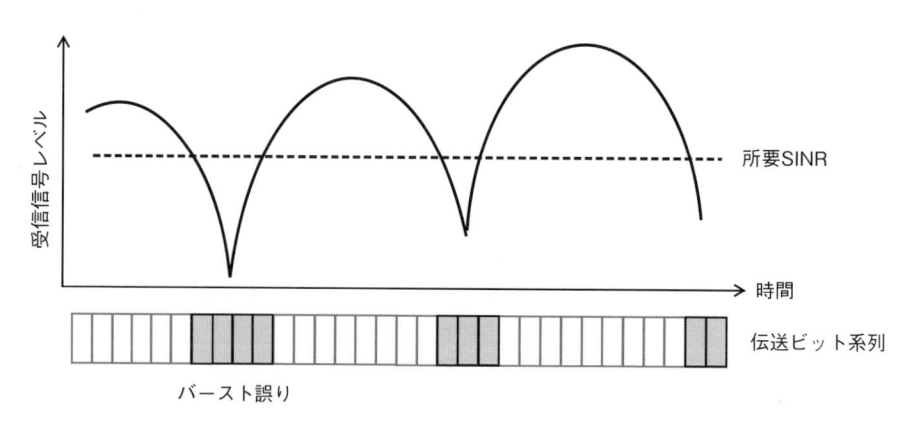

図 5.5　バースト誤り

り，携帯電話システムにおいては不可欠の技術である．

　誤り制御には，前方誤り訂正 (Forward Error Correction: FEC) と自動再送要求 (Automatic Repeat reQuest: ARQ) がある．FEC は，送信側から受信側への 1 方向の伝送路において生じた誤りを，誤り訂正符号を用いて訂正処理するもの（フィードバックリンクは不要）であり，少ない処理遅延で実現できるため，リアルタイム系の音声や動画サービスに適している．ただし，一般に誤り訂正能力を高くするためには冗長度を大きくする必要があり伝送効率が低下するとともに復号処理が複雑となる．また，完全に誤りを訂正できなかった場合に情報が失われる．これに対して，ARQ は，受信側で誤ったパケットを受信した場合に，送信側にそのパケットを再送するよう要求する方式（フィードバックリンクが必要）であり，全体の処理遅延が相対的に大きくなるものの，誤り訂正方式により誤りが残留した場合においても情報を失うことがないように設計できる．以下の項では，各方式を具体的に述べる．

### 5.3.2　FEC

#### (1)　誤り訂正符号化方式

　誤り訂正符号は一定の情報ビット長（ブロック）単位で符号化を行うブロック符号と，先行する過去の数ビットを用いて現在の符号化ビットを得る形で逐次的に符号化を行う畳込み符号に大別される．ブロック符号の例としては，BCH 符号，リードソロモン (RS) 符号，低密度パリティ検査 (Low Density Parity Check: LDPC) 符号などがある．一方，畳込み符号の例としては，畳込み符号化 (Convolutional Coding: CC) に最尤復号法であるビタビ復号を組み合わせた方式 [3]，同逐次復号法を組み合わせた方法，ターボ符号などがある．ここで，各符号は無線伝送時に生じるランダム誤りの訂正に向いた符号と同バースト誤りの訂正に向いた符号とに分けることができ，上述の BCH 符号，CC はランダム誤りに，RS 符号はバースト誤りの訂正に向いている．さらに複数の符号を組み合わせた連接符号 (Concatenated code) があり，代表的な連接符号として畳込み符号化ビタビ復号法とリードソロモン (RS) 符号の組み合わせがある．また，誤り訂正符号化を行う前の伝送情報ビット数を誤り訂正符号化後のビット数で除した値を符号化率と呼び，情報伝送時の冗長度に相当する．一方，デジタル方式の携帯電話システム等では，音声符号化（情報源符号化に相当）と FEC を連携動作させる方式もあり，音声符号化情報ビットの誤り感度（当該ビットが誤った場合の復号音声に与える歪みの大きさ）に応じて誤り訂正能力の異なる訂正符号を用いるビット選択前方誤り訂正 (Bit Selective-FEC) または不均一誤り保護 (Uneqaul Error Protection: UEP) などにより，所望の音声品質を獲得しつつ伝送効率を高める工夫がなされている．

#### (2)　インタリーバ

　前述したユーザ端末の移動に伴って発生するバースト誤りに対して，ランダム誤りの訂正能力が高い FEC を使用した場合，そのままでは訂正能力が低下し十分な訂正が期待できない．そこで，インタリーバ (Interleaver) を使用して，情報ビット系列の順序に予めランダム性を与えた上で送信し，受信時にデインタリーバ (De-interleaver) を用いて元の順序に復元すること

```
                    8bit × 8bitインターリーブメモリ
(入力                ┌─┬─┬─┬─┬─┬─┬─┬─┐              (出力
ビット系列)           │1│2│3│4│5│6│7│8│              ビット系列)
┌─┬─┬─┬─┐           ├─┼─┼─┼─┼─┼─┼─┼─┤              ┌──┬─┬──┬──┐
│1│2│3│4│ ···  ⇒    │9│10│11│12│ │ │ │▶│     ⇒     │1 │9│17│25│ ···
└─┴─┴─┴─┘           ├─┼─┼─┼─┼─┼─┼─┼─┤              └──┴─┴──┴──┘
                    │17│18│19│20│ │ │ │ │              書き込み方向
                    ├─┼─┼─┼─┼─┼─┼─┼─┤
            読み出し  │49│50│51│52│ │ │ │ │
              方向   ├─┼─┼─┼─┼─┼─┼─┼─┤
                    │57│58│59│60│61│62│63│64│
                    └─┴─┴─┴─┴─┴─┴─┴─┘
```

図 5.6　ブロックインタリーバ

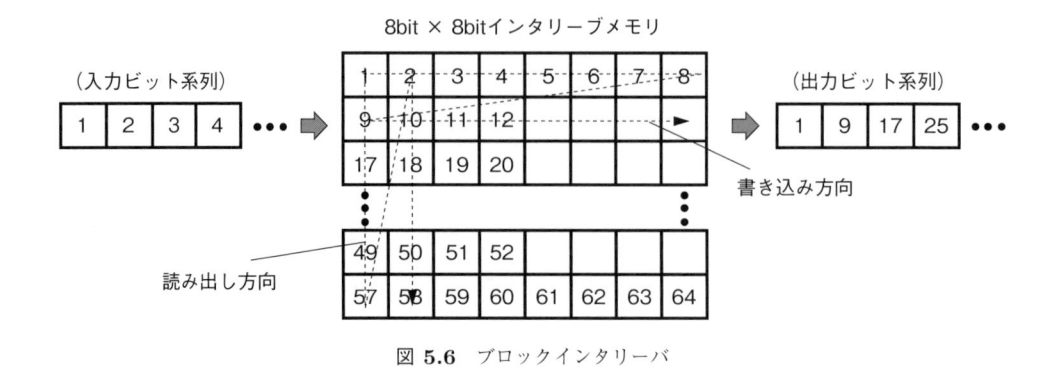

により，無線チャネル区間で発生したバースト誤りをランダム誤りに変換する．インタリーバは，入力ビット系列の順序と出力ビット系列の順序を入れ替えることによりランダム化するもので，その代表例として図5.6に示すブロックインタリーバがある．同図では，64ビットで構成される1フレームのデータにインターリーブ処理を施す例を示しており，8行×8列の配列を持つメモリを持ち，入力ビット系列をこのメモリに列方向へ8ビットずつ行をずらしながら順次書き込み，その後，行方向に8ビットずつ列をずらしながら読み出すことでビット順序の入れ替えを実現している．

### 5.3.3　ARQ

FECはリアルタイム系の伝送に適用可能である一方で複雑な復号処理を必要とするのに対し，ARQは主に伝送遅延，遅延揺らぎを一定の範囲で許容し得るノンリアルタイム系の伝送を対象として簡素な処理で誤り制御が実現できる．以下，ARQの方式と動作について述べる．

**(1)　基本 ARQ 方式**

ARQは，受信側で受信フレームに誤りがあることを検出した場合に，送信側に当該フレームを再送するよう要求する方式で，受信フレームの誤り検出には，主に巡回冗長検査 (Cyclic Redundancy Check: CRC) が用いられる．ARQには次の3つの基本方式がある．

- **SAW (Stop-And-Wait) 方式**

    送信側から伝送フレームを1つ送り，受信側がその伝送フレームが正しく受信されると受信確認 (ACK) を送信側に送る．送信側は同ACKを受信すると次の伝送フレームを送る．ここで，送信側が伝送フレームを送信後一定時間，当該フレームに対するACKが受信側から送信側に届かなかった場合は，当該フレームを自動的に再送する．

- **GBN (Go-Back-N) 方式**

    送信側から伝送フレームを予め決められた個数（ウィンドウサイズと呼ぶ）まで送り続け，途中，受信側から再送要求があった場合は，再送要求された伝送フレームから後ろの伝送フレームを全て再送する．送信側はウィンドウサイズ分の伝送フレームを送り終わると，最後に受信したACKに対応する伝送フレームの次のフレームから新たにウィンドウを設定して

送信を続ける．

- **SR (Selective Repeat) 方式**

GBN 方式同様，送信側は受信側から再送要求があるまで伝送フレームを送り続け，再送要求フレームのみを送信した後，ウィンドウサイズ分の残りの伝送フレームを送る．

上記の基本方式を複数組み合わせた方式も存在する．伝送品質に応じて SR 方式と GBN 方式を切り替え，より高い伝送効率かつ安定した伝送品質を得られる WORM-ARQ などが開発されている．

### (2) ハイブリッド ARQ 方式

ARQ に FEC を組み合わせた方式としてハイブリッド ARQ (Hybrid Automatic Repeat reQuest: HARQ) がある．HARQ では，単に両方式を組み合わせることで，個々の受信フレームの品質を向上させることにより，再送回数を減少させる方式に加えて，受信フレームに誤りが生じた場合に，当該フレームと再送要求に従って再受信されたフレームを合成することによって，合成利得とともに時間ダイバシティ効果を得て，さらなる伝送品質の向上と再送回数の低減を図る方式がある [4]．

## 5.4 ダイバシティ技術

ユーザが移動しながら通信を行う携帯電話システムでは，電波が，建物や樹木，地形の起伏など障害物や反射物の影響を受けて反射や回折，散乱を起こす．その結果，様々な経路を通った多数の電波（これをマルチパスという）が互いに干渉し合って電波の強さが激しく変化するが，このような現象をマルチパスフェージングと呼ぶ．フェージングによって受信電波のレベルが落ち込む状況を改善し，高品質かつ高信頼度の伝送を実現するための技術的方策としてダイバシティ技術がある．移動通信での電波伝搬路は，フェージングによる瞬時変動に加えて，建物等による数十メートル程度の区間における緩やかな変動である短区間変動（シャドーイング）や，基地局と端末の距離による変動である長区間変動（距離減衰あるいは伝搬損失）で表現され [5]，これらについてもダイバシティ技術によりその影響を軽減できる．具体的には，送受信において冗長性を持たせ，それにより得られる異なる変動を合成あるいは選択することで電波レベルが落ち込む確率を低減し，無線信号の信頼度（あるいは無線伝送の品質）を向上する技術である．なお，その冗長性を持たせる次元に応じて，空間ダイバシティ，周波数ダイバシティ，時間ダイバシティ，マルチユーザダイバシティに大別できる．加えて，冗長性を持たせる場所に応じて送信ダイバシティと受信ダイバシティに分けることができる．

### 5.4.1 空間ダイバシティ

#### (1) アンテナダイバシティ

空間ダイバシティの主要な方式としてアンテナダイバシティがある．アンテナダイバシティは，複数のアンテナを空間的に離したり，方向，偏波を変えたりして設置することによって得

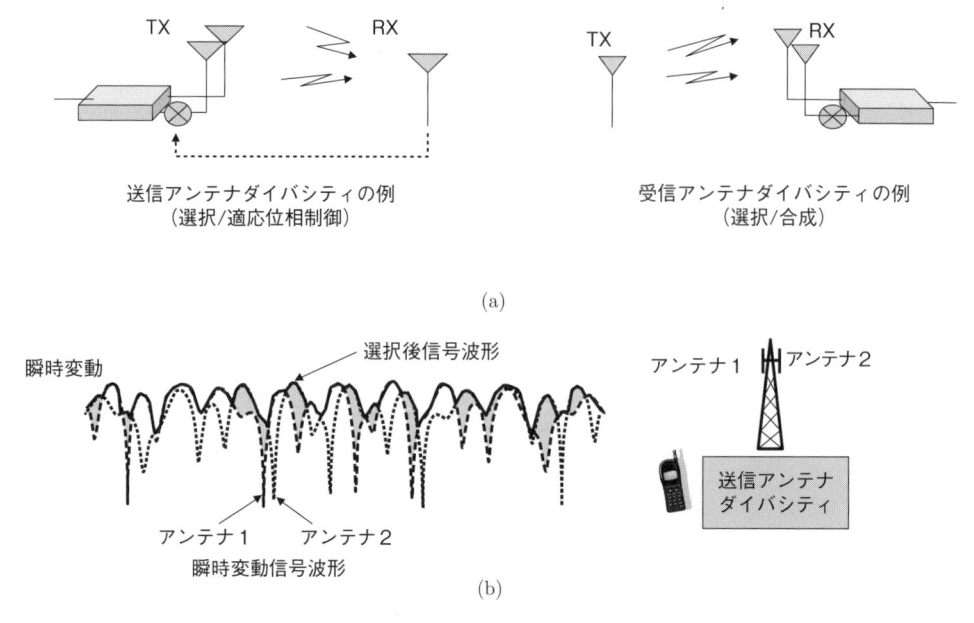

図 5.7 アンテナダイバシティ

られるマルチパスを活用してレベル変動を極力少なくする技術である．空間ダイバシティとして，図5.7(a)に送信アンテナダイバシティと受信アンテナダイバシティの例を示す．送信アンテナダイバシティでは，複数の送信アンテナを用意し，そのうちで受信レベルが高くなる送信アンテナを逐次選択して送信を行うもので，瞬時変動（4.4節参照）に追従した選択も可能である（図5.7(b)）．これに対して，受信側で同相合成されるように送信側で位相を調整して送信する方法もあり，どちらの場合においてもフィードバック情報が必要である．一方，受信アンテナダイバシティでは，受信アンテナを選択，または受信信号が同相となるように受信側で位相を調整して合成する方法がある．受信信号の合成方法として，前者を選択合成受信法，後者を等利得合成受信法と呼ぶ．さらに，各受信アンテナの信号レベルと位相の両方を考慮して合成を行う最大比合成受信法があり，最も高いダイバシティ利得を実現できる[5]．なお，これらの空間ダイバシティの適用にあたっては，アンテナ間の相関が小さい程，各アンテナにおける変動が独立となり，より大きなダイバシティ効果（一方のアンテナにおけるレベルの低下を，レベルが高い他のアンテナで補って伝送品質を維持する効果）を得ることができる．また，使用するアンテナの本数を2本に限らず，3本以上としてより大きなダイバシティ効果を狙うこともできるが，本数増加に伴う品質の向上幅は限定的となることに留意する必要がある．

**(2) パスダイバシティ**

上述のアンテナダイバシティでは，複数の送信アンテナまたは受信アンテナを用いることが前提であったが，1つのアンテナのみを用いて空間ダイバシティ効果を得る方式もあり，パスダイバシティ（マルチパス分離合成ダイバシティ）と呼ぶ．送信側において，変調波をより広い周波数帯域に拡散して送信するCDMA（6.2.1項参照）では，受信側において逆拡散により

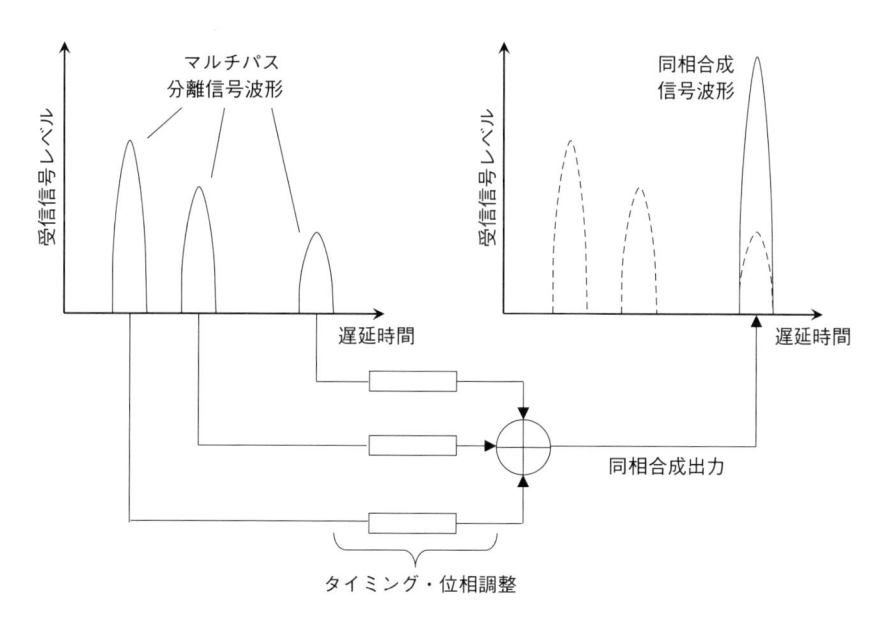

図 5.8 パスダイバシティにおけるマルチパス分離・合成

複数の電波伝搬路（マルチパス，4.4節参照）を伝搬した信号を遅延時間の異なる複数のパスに分解することができる．ここで，パス間の遅延時間が1チップ（拡散に用いる高速符号系列信号の周期に相当）以上離れている場合は，それぞれ独立したパスとして分離することができ，各パスの時間を揃えて同相合成することにより，パスダイバシティ効果を得て，受信品質向上が図れる（図5.8）．

さらに，複数アンテナを用いる高度化された空間ダイバシティとして，高効率空間多重方式であるMIMO伝送方式において，複数ストリームを用いて同じ情報を伝送し受信側で合成することにより，信号の信頼度を向上するMIMOダイバシティがある（5.5.2項参照）．

### 5.4.2 時間ダイバシティ

時間ダイバシティでは，フェージング変動による伝送品質の劣化を軽減するために，送信側で所定の時間間隔以上離して同一信号を複数回送信し，受信側でこれらの受信信号を合成することにより，良好な伝送品質を得る技術である（図5.9）．5.3.3項で述べたハイブリッドARQも時間ダイバシティの一種であり，複数の時間スロットで送信された無線フレームを合成することによりダイバシティ効果が得られ，HSDPAやLTE（それぞれ第6章参照）においても採用されている．

### 5.4.3 周波数ダイバシティ

図5.10のようにマルチパス波による周波数選択性フェージングにより周波数の一部で受信レベルの落ち込みが発生する．周波数軸上の狭帯域信号に対して冗長性を持たせて送信することで時間ダイバシティと同様にダイバシティ効果を得ることができ，これが周波数ダイバシティ

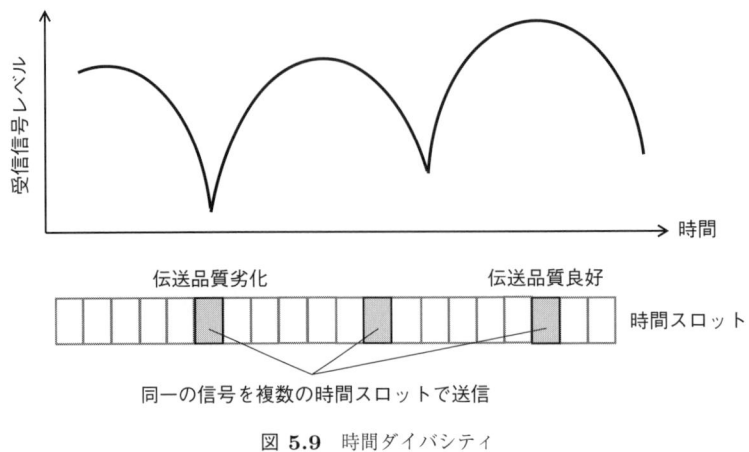

図 5.9　時間ダイバシティ

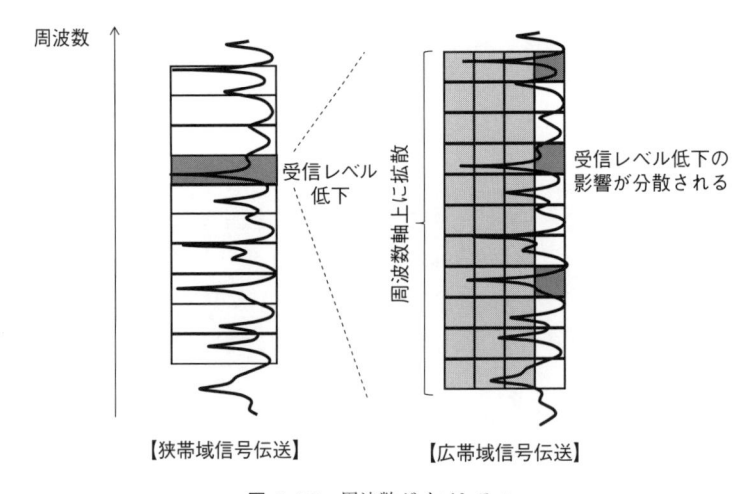

図 5.10　周波数ダイバシティ

の原理である．また，CDMA や OFDMA（6.2.3 項参照）のような広帯域伝送では，特定の周波数で受信レベルの落ち込みが発生しても他の周波数で受信レベルが確保されることにより，周波数ダイバシティ効果を得られる．具体的には，DS-CDMA では拡散符号により信号を広帯域化することで周波数ダイバシティ効果を得ることができるが，厳密には周波数ダイバシティ効果を直接得るのではなく，逆拡散時において各マルチパス波を合成することで得るパスダイバシティ効果（5.4.1 項参照）である．また，OFDMA では周波数領域のサブキャリアに誤り訂正符号化を行った信号をマッピングするため，誤り訂正符号化に伴う冗長性により周波数ダイバシティ効果を得ることができる．その際，近接するサブキャリア間ではフェージング変動の相関が高くなるため，符号化されたビット系列をインタリーブする，あるいは，各ユーザに対して割り当てるサブキャリアを周波数軸上で分散することで相関を下げ，周波数ダイバシティ効果を高められる．

## 5.5 高効率無線伝送技術

### 5.5.1 MIMO 多重伝送

MIMO (Multiple-Input Multiple-Output) 多重伝送方式は，図 5.11 のように複数の送信アンテナおよび複数の受信アンテナを用いて，無線信号を同一の周波数および時間において空間的に多重する [6–8]．このように信号を空間多重する伝送方式は MIMO 多重と呼ばれる．送信機では，送信データを送信アンテナ数と同数に分割し，それを各送信アンテナから送信して並列伝送することで，送信アンテナ数に比例して伝送レートを向上できる．一方，受信機においては，図 5.11 のように各送信アンテナから送信された無線信号が重なり合って受信されるため，受信信号から並列に伝送された送信信号を分離して検出する必要がある．図 5.11 のように送信アンテナ数が 4 本，受信アンテナ数が 4 本の MIMO 伝送は，4×4 MIMO と表現される．このとき，送信アンテナから受信アンテナへのチャネルは $4 \times 4 = 16$ チャネルが存在する．受信機は各チャネルにおける複素振幅（チャネル係数）を推定し，それを用いて MIMO 伝送における信号検出（MIMO 信号検出）を行う．MIMO 信号検出は，非線形処理による信号検出と線形処理による信号検出に大別される [8]．非線形処理による信号検出では，送信信号候補と推定したチャネル係数を乗算することで受信信号のレプリカを生成し，受信信号と受信信号のレプリカとの差が最小となる送信信号候補を最も確からしい候補として送信信号とする．いま，送信信号が M 値 QAM 変調であるとすると，送信アンテナ数が 4 本のときには，送信信号候補数は M の 4 乗となり，送信アンテナ数に対して指数的に演算量が増加する．一方，線形処理による信号検出では，受信アンテナ数分の連立方程式から送信アンテナ数分の未知数を解く線形代数の問題となる．4×4 MIMO ではチャネル係数で構成される 4×4 のチャネル行列の逆行列を計算し，それを 4 次元の受信信号ベクトルに乗算することで，送信信号を取り出すことができる．この方法では逆行列演算が必要であり，一般的には，送信アンテナ数の 3 乗のオー

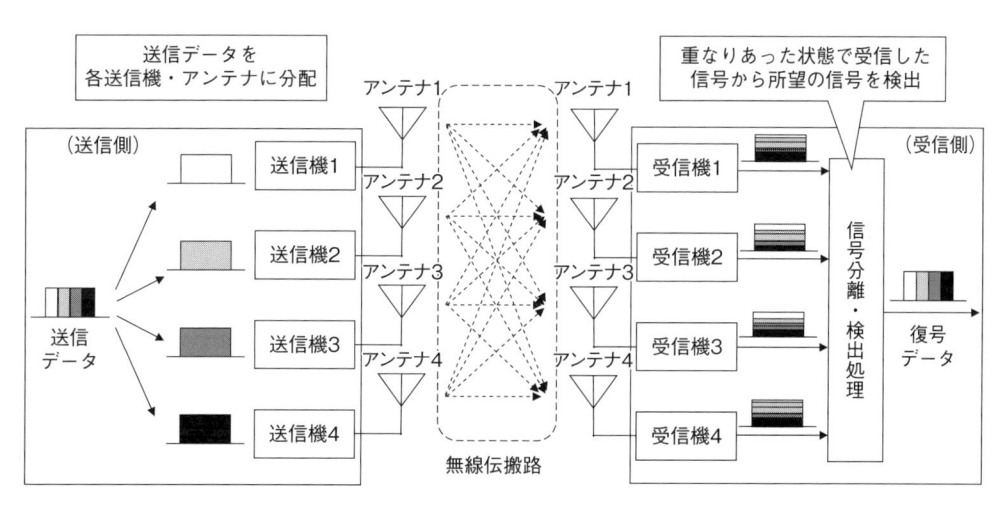

図 5.11　MIMO 多重伝送

ダの演算量が必要である．線形処理の演算量は，送信アンテナ数が多い場合には，非線形処理に比べて大幅に減らせるため，実システムにおいても多く採用されている．ただし，線形処理による信号検出では，連立方程式の解を求めるため，送信アンテナ数が受信アンテナ数よりも多い場合には解を求めることができない．加えて，4×4のチャネル行列のランクが4以下になる場合には安定的に逆行列が計算できないため，ムーア・ペンローズの一般逆行列が用いられる [8]．しかしながら，その場合でも伝送特性の劣化は大きいため，非線形処理を簡略化したアルゴリズムも提案されている [9]．

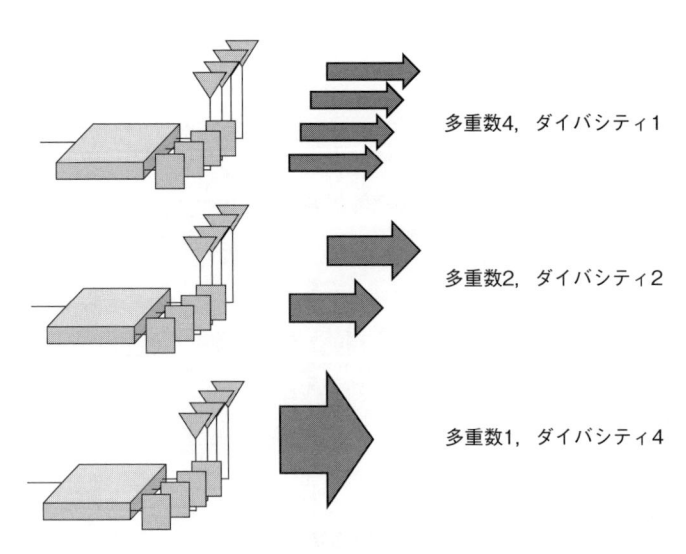

### 5.5.2 MIMOダイバシティ

MIMO伝送において送信アンテナ数分の信号をMIMO多重する方法について示したが，MIMO伝送では送信アンテナ数よりも多重する信号数を減らして，余った送信アンテナ数を送信ダイバシティに用いる伝送方式としてMIMOダイバシティがある．図5.12のように，多重数を4とする場合には，MIMO多重として動作するため，ダイバシティ次数（オーダ）は1となるが，多重数を2とすると，4本の送信アンテナ数に対して2つの信号を多重するため，ダイバシティ次数は$4/2 = 2$となる．さらに，多重数を1とすると，ダイバシティ次数は4となる．図5.12では受信アンテナ数に依存しないダイバシティ次数を示したが，受信アンテナ数が複数の場合にはダイバシティ次数をさらに向上することができる．MIMOダイバシティを実現する方法は，送信機側でチャネル情報が既知の場合と未知の場合に大別できる．前者としては，チャネル情報を用いて送信信号に線形処理を施すプリコーディングがある．プリコーディングでは，送信信号が各チャネルを通過して受信アンテナにおいて同位相で合成されるように，予め送信信号に対して係数を乗算する [8]．この係数の乗算処理は行列演算となるため，その係数を要素に持つ行列はプリコーディング行列と呼ばれる．プリコーディングはMIMOダイバシ

図 5.12　MIMOダイバシティ

ティに限らず，MIMO 多重にも用いることができる．一方，チャネル情報が未知の場合には時空間符号が用いられる．代表的な時空間符号として Alamouti が提案した STBC (Space Time Block Code) があり，複数時間スロットにより受信信号を合成することで，受信アンテナ数が 1 本において送信ダイバシティ効果が得られる [10]．ただし，STBC には送信アンテナ数に対する制約条件があるため，それを解決するための様々な時空間符号が提案されている [11, 12]．

## 演習問題

設問 1　デジタル変調方式を 3 つ挙げよ．また，それぞれの特長を述べよ．

設問 2　携帯電話システムでは代表的な多値変調方式として QPSK と 16QAM が用いられているが，QPSK に対する 16QAM の長所と短所を述べよ．

設問 3　誤り制御技術において，インタリーバの役割を説明せよ．

設問 4　ハイブリッド ARQ 方式は携帯電話システムの誤り制御として用いられているが，ハイブリッド ARQ 方式と基本 ARQ 方式の主な違いについて示せ．

設問 5　複数アンテナを用いて基地局がユーザ端末からの信号を受信したときの空間ダイバシティ効果について，その原理を述べよ．

設問 6　4×4 MIMO において線形処理による信号検出で安定的に信号を取り出すための条件を述べよ．

# 文　献

- **参考文献**
  [1] 鈴木博：『ディジタル通信の基礎──ディジタル変復調による信号伝送』，数理工学社 (2012).
  [2] 三瓶政一，森永規彦：高速ワイヤレスデータ伝送のための適応変調方式，電子情報通信学会誌，vol.85, no.4, pp.245–251 (2002).
  [3] A. J. Viterbi: "Error bounds for convolutional codes and an asymptotically optimum decoding algorithm, *IEEE Trans. Inform. Theory*, vol.IT–13, no.2, pp.260–269 (1967).
  [4] J. Hagenauer: Rate compatible punctured convolutional codes (RCPC-codes) and their application, *IEEE Trans. Commun.*, vol.36, no.4, pp.389–400 (1988).
  [5] 奥村善久，進士昌明 監修：『移動通信の基礎』，電子情報通信学会 (1986).
  [6] G. J. Foschini: Layered space-time architecture for wireless communication in a fading environment when using multi-element antennas, *Bell Labs Technical Journal*, vol.1, no.2, pp.41–59 (1996).
  [7] G. J. Foschini and M. J. Gans: On limits of wireless communications in a fading environment when using multi-element antennas, *Wireless Personal Communications*, vol.6, no.3, pp.311–335 (1998).
  [8] 大鐘武雄，小川恭孝：『わかりやすい MIMO システム技術』，オーム社 (2009).
  [9] 樋口健一，岡田秀和：マルチアンテナ無線伝送技術その3 MIMO 多重法における信号分離技術，NTT DOCOMO テクニカル・ジャーナル，vol.14, no.1, pp.66–75 (2004).
  [10] S. Alamouti: Space block coding: A simple transmitter diversity technique for wireless communications, *IEEE J. Select. Areas. Commun.*, vol.16, no.5, pp.1451–1458 (1998).
  [11] V. Tarokh, H. Jafarkhani, and A. R. Calderbank: Space-time block codes from orthogonal designs, *IEEE Trans. Inform. Theory*, vol.45, no.4, pp.1456–1467 (1999).
  [12] G. Ganesan and P. Stoica, Space-time block codes: A maximum SNR approach, *IEEE Trans. Inform. Theory*, vol.47, no.4, pp.1650–1656 (2001).
- **推薦図書**
  [13] 鈴木博：『ディジタル通信の基礎──ディジタル変復調による信号伝送』，数理工学社 (2012).
  [14] 伊丹誠：『わかりやすい OFDM 技術』，オーム社 (2005).
  [15] 大鐘武雄，小川恭孝：『わかりやすい MIMO システム技術』，オーム社 (2009).
  [16] 奥村善久，進士昌明 監修：『移動通信の基礎』，電子情報通信学会 (1986).

# 第6章
# 携帯電話システム技術

---
**学習のポイント**

本章では，第5章で述べた無線アクセス技術を用いて，さらに実際の携帯電話システムを成り立たせるために必要な技術，すなわち，基地局などのネットワークインフラストラクチャに要するコストをできるだけ低く抑えながら，より多くのユーザ端末が，より広いエリア（カバレッジともいう）において，同時に通信サービスが利用できるようにする技術について，システムの進化との関係も押さえながら解説する．具体的には，基地局が複数のユーザ端末を収容し，それらの端末が同時に基地局との間で無線通信可能とする多元接続技術，情報データを載せた電波をユーザ端末から送信して基地局において受信しつつ，基地局から送信してユーザ端末において受信できるようにする同時双方向通信技術，複数基地局と複数ユーザ端末による高度通信技術について述べる．また，今後さらなる進化を遂げることが期待される次世代の携帯電話システムについても述べる．

この章を通して以下のことを学ぶ．

- 黎明期から成長発展期を経て現在に至る携帯電話システムの進化と主要技術について．
- 1つの基地局配下において複数のユーザ端末を同時接続可能とするしくみ．
- 基地局とユーザ端末間の双方向で同時に情報データのやり取りが無線リンクを介して行われるしくみ．
- 有限の周波数資源を使って基地局と多数のユーザ端末間で同時に効率の良い通信を行うしくみ．
- 次世代の携帯電話システムの要求条件とそれを満足する無線アクセスの可能性について．

---
**キーワード**

携帯電話システム，無線アクセス，多元接続方式，FDMA，TDMA，CDMA，セルラ方式，周波数繰り返し，OFDMA，SDMA，NOMA，同時双方向通信，FDD，TDD，ダイナミックTDD，フルデュープレックス，マルチサイトダイバシティ，マルチユーザダイバシティ，マルチユーザMIMO，Massive MIMO，協調無線伝送，次世代携帯電話システム

---

## 6.1 携帯電話システムの進化と主要技術

1940年代半ばから1970年代にかけて当初自動車向け移動電話システムとして初期の技術開発が行われた携帯（自動車）電話システムは，1970年代終盤から1980年代初頭にかけて，い

つでも，どこでも，誰とでも通話が可能な本格的な商用移動通信システムとして世界の主要都市で順次サービスが開始された．国内では，1979年12月に当時の日本電信電話公社が世界に先駆けてセルラ方式（6.2.2項参照）の自動車電話サービスを開始している．携帯電話システムが提供する通信サービスは，当初は音声通話に限られていたサービスがデータ通信や画像通信のような音声以外のサービスへと拡大し，さらに人対人の通信にとどまらず，人対機械，機械対機械の通信も携帯電話システムによって行われるようになり，現在では社会生活において欠かすことのできないサービスとなっている．携帯電話システムの実現方式は当初アナログ方式よりスタートしたが，通話品質の向上と加入者容量の増大のためデジタル化され，データ通信

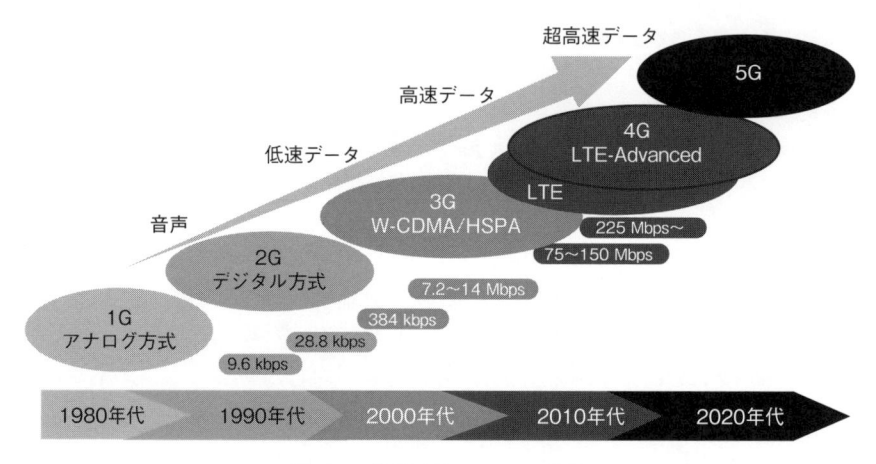

図 6.1 携帯電話システムの進化

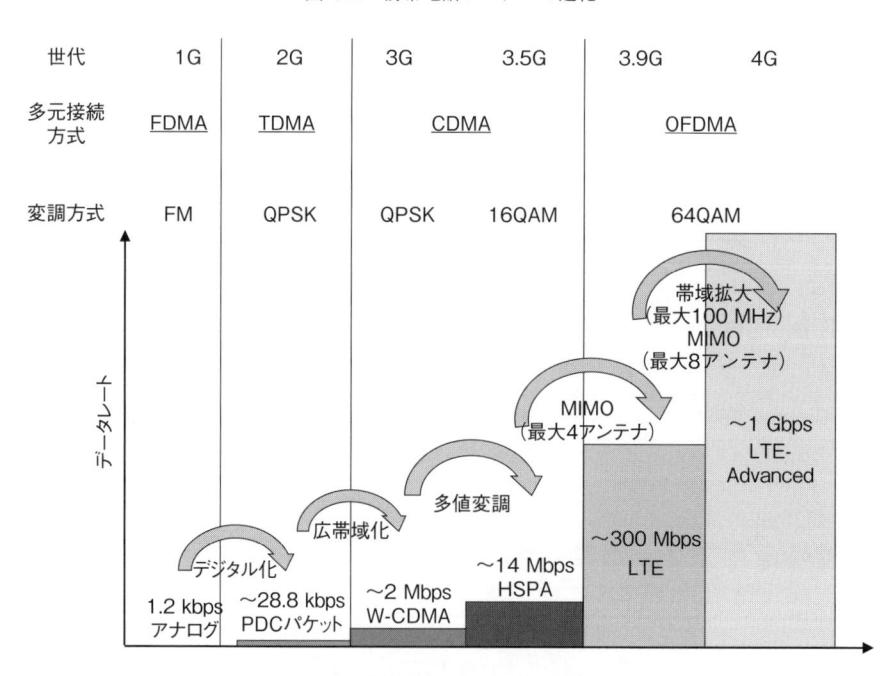

図 6.2 携帯電話システムの主要技術

との親和性からモバイルインターネットアクセスが急速に普及した．そのため，携帯電話機は単なる通信手段から多くのアプリケーションを搭載する高度なユーザ端末へと変貌した．図 6.1 に携帯電話システムの進化の経緯を示す．携帯電話システムは，おおむね 10 年周期で無線アクセス方式が大きく進化し，世代交代がなされてきた．

一方，各世代の携帯電話システムにおいて，その無線アクセスの進化を支えた主要技術には，第 5 章で述べた変調方式などの技術に加えて，本章で説明する多元接続方式がある．図 6.2 はそれら技術の変遷とユーザデータレート向上をまとめた図である．

## 6.2 多元接続技術

### 6.2.1 基本多元接続方式

携帯電話システムにおいては，ある基地局が複数のユーザ端末を収容し，それらの端末が同時に基地局との間で無線通信を行う場合においても，混信あるいは互いに干渉することなく各ユーザ端末が正しく信号を送受信できるようにするしくみが必要である．このようなしくみを多元接続方式 (Multiple Access) と呼び，限られた周波数資源を有効に活用してより多くの端末が収容できるように工夫する必要がある．多元接続方式は携帯電話システムの周波数利用効率向上に必須の技術であり，携帯電話システム発展の歴史は，多元接続方式発展の歴史と言っても過言ではない．

携帯電話システムの通信チャネルにおいて使用されてきた基本的な多元接続方式として，次の 3 つの方式がある．第 1 世代システムのアナログ方式で用いられた周波数分割多元接続 (Frequency Division Multiple Access: FDMA) と，第 2 世代システムのデジタル方式以降採用された時間分割多元接続 (Time Division Multiple Access: TDMA)，そして第 3 世代システムの符号分割多元接続 (Code Division Multiple Access: CDMA) である．各方式について，その概念を図 6.3 に示すとともに以下に説明する．

### (1) FDMA

システムに割り当てられた相対的に広い周波数帯域（システム帯域幅）を，複数の狭い帯域

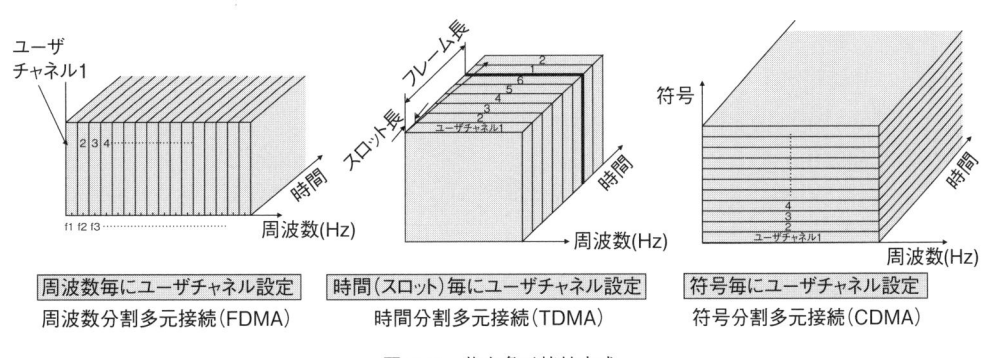

図 6.3 基本多元接続方式

を持つ無線チャネルに分割した上で，複数の通信チャネルに対応させる．各ユーザはそれらの内いずれか1つの通信チャネル（無線チャネル）を用いて通信を行う．FDMAは，3つの基本的な多元接続方式の中で，技術的に最も単純で装置化が比較的容易な方式である．初期の携帯電話システム（第1世代，アナログ方式）では，FDMAが長らく用いられてきた．ユーザ端末（携帯電話機）では，任意の通信チャネルを用いて柔軟に接続できるよう，内部に周波数シンセサイザを搭載し，これを用いて必要な周波数の送受信信号を生成している．

### (2) TDMA

システム帯域幅を用いて伝送させる1つの無線チャネルを，一定の時間周期（フレームと呼ぶ）で区切り，その中をさらに複数の時間間隔（タイムスロットと呼ぶ）で分割する．各ユーザの通信チャネルは異なるタイムスロットに付与された番号と対応しており，各ユーザはいずれかのタイムスロットを使って通信する．すなわち無線チャネルを時間分割して複数のユーザが相乗りする．TDMAの採用は，基地局における送信機の数をFDMAに比べて少なくすることができ，基地局経済化に有効である．しかし，相乗りするユーザ数すなわち通信チャネルの接続数を増やすにつれ伝送速度が高くなり，一定の伝送品質を保つためには送信出力を大きくする必要がある．また，ユーザ端末（携帯電話機）からの送信信号は間欠的なバースト信号となるため，送信ピーク出力が増加して送信電力増幅器への負担が大きくなる．ただし，平均出力は不変であるため消費電力の面での大きな変化はない．なお，タイムスロットは多重数に逆比例してその時間幅が短くなり，タイムスロット間に時間的なずれ（位相ずれ）が生じると隣接するスロットを使用する他のユーザ端末の信号との間で干渉が生じるため，端末において高精度のタイミング同期回路が必要となる．なお，TDMAは，実システムにおいては一般的にFDMAと組み合わされて用いられ（デジタル方式の第2世代携帯電話システムにおいて初めて採用），各通信チャネルは無線キャリア番号とタイムスロット番号とで表される．

### (3) CDMA

広帯域のシステム帯域幅（例えば，1.25 MHz～5 MHz）を複数ユーザで共有する方式で，送信側において，各ユーザの情報データを変調（1次変調と呼ぶ）して得られた狭帯域の変調信号を，ユーザ間で互いに直交する拡散符号により乗算（拡散または2次変調と呼ぶ）を行って広帯域化した上で同一の無線チャネル（キャリア）を用いて送信する．ここで，拡散符号としては，例えば，固定周期の擬似ランダム系列を用いるが，同一の基地局に対して同じ無線チャネルを用いて同時接続するユーザ端末の数分の異なる系列が必要となる．受信側では，対象ユーザの送信時に用いた同じ拡散符号と受信信号の相関を計算する（逆拡散と呼ぶ）ことにより1次変調波を抽出し，次にこれを復調することによって，送信データ信号を復元する．この逆拡散の過程において，異なる拡散符号を使用している他のユーザの信号成分は雑音となり，拡散率が大きいほど低い雑音レベルとなる．CDMAでもTDMAと同様，FDMAと組み合わせて用いるのが一般的である．

CDMAには，実システムへの適用においていくつかのバリエーションが考案され，上述した時間領域拡散符号を用いる直接拡散 (Direct Sequence: DS) 方式のほか，周波数を動的に変

化させる周波数ホッピング (Frequency Hopping: FH) 方式や周波数領域拡散符号を用いるマルチキャリア (Multi-Carrier: MC) 方式があり，各方式の特徴は以下のとおりである．

- **DS-CDMA**

 伝送情報データによって1次変調された狭帯域変調信号を，高速なレート（チップレートと呼ぶ）を有する拡散符号によって直接拡散すなわち2次変調することで，比較的簡素な回路で十分に広い周波数帯域幅に信号エネルギーを拡散して送信可能である．

- **FH-CDMA**

 周波数シンセサイザを用いて，信号の中心周波数を一定の順序で切り替え，広帯域で周波数をホッピングさせることで，信号の拡散を実現する．DS-CDMA と FH-CDMA を組み合わせた方式も考えられる．

- **MC-CDMA**

 送信すべき情報を分割し，多数の直交する狭帯域サブキャリアを用いて並列伝送（マルチキャリア伝送）することで全体として広帯域高速伝送を達成する．マルチパス環境下において伝送帯域内の周波数によって異なる受信レベル変動（周波数選択性フェージング）が生じる場合も，サブキャリア帯域内ではほぼ同じ受信レベル変動（フラットフェージング）となり，スペクトルの歪を小さく抑えられるため伝送特性の劣化が少ない．

### 6.2.2 セルラ方式と周波数繰り返し

 携帯電話システムのサービスエリアを，図 6.4 に示すように多数の無線セル（または単にセル）と呼ばれる小さなエリアに分割し，各セルに基地局を配置してユーザ端末が近隣の基地局と通信するようにした方式をセルラ方式と呼ぶ．セルのサイズは，人口密集度すなわちユーザ

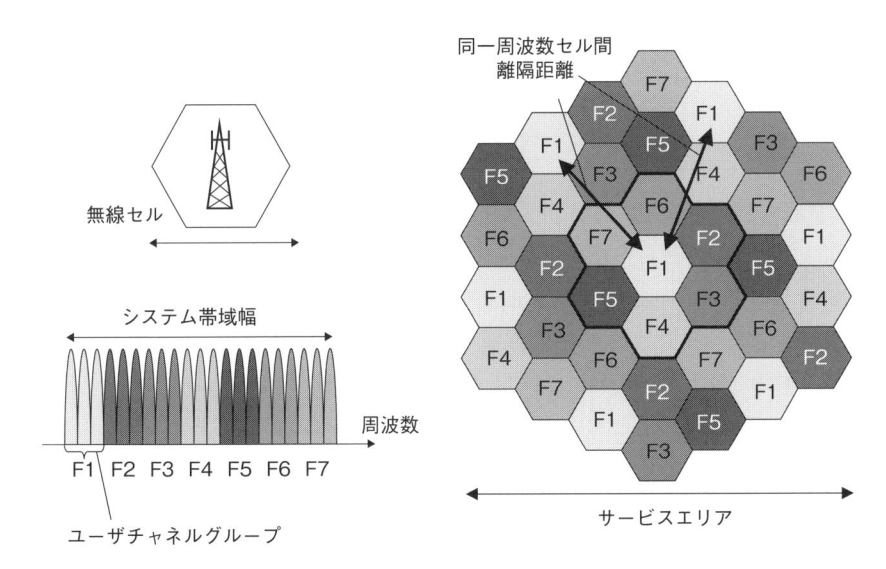

図 6.4 セルラ方式と周波数繰り返し

端末の面的な存在比率に依り変えるのが一般的だが，国内では，都市中心部で数百メートル，郊外地で数キロメートル程度，山間部で5〜10 km 程度であり，セルの形状は正6角形とすることにより最も周波数利用効率を良くできる．前項で述べた FDMA（TDMA と組み合わせる方式を含む）を用いる場合，ある基地局（セル）で用いた周波数と同じ周波数を隣接するセルで使用しようとすると，特にセル境界において各基地局に接続するユーザ端末間で互いに受信信号が干渉となり通信不可となる可能性がある．そこで，図 6.4 に示すように隣接するセルでは同一周波数を用いることがないよう，同一周波数の基地局は一定の離隔距離を設けて配置し，セル間干渉を回避する方法が用いられており，これを周波数繰り返しと呼ぶ．図 6.4 に示す例では，システム帯域幅全体を 7 つの周波数帯に分割し，これらを 1 つの固まりとして各周波数帯のセルが隣接することのないよう面的に繰り返し配置する．このようなセル配置を 7 周波数繰り返しと呼ぶ．4 周波数繰り返しや 3 周波数繰り返しも原理的には可能であるが，同一周波数帯のセル間距離が短くなり，干渉の発生確率が増すことになる（CDMA は 1 周波数繰り返しが可能である）．一方，セルラ方式では，より半径の小さなマイクロセル構成，1 つのセルを扇形の複数のセクタに分割したセクタ構成を導入することにより，さらに周波数利用効率を向上し，システム容量を増大可能である．

　セルラ方式においては，ユーザ端末が複数のセルに跨って移動して行くことがあり，当該端末に対する着信処理を高速かつ効率良く行うために，ネットワークは位置登録と呼ばれる機能により各ユーザ端末がどこのセルに存在するかを常に把握する．また，移動中，接続すべきセルが変わっても通信を途切れなくするために，ハンドオーバまたはハンドオフと呼ばれる機能によりセル移行（接続先セルの変更）を実現している．

　一方，上記のセルラ方式に対して，サービスエリアを少数のゾーンと呼ばれる直径 10 km〜数十 km 程度の大きなセルで構成する大ゾーン方式がある．この方式は面的な周波数の利用効率が低くシステム容量が相対的に小さくなるが，電波が遠くまで届くため離島地域のエリアの構築に用いられたり，セルラ方式に比べて基地局の数を少なくできるため災害対策用の基地局などで用いられている．

### 6.2.3　OFDMA

　6.2.1 項で述べた FDMA の進化形ともいえる多元接続方式として，広帯域信号を生成する際に周波数領域で直交する複数の狭帯域信号に分割多重する方式を適用した直交周波数分割多元接続 (Orthogonal Frequency Division Multiple Access: OFDMA) がある．従来の FDMA では，図 6.5(a) のように周波数領域において各ユーザの信号が互いに干渉しないようにフィルタで帯域制限するため，実際の信号帯域幅より余分な帯域が必要である．一方，OFDMA では，図 6.5(b) のように 1 つのサブキャリアに着目すると，任意のサブキャリアが山となる周波数において，隣接するサブキャリアからの漏れ込みが 0 となるように，さらに，他サブキャリアが山となる周波数において，任意のサブキャリアからの漏れ込みが 0 となるように設計されている．各サブキャリア信号は周波数領域における sinc 関数となっており，このように各サブキャリアは互いに干渉しない，すなわち，直交している．なお，任意のサブキャリアの中心周

(a) FDMAの周波数配置　　(b) OFDMAの周波数配置

(c) マルチユーザへのサブキャリア割り当て

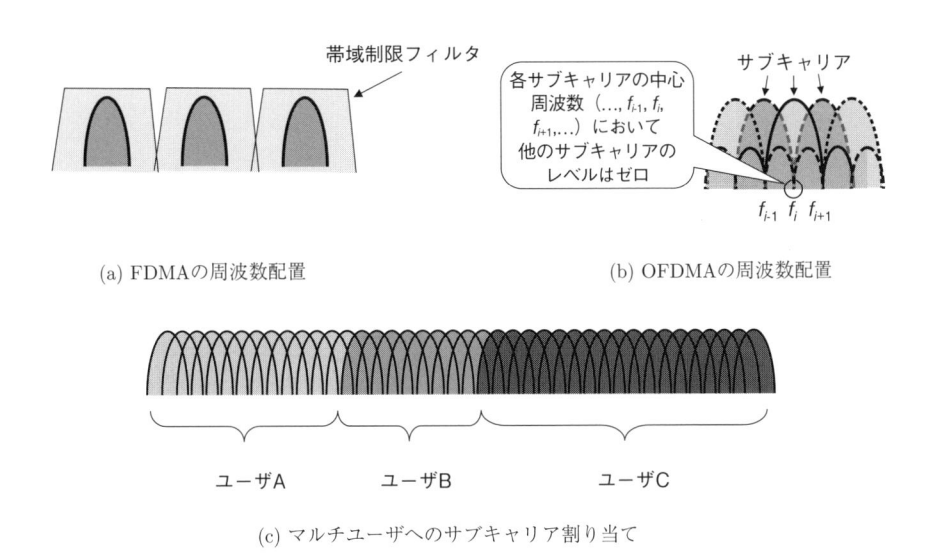

図 6.5　OFDMA

波数と隣接サブキャリアの中心周波数の差をサブキャリア間隔と呼び，各サブキャリアはサブキャリア間隔の整数倍の周波数に必ず配置される．OFDMA は，このように広帯域信号を直交する狭帯域サブキャリアに分割して並列伝送を行うマルチキャリア伝送方式の直交周波数分割多重 (Orthogonal Frequency Division Multiplexing: OFDM) をベースとする．OFDM ではサブキャリア間隔と各サブキャリアの中心周波数を上述のように設定することで，逆高速フーリエ変換 (Inverse Fast Fourier Transform: IFFT) により効率的に変調処理を行うことができる [3]．一方，受信側では受信信号に対して FFT を行うことで周波数領域において復調処理を行うため，FFT 区間において信号の周期性が担保されている必要がある．マルチパス間で異なる伝搬遅延時間が発生する伝搬チャネルを通って受信された信号に対しても周期性を担保するため，送信側で IFFT 後の信号の後半を複製して前半に挿入するサイクリックプレフィックス (Cyclic Prefix: CP) が導入されている [3]．なお，CP 長はマルチパスの伝搬遅延時間差の最大よりも長く設定する必要がある．

OFDMA では，図 6.5(c) のように各ユーザをサブキャリアに割り当てることで多元接続を実現する．サブキャリア割り当ては周波数領域のスケジューリングによって決定され，具体的には，各ユーザで異なっている周波数領域のチャネル応答を比較し，最もレベルが高いユーザに対してサブキャリアを割り当てることで高い受信レベルが得られる．これをマルチユーザダイバシティ効果と呼ぶ（詳細は 6.4.2 項参照）．

### 6.2.4　高度多元接続方式

近年のデジタル信号処理デバイスの飛躍的な演算能力の向上と低消費電力化により，前項で述べた基本的な多元接続方式と比較して，各段に多くの演算処理を要する高度な多元接続方式も容易に実現可能となって来ている．以下に，それらの例として，空間分割多元接続 (Space

Division Multiple Access: SDMA) と非直交多元接続 (Non-Orthogonal Multiple Access: NOMA) について述べる.

### (1) SDMA

前項で述べた基本多元接続方式とは異なる次元,すなわち空間により多元接続を実現する方式がSDMAである.SDMAは,同一セル内の複数のユーザ端末に対し,同一周波数・時間において互いに干渉し合わない狭いビーム幅の直交ビームを用いて送受信することにより,各端末の信号を空間的に分割して周波数利用効率を高める.SDMAを実現する代表的な方法として,プリコーディング (Pre-coding) を用いる MIMO (Multiple Input Multiple Output) 伝送法 (6.4.3項のMU-MIMO方式に相当) や,アダプティブアンテナアレー (Adaptive Antenna Array: AAA) により形成される指向性ビームを用いる方法 (6.4.4項のMassive MIMOを用いたビーム多重法に相当) がある.両者は,類似する方式であるが,最適なアンテナ素子間隔や,フィードバック情報の要否に違いがあり,適用領域も異なることから,互いに補完し合う方式といえる.

### (2) NOMA

NOMAは,セル内の複数ユーザの信号を同一の無線リソース上に重畳し,同時に送受信する多元接続方式の1つである.これまでの携帯電話システムでは,周波数,時間,符号の各無線リソース領域において多元接続を行ってきたが,それらに対して,NOMAでは新しい領域,すなわち,電力領域において,ユーザ間に電力差を設けてユーザ多重を行う.また,従来の多元接続方式では複数ユーザの信号を直交化して多重していたが,NOMAではユーザ間の信号を非直交のままで多重し,受信側においてペアリングしたユーザ間の電力差を活用したシリアル干渉キャンセラによって各ユーザの信号検出を行う [4].具体的には,図6.6のようにセル端ユーザの信号Aとセル中央ユーザの信号Bをペアリングし,信号Aの送信電力を上げ,信号Bの送信電力を下げて重ね合わせる.いま,セル中央ユーザにおいて信号Bを検出する方法について述べる.まず,信号Aの受信電力は信号Bより大きいため,受信信号をそのまま復調し,信号Aを取り出す.次に,受信機内部で信号Aに相当する受信信号を人工的に生成(受信信号レプリカを生成)し,受信信号から信号Aの受信信号レプリカを引くことで,信号Bと雑音のみが含まれる信号が得られる.最後に,その信号を復調し,信号Bを取り出す.ただし,

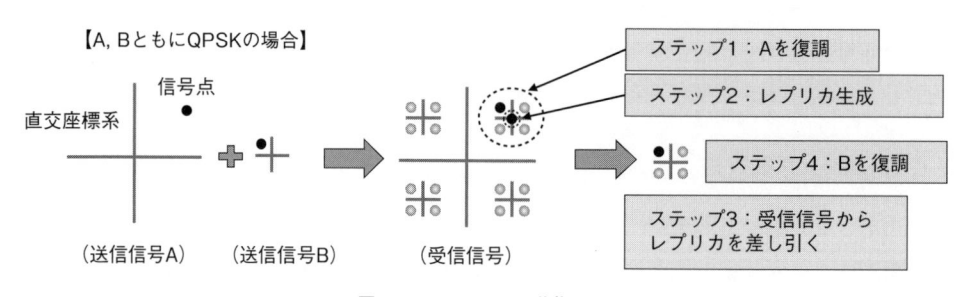

図 6.6 NOMAの動作原理

最初の段階において，信号 A を間違って取り出すと，信号 B を正しく取り出すことができないため，各ユーザの電波伝搬損失に応じて電力差を適切に設定する必要がある [4]．なお，セル端ユーザにおいて信号 A を検出するには，上述の通り，受信信号をそのまま復調すれば良い．

## 6.3 同時双方向通信技術

### 6.3.1 基本デュープレックス方式

携帯電話システムにおいて，例えば音声電話サービスを提供するためには，送話と受話を同時に行えるようにするため同時双方向通信（デュープレックスまたは復信ともいう）を実現する必要があり，音声情報を載せた変調信号をユーザ端末から送信し基地局において受信する上り無線リンクと，同変調信号を基地局から送信しユーザ端末において受信する下り無線リンクを同時に設定する必要がある．この同時双方向通信方式には，基本的に周波数分割デュープレックス (Frequency Division Duplex: FDD) と時間分割デュープレックス (Time Division Duplex: TDD) の 2 種類があり，多元接続方式やセルサイズ条件などにより使い分けされている．以下に各デュープレックス方式について述べる．

**(1) FDD**

FDD は送受信の周波数を分離する方式であり，図 6.7 に示すように，上り無線リンクと下り無線リンクとで，異なる周波数を占有して使用する．これにより，各リンクにおいて連続通信が行えることが FDD の特長である．また，FDD の無線回路構成では，送受信アンテナを共用するためにデュープレクサを用いる．なお，各リンクには通常同一の周波数帯域幅を割り当てるが，この場合，上りと下りの伝送情報量に偏りが生じると情報量の少ないリンクでは周波数の利用効率が劣化する（上下リンクを異なる帯域幅にすると，FDMA における無線キャリア間隔が上下リンクで異なってしまい周波数制御が複雑になる等のデメリットがある）．

**(2) TDD**

一方，TDD は同一の周波数を用いて交互に送受信する方式であり，図 6.8 に示すように，送受信するデータビット系列を一定周期（スロット）で区切り，それぞれ半分の時間割合で上り無線リンクと下り無線リンクを交互に送受信することで同一の周波数を共有して使用する．セル

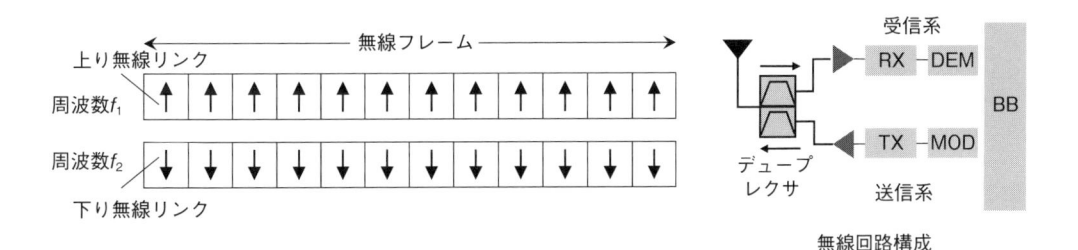

図 6.7 FDD のフレーム構成と無線回路

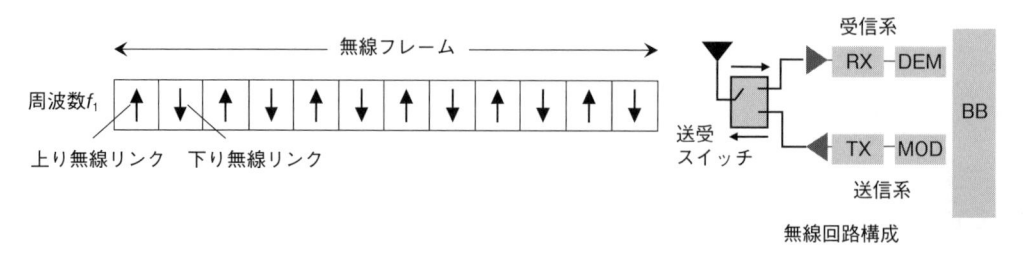

図 6.8　TDD のフレーム構成と無線回路

内に複数のユーザを収容するセルラ方式において TDD を適用する場合，同ユーザ間スロットを同期させて上下リンクの信号を同じタイミングで送受することで，ユーザ間の干渉を回避する．ここで，上下リンクの伝送情報量に一定の偏りがある場合は各リンクの送受信時間の適切な割合に予め変えておくこともできる．なお，TDD では送受信で同じ周波数を使用することから，自身が受信した信号から相手側が受信する信号を予測可能（これをチャネル相反性またはレシプロシティと呼ぶ）であり，この性質を MIMO 伝送におけるプリコーディングやビームフォーミングに用いることで，FDD では必須となるチャネル情報のフィードバックを省略可能である．ただし，チャネル相反性は，各送受信機固有の高周波アンプやフィルタの特性，送受信点での干渉条件の相違，制御遅延によるチャネルの時間変動などによって，必ずしも常に成り立つわけではなく，通常，通信に先立ちキャリブレーションが必要となる．

### 6.3.2　高度デュープレックス

**(1)　ダイナミック TDD**

従来の TDD では，上り無線リンク (UpLink: UL) と下り無線リンク (DownLink: DL) のフレーム長は固定されていた．一方，ダイナミック TDD では，図 6.9 のように UL と DL のトラフィックに応じて，それぞれのフレーム比率を動的に変更する．基地局 (BS)1 のセルでは，DL と UL のトラフィック比率が 1:1 に対し，BS2 のセルでは，トラフィック比率が 3:1 のため，DL の時間スロットが増えている．隣接セル間で DL と UL が同一であれば，従来の FDD

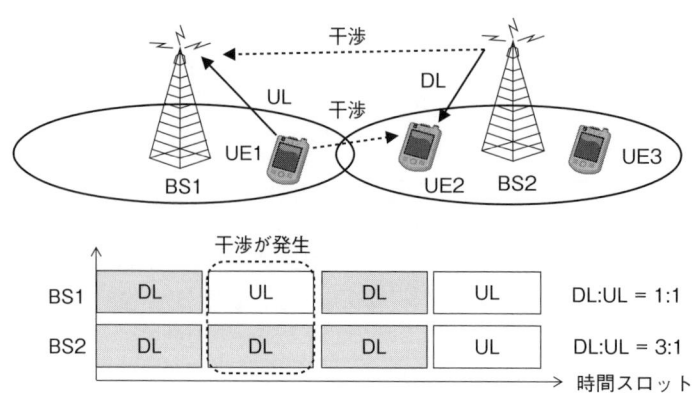

図 6.9　ダイナミック TDD

図 6.10　Full Duplex

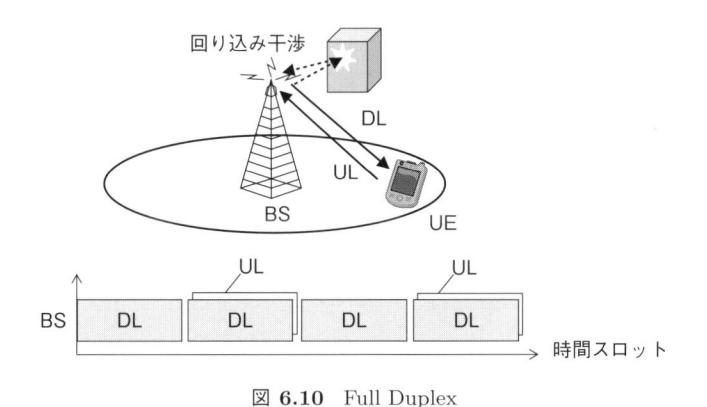

やTDDで発生するセル間干渉が発生するが，ダイナミックTDDでは，セル間でDLとULが異なる時間スロットが発生するため，新たなセル間干渉が発生する．特に，図6.9のように，ユーザ端末(UE)1のUL送信信号がUE2のDL受信時に干渉となる場合には，比較的近くに干渉源が存在するため，大きな通信品質劣化を招く可能性がある[5]．そのため，ダイナミックTDDではULでの送信電力制御により与干渉を低減する必要がある．

**(2)　フルデュープレックス**

フルデュープレックス(Full Duplex)では，同一の周波数・時間において送信しながら，受信する技術である．従来のTDDやダイナミックTDDでは同一セル内はハーフデュープレックス(Half Duplex)であり，送受信のどちらか一方しか行っていない．また，従来のFDDでは送受信の両方を同一時間において行っているが，同一の周波数ではない．Full Duplexでは，同一の周波数・時間において送信しながら受信を行うため，例えば，図6.10のようにBSが送信した信号が近くの建物で反射して回り込んでUEから送信された信号と一緒に受信されたとする．このとき，BSの回り込み干渉はUEからの受信信号よりもかなり高いレベルであるため，通信品質が大幅に劣化する可能性がある．そのため，アナログ回路で構成された干渉キャンセラにより受信電力増幅器の前で回り込み干渉を除去する方法，デジタル信号処理により回り込み干渉を除去する方法，さらに，それら両方を適用する方法等の対策が考えられる[6]．現状の携帯電話システムでは，一般にDLの方がULと比較して平均トラフィックが多いため，図6.10のように全時間スロットをDLに割り当てし，一部のスロットにおいてのみFull Duplexを前提にULを挿入することになる可能性が高く，その場合，基地局のみに回り込み干渉の除去機能を導入すれば良い．

## 6.4　複数基地局と複数ユーザ端末による高度通信技術

### 6.4.1　マルチサイトダイバシティ

5.4節では瞬時変動に対するダイバシティ技術について説明したが，短区間変動に対して有

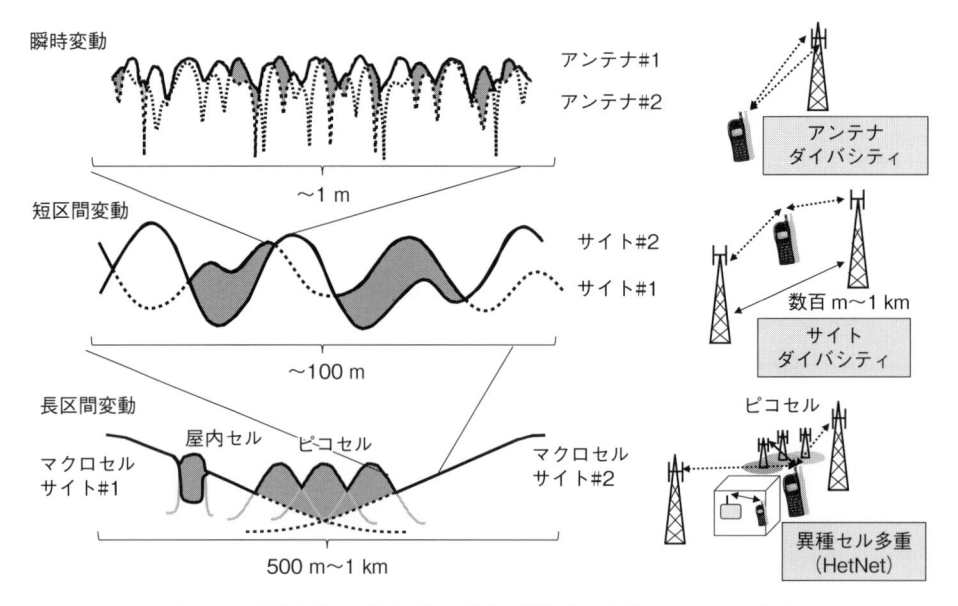

図 6.11 電波伝搬の特性種別毎に効果を発揮する空間ダイバシティ技術

効な空間ダイバシティとして，複数の基地局（マルチサイト）を利用したマルチサイトダイバシティがある．短区間変動では建物等によるシャドーイングが支配的となるため，マルチサイトダイバシティでは図 6.11 のように複数基地局に接続することで複数の無線リンクが建物等により同時に遮断される確率を低減する．なお，複数基地局間での接続切り替えが発生するため，マルチサイトダイバシティが瞬時変動に追従するのは難しい．ただし，DS-CDMA では，1 セル周波数繰り返しであるため，2 つ以上のセル（セクタ）からの信号を時間的にオーバラップして送受信するソフトハンドオーバ（あるいは複数のセルサイトに接続する意味でマルチサイトダイバシティとも呼ばれる）を比較的容易に行うことができるため，隣接するセルの境界において高品質・無瞬断通信が実現できる．

長区間変動は，受信電波の平均レベルが各基地局から離れるにつれて低下することに起因しているため，図 6.11 のように各マクロセル基地局のカバーするエリアの限界付近において，異なるセル種別，すなわち屋内セルやピコセルを導入することで受信電波の品質を改善できる．

### 6.4.2 マルチユーザダイバシティ

複数ユーザが同一セルに存在する場合，基地局と各ユーザ端末との間の電波伝搬路は基本的に異なるため，各ユーザにおけるフェージング変動は独立である可能性が高い．その性質を利用するのがマルチユーザダイバシティ技術である．図 6.12 のように時間的に変動する 2 ユーザの無線状態，すなわち，受信 SINR を観測し，その時点において SINR が最も良いユーザに送信権（無線リソースの使用権）を付与するユーザスケジューリングを行うことで伝送レートが向上でき，これをマルチユーザダイバシティ効果と呼ぶ．より効果を高めるためには，図 6.12 のように適応変調符号化と組み合わせると良い．なお，OFDMA では周波数領域において各

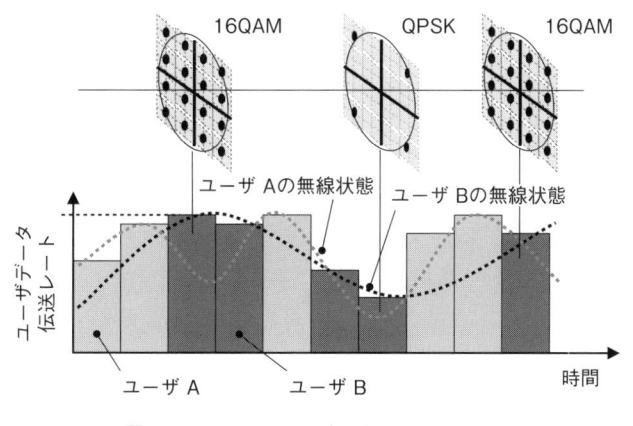

図 **6.12** マルチユーザダイバシティの原理

ユーザの伝搬路の周波数選択性が観測できるため，ユーザスケジューリングにより周波数領域における無線リソースの割り当てを行うことでマルチユーザダイバシティ効果を得ることができる [10]．ただし，実システムにおけるユーザスケジューリングでは，ユーザ間の公平性も考える必要があるため，バランスの取れた方式として各ユーザの過去の伝送レートも考慮に入れたプロポーショナルフェアネス (Proportional Fairness: PF) が採用されている [11]．

### 6.4.3 マルチユーザ MIMO

5.5 節の高効率無線伝送技術では，MIMO 多重や MIMO ダイバシティについて 1 ユーザ（シングルユーザ）を対象として述べた．一般的にこのような MIMO 伝送はシングルユーザ MIMO と呼ばれる．一方，無線システムでは，図 6.13 のように無線リソースを複数ユーザで共有するため，MIMO 伝送においても空間的な無線リソースを複数ユーザで共有するマルチユーザ MIMO (MultiUser-MIMO: MU-MIMO) と呼ばれる方式がある．例えば，図 6.13 の 4×4 MIMO では，シングルユーザ MIMO では 4 多重の MIMO 多重が行うが，一方，2 ユーザが存在するマルチユーザ MIMO では各ユーザに対して 2 多重の MIMO 多重を行う．この際，シ

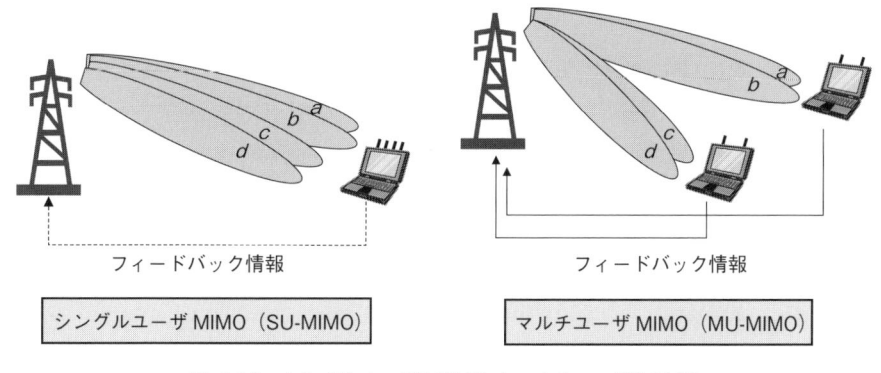

図 **6.13** シングルユーザ MIMO とマルチユーザ MIMO

ングルユーザ MIMO とマルチユーザ MIMO の最も大きな違いは，シングルユーザ MIMO では端末（ユーザ）が 4 本の受信アンテナで受信した信号を全て用いて信号検出を行えるのに対し，マルチユーザ MIMO では，ユーザ間で受信信号を共有できないため，2 本の受信アンテナで受信した信号のみを用いて信号検出を行う必要がある点である．すなわち，マルチユーザ MIMO では，一方のユーザに対して MIMO 多重された送信信号が，もう一方のユーザに対して漏れ混んだ際には，2 本の受信アンテナで信号検出を行うため，4×2 MIMO 相当の信号検出となり，線形処理による信号検出を用いることはできない．そのため，端末からフィードバックされたチャネル情報を用いて，一方のユーザに対して MIMO 多重された送信信号が，もう一方のユーザに対して漏れ混まないように，送信側でプリコーディング処理が行われる．マルチユーザ MIMO における代表的なプリコーディングとしてブロック対角化があり，各ユーザの送信信号が他ユーザに対して漏れ混まないように，すなわち，受信側で各送信信号が直交化されるように線形処理が行われる [19]．なお，マルチユーザ MIMO では，サービスエリア内に複数ユーザが存在すれば，基地局側のアンテナ数を増やすことで，システム全体のスループットを向上可能であるため，携帯電話システムのように端末の大きさが限られている場合においても，MIMO 伝送の効果が得られることが知られている．ただし，上述した通り，高度なプリコーディング処理や端末からの正確なチャネル情報のフィードバックが必要であるという課題がある．

### 6.4.4 Massive MIMO

Massive MIMO は，従来の MIMO に対してアンテナ数を超多数 (Massive) に増やした方式である [20,21]．携帯電話システムでは，より高い周波数の利用が検討されており，例えば，第 3 世代および第 4 世代携帯電話システムで使用されている周波数である 2 GHz に対して，10 倍の周波数である 20 GHz を用いた際には，アンテナ間隔を 1/2 波長のままで固定すると，同一の長さにおいて 10 倍のアンテナ数を配置でき，さらに，一様平面アレーアンテナ [22] を仮定すると，同一の面積において 100 倍のアンテナ数を配置できる．例えば，20 GHz 帯で 256 素子の一様平面アレーアンテナは約 12 cm×12 cm の形状で実現できる．一方，超多数素子アンテナを実現するには，アンテナだけでなく，それに対応した無線周波数 (RF) 回路やベースバンド (BB) 処理回路も必要であるが，近年の半導体技術の進歩は著しく，アナログ・デジタル混載型シリコン RF・BB 回路の集積化が進み，それを裏支えする半導体技術が近い将来容易に入手可能となることが予想されるため，現在，Massive MIMO は非常に注目を集めている．Massive MIMO は，図 6.14 のように超多数素子アンテナを用いて従来よりも鋭いビームを生成することで，高いビーム（指向性）利得が得られる．そのため，高い周波数において増加する電波伝搬損失を補償することが可能である．加えて，図 6.15 のように Massive MIMO を適用したサービスエリアが比較的小さいスモールセルでは，超多数素子アンテナにより提供される空間的な自由度を，各ユーザに対する異なる指向性ビームの形成に用いることでビーム多重を実現し，従来のマルチユーザ MIMO に比べて，より多くのユーザを同時収容すること，すなわちシステム容量の増大が可能である．

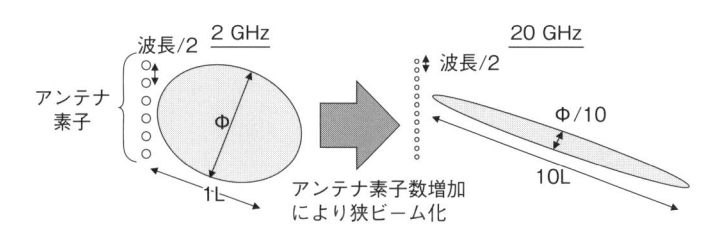

図 6.14　Massive MIMO による狭ビーム化

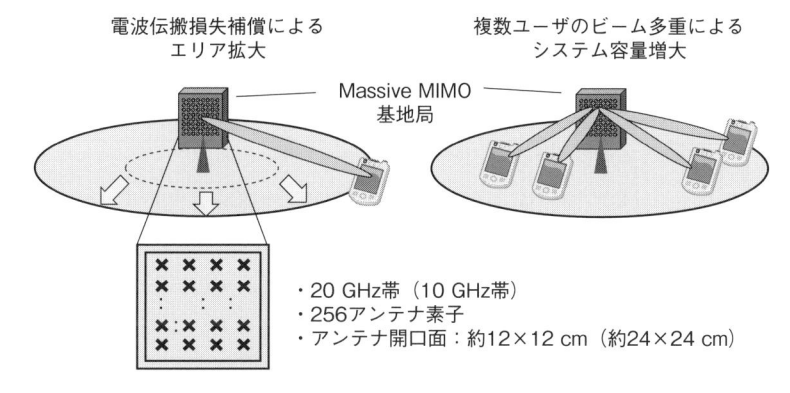

図 6.15　Massive MIMO の適用効果

### 6.4.5　協調無線伝送

　携帯電話システムでは，基地局のアンテナ数を増やして MIMO 伝送を用いることで，セル中央付近の干渉の影響が比較的少ないエリアにおいて，スループットや伝送品質を向上できる．一方，セル端付近においては，通信品質を決定する上でセル間干渉が支配的になるため，MIMO 伝送の効果は望めない．そこで，基地局において増やしたアンテナ数を効果的に利用するため，セル端付近においてはセル間の協調無線伝送に用いる．セル間協調無線伝送は，複数セルの基地局を協調動作させることでセル間干渉を軽減をする技術であり，国際標準化団体である 3GPP においても複数セル間協調送受信 (Coordinated Multi-Point transmission and reception: CoMP) として標準化されている．

　マルチユーザ MIMO が受信側においてユーザ毎にアンテナを別々に設置したのに対し，CoMP では送信側において各セルの基地局でアンテナを別々に設置した構成になっており，MIMO の概念を拡張した技術とも考えられる．JT (Joint Transmission) では，図 6.16 のように端末において複数の基地局から送信した信号が同位相で合成されるようにプリコーディングされて同時に送信される [23]．その際，協調セル間の干渉は全くなくなり，同位相で合成されるために受信電力も向上し，通信品質は大幅に改善する．ただし，JT を行うためには正確なチャネル情報を各セルにフィードバックする必要があり，さらに，協調セルの無線リソースを同時に占有してしまうという課題がある．そこで，もう少し疎な協調を行う方式として，DPS (Dynamic Point Selection) や CS/CB (Coordinated Scheduling / Coordinated Beamforming) が提

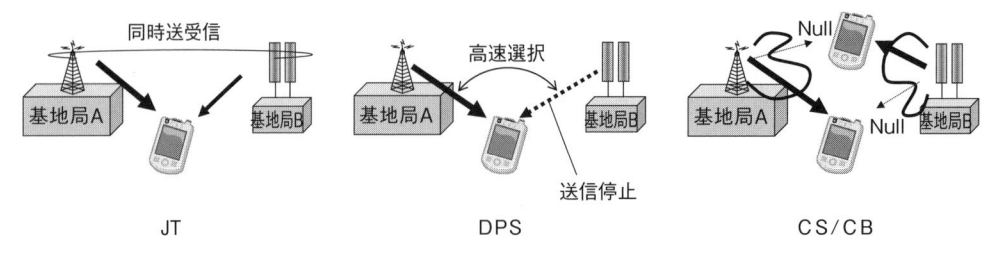

図 6.16 協調無線伝送

案されている [23]．DPS では複数の基地局からデータ伝送時に最も条件の良い基地局を高速に 1 つ選択して送信する．送信信号は複数の基地局から送信される可能性があるため，CoMP を用いない場合と比較して通信品質が改善する．DPS は送信選択ダイバシティの一種とも考えら，また，JT と違って同位相で合成する必要がないため，正確なチャネル情報がわからなくても動作可能である．次に，CS/CB では，セル間で協調してスケジューリングやビームフォーミングを行う．具体的には，送信信号は通信中の基地局からのみ送信され，他セルの端末に与える干渉が低減されるように制御が行われる．例えば，協調スケジューリングでは，セル間で異なる周波数リソースを割り当てることで干渉を低減する．また，協調ビームフォーミングでは，他セルへの端末に対してヌルが向くように，お互いの基地局においてビームフォーミングを行うことで干渉を低減する．CS/CB は，スケジューリングやビームフォーミングの制御情報のみを複数の基地局間で共有すれば良く，また，送信信号も通信中の基地局からのみ送信されるため，最も簡易な構成で実現できる．

## 6.5 次世代の携帯電話システム

### 6.5.1 次世代システムの要求条件

2020 年以降の実現が見込まれている次世代方式（第 5 世代方式／ 5G に相当）のモバイルネットワークは，2020～2030 年頃までを見据えた将来のモバイル通信サービス，システム性能に対する新たな要求条件を満足する必要がある．それらについて以下に述べる．

**(1) サービス要求**

将来のモバイル通信サービスでは，ユーザ要求の高度化・多様化を背景として，よりリッチなコンテンツを扱うサービス・端末の出現や，全ての「もの」が無線通信を介して接続されることによる各種情報の収集・監視と各種デバイスの制御・管理等を行う新サービスの出現が考えられる．その具体例を以下に挙げる：

- パーソナル端末：個人の生活スタイルに密着し，生活の各場面に対応した多種多様な機能・サービスを提供．
- 移動体搭載用通信モジュール：車，バス，電車等に搭載し，交通渋滞，車両コンディション

などの情報の収集，表示機能を提供．
- 家庭／家屋用通信モジュール：家電製品，家具，屋内設備等の遠隔制御機能，監視・セキュリティ機能等を提供．
- ウェアラブル端末：時計，装身具，衣服などに装着し，各種ヘルスケアサービス等を提供．
- センサ搭載通信モジュール：工場，農場等における様々な管理機能，制御機能等を提供．
- 新型ディスプレイ／ヒューマンインタフェース搭載端末：高精細動画 (4K/8K) 視聴，ヘッドマウント型表示，感触通信，遠隔医療サービス等を提供．

一方，2020年に開催される東京オリンピック・パラリンピックにおいては，競技ハイライトを臨場感のある超高精細映像や，複数の角度から撮影したマルチビュー映像をモバイル環境で楽しめるサービス・端末の提供なども期待される．

**(2) システム性能要求**

前述した多種多様な新サービスへの拡大を背景として，2020年代のモバイル通信トラフィックは，2010年比で約1000倍に達するものと予測され，今後，同トラフィックを収容可能なシステム容量を確保していく必要がある．また，よりリッチなコンテンツを扱うサービスと端末の増加に対応するため，セル（基地局）あたりの最大スループットがLTE-Advancedでは標準仕様上1 Gbpsクラスであるのに対して，さらに1桁上の10 Gbpsクラスの超高速スループットをサポートすることや，100倍近い数の端末の同時接続を可能とする能力，1 ms以下の無線伝送遅延の実現などが求められるようになると考えられる．さらに，モバイルネットワークの飛躍的な能力向上にあたっては，ネットワーク全体の消費電力や設備・運用コストを十分に抑えることが重要である．

これらのシステム性能要求（図6.17）に関しては，国内では，総務省が開催した電波政策ビジョン懇談会の報告書 [24] 等で示されるとともに，国内外の主要ベンダーや研究機関等が参画する5G関連プロジェクトにおいても，おおむね同様のシステム性能要求が議論されている．

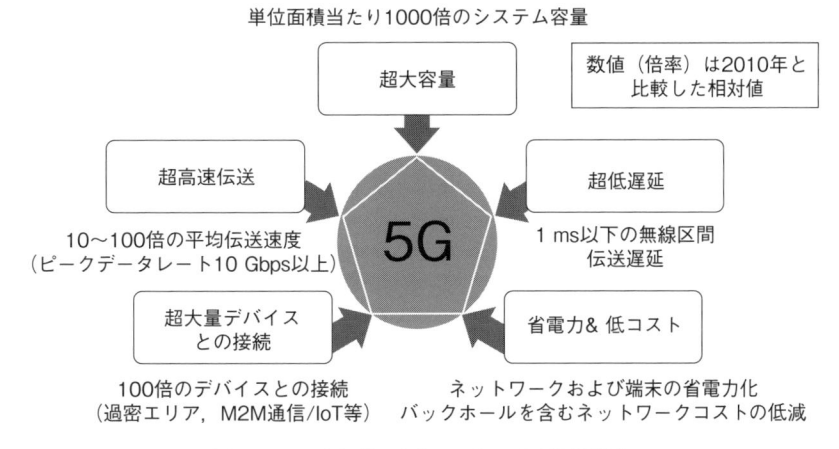

図 **6.17** 5G 無線アクセスのシステム性能要求

### 6.5.2 次世代システムの無線アクセス

以下では，前述したサービス，システム性能，コストの各要求を満足する次世代モバイルネットワークにおける無線アクセス技術（以下，5G 無線アクセスと呼ぶ）について述べる．

**(1) 無線アクセスの性能向上アプローチ**

5G 無線アクセスのシステム容量ターゲットを実現するためには，図 6.18 に示す 3 つの性能向上アプローチが考えられる．第 1 のアプローチは，より進化した無線アクセス技術や無線伝送技術の採用による周波数利用効率向上，第 2 のアプローチは，より高い周波数帯の採用による無線伝送周波数帯域幅の拡張，そして，第 3 のアプローチは，より多くの基地局配置による高密度ネットワーク対応である．これら複数のアプローチを組み合わせ・併用することによりターゲットを達成する．

**(2) 新しい無線アクセス技術コンセプト**

5G 向けの新しい無線アクセス技術コンセプトの例として，図 6.19 に示すような，セル構成に関する基本的なアーキテクチャとして，ファントムセルコンセプト [25] を適用し，使用する周波数帯として，既存のセルラシステム用周波数帯（UHF 帯）と，同周波数帯よりも高い周

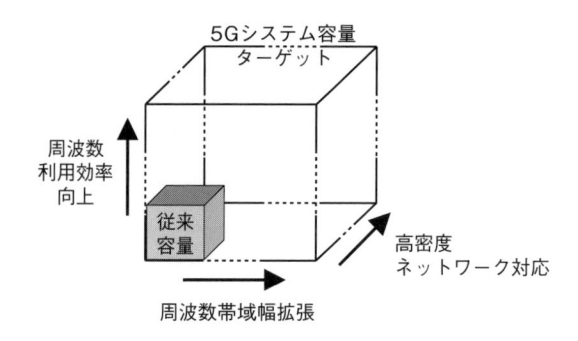

図 **6.18** 無線アクセス性能向上アプローチ

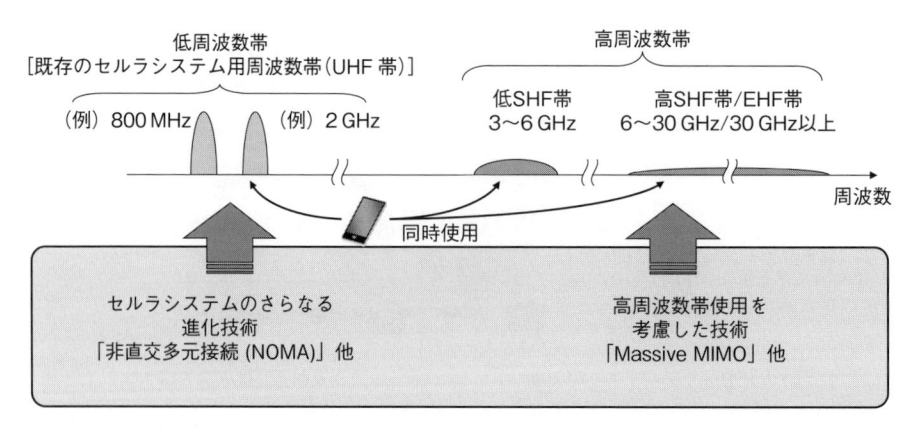

図 **6.19** 5G 無線アクセスの技術コンセプト

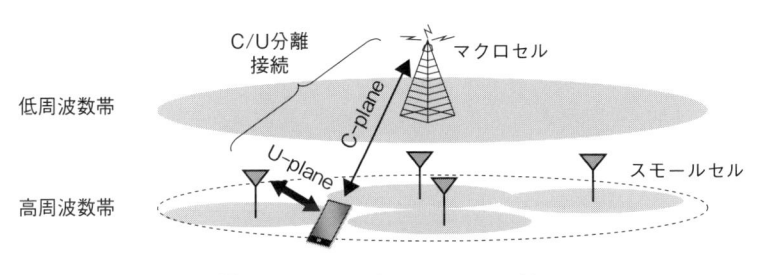

**図 6.20** ファントムセルコンセプト

波数帯を組み合わせて使用するものがある．ここで，既存周波数帯のセルに対しては，NOMA（6.2.4項参照）等のセルラシステムのさらなる進化技術，高周波数帯のセルに対しては，Massive MIMO（6.4.4項参照）等の高周波数帯の使用を考慮した技術を適用することで各セルにおけるシステム性能向上を図る．また，スモールセルの実環境への導入にあたっては，トラフィックが混雑している場所へ優先して設置するとともに，将来的には，段階的に増設された低 SHF 帯 (3～6 GHz) から高 SHF 帯 (6～30 GHz)/EHF 帯（30 GHz 以上））に至る様々な周波数帯を用いるスモールセルの中から，ユーザの移動状況やサービス要求，セル混雑度などに応じて適切なセルを選択，接続する．

ファントムセルコンセプト（図 6.20）は，従来のマクロセルに新たにスモールセルをオーバレイ配置し，マクロセルとスモールセルで使用する周波数を変えるとともに，マクロセルにおいては C (Control)-plane の接続リンクを，スモールセルにおいてはデータに特化した U (User)-plane の接続リンクを，それぞれ確立することを特徴としている．マクロセルは，より低い周波数（同一送信電力でより遠くに電波が届く）を用いることで広いサービスエリアを確保し，同セルに接続した C-plane リンクを用いて発着信やモビリティに関わる制御を行う．一方，スモールセルは，より高い周波数（1つの無線信号が占有する周波数帯域幅をより広くしやすい）を用いることで広帯域高速無線伝送を可能とし，同セルに接続した U-plane リンクを用いて環境に応じたベストエフォートの高速データ通信を行う．

## 演習問題

設問1　FDMA，TDMA，CDMA の違いを説明せよ．

設問2　OFDMA において各ユーザに周波数領域で無線リソースを割り当てることの利点を述べよ．

設問3　FDD と TDD の違いについて説明せよ．また，TDD に対してダイナミック TDD の利点を述べよ．

設問4　シングルユーザ MIMO に対するマルチユーザ MIMO の利点を示せ．

設問5　協調無線伝送方式である JT，DPS，CS/CB の内で最も優れた伝送品質を実現できる方式を挙げ，その理由を説明せよ．

設問6　次世代システムにおいてシステム容量を増大するための3つのアプローチについて述べよ．

# 文　献

- 参考文献

[1] 鈴木博：『ディジタル通信の基礎——ディジタル変復調による信号伝送』，数理工学社 (2012)．

[2] 三瓶政一，森永規彦：高速ワイヤレスデータ伝送のための適応変調方式，電子情報通信学会誌，vol.85，no.4，pp.245–251 (2002)．

[3] 伊丹誠：『わかりやすい OFDM 技術』，オーム社 (2005)．

[4] A. Benjebbour, et al.: System-level performance of downlink NOMA for future LTE enhancements, *IEEE Globecom 2013 Workshop*, pp.66–70 (2013).

[5] W. Jeong and M. Kavehrad: Cochannel interference reduction in dynamic-TDD fixed wireless applications, using time slot allocation algorithms, *IEEE Trans. Commun.*, vol.50, no.10, pp.1627–1636, (2002).

[6] D. Bharadia, E. McMilin, and S. Katti: Full duplex radios, *SIGCOMM Comput. Commun. Rev.*, vol.43, no.4, pp.375–386, (2013).

[7] A. J. Viterbi: Error bounds for convolutional codes and an asymptotically optimum decoding algorithm, *IEEE Trans. Inform. Theory*, vol.IT-13, no.2, pp.260–269 (1967).

[8] J. Hagenauer: Rate compatible punctured convolutional codes (RCPC-codes) and their application, *IEEE Trans. Commun*, vol.36, no.4, pp.389–400 (1988).

[9] 奥村善久，進士昌明 監修：『移動通信の基礎』，電子情報通信学会 (1986)．

[10] 安部田貞行ほか：さらなるビットコストの低減に向けた Super 3G の開発，NTT DOCOMO テクニカル・ジャーナル，vol.16，no.2，pp.8–17 (2008)．

[11] A. Jalali, R. Padovani, and R. Pankaj: Data throughput of CDMA-HDR a high efficiency-high data rate personal communication wireless system, *IEEE VTC2000-Spring*, vol.3, pp.1854–1858 (2000).

[12] G. J. Foschini: Layered space-time architecture for wireless communication in a fading environment when using multi-element antennas, *Bell Labs Technical Journal*, vol.1, no.2, pp.41–59 (1996).

[13] G. J. Foschini and M. J. Gans: On limits of wireless communications in a fading environment when using multi-element antennas, *Wireless Personal Communications*, vol.6, no.3, pp.311–335 (1998).

[14] 大鐘武雄, 小川恭孝:『わかりやすい MIMO システム技術』, オーム社 (2009).

[15] 樋口健一, 岡田秀和: マルチアンテナ無線伝送技術 その3 MIMO 多重法における信号分離技術, NTT DOCOMO テクニカル・ジャーナル, vol.14, no.1, pp.66–75 (2004).

[16] S. Alamouti: Space block coding: A simple transmitter diversity technique for wireless communications, *IEEE J. Select. Areas. Commun.*, vol.16, no.5, pp.1451–1458 (1998).

[17] V. Tarokh, H. Jafarkhani, and A. R. Calderbank: Space-time block codes from orthogonal designs, *IEEE Trans. Inform. Theory*, vol.45, no.4, pp.1456–1467 (1999).

[18] G. Ganesan and P. Stoica: Space-time block codes: A maximum SNR approach, *IEEE Trans. Inform. Theory*, vol.47, no.4, pp.1650–1656 (2001).

[19] Q. H. Spencer, A. L. Swindlehurst, and M. Haardt: Zero-forcing methods for downlink spatial multiplexing in multi-user MIMO channels, *IEEE Trans. Signal Processing*, vol.52, no.2, pp.461–471 (2004).

[20] T. L. Marzetta: Non-cooperative cellular wireless with unlimited numbers of base station antennas, *IEEE Trans. Wireless Commun.*, vol.9, no.11, pp.3590–3600 (2010).

[21] F. Rusek et al.: Scaling up MIMO: Opportunities and challenges with very large arrays, *IEEE Signal Process. Mag.* vol.30, no.1, pp.40–60 (2013).

[22] 後藤尚久, 中川正雄, 伊藤精彦:『アンテナ・無線ハンドブック』, オーム社 (2006).

[23] 岡田秀和ほか: LTE-Advanced における MIMO およびセル間協調送受信技術, NTT DOCOMO テクニカル・ジャーナル, vol.18, no.2, pp.22-30 (2010).

[24] 電波政策ビジョン懇談会: 電波政策ビジョン懇談会 最終報告書〜世界最先端のワイヤレス立国の実現・維持に向けて〜 (2014).

[25] H. Ishii, et al.: A novel architecture for LTE-B, C-plane/U-plane split and phantom cell concept," *IEEE Globecom 2012 Workshop*, pp.624–630 (2012).

● 推薦図書

[26] 鈴木博:『ディジタル通信の基礎—ディジタル変復調による信号伝送』, 数理工学社 (2012).

[27] 伊丹誠:『わかりやすい OFDM 技術』, オーム社 (2005).

[28] 大鐘武雄, 小川恭孝:『わかりやすい MIMO システム技術』, オーム社 (2009).

[29] 奥村善久, 進士昌明 監修:『移動通信の基礎』, 電子情報通信学会 (1986).

# 第7章
# 無線LANシステム

---
☐ **学習のポイント**

無線 LAN は，1990 年代より IEEE 802.11 委員会を中心に標準化が進められてきた．近年ではスマートフォンなどの無線 LAN を搭載している機器が増加し，それに伴って無線 LAN の利用が急速に拡大している．その用途は，オフィスやホームはもとより，駅，空港，カフェ，レストラン，ホテルなどの公共の場へも広がっている．このため，本章では，まず無線 LAN の全体像を把握するために，標準化動向や標準の内容について紹介する．その後，物理層から MAC 層における詳細な技術を紹介し，セキュリティや QoS を確保する技術について紹介する．

- 無線 LAN の標準化動向と主な無線 LAN 標準の概要について学ぶ．
- 無線 LAN の物理層と MAC 層の機能について学ぶ．
- 無線 LAN のセキュリティと QoS の特徴について学ぶ．

---
☐ **キーワード**

IEEE 802.11，物理層，MAC 副層，ISM，CSMA/CA，バックオフ，DCF と PCF，隠れ端末問題，セキュリティ，QoS

---

## 7.1 無線 LAN の標準化活動

### (1) IEEE 802.11

無線 LAN は国際標準化によって技術仕様が共通化され，広く普及する大きな要因の1つになっている．標準化は IEEE 802.11 委員会で行われている．この委員会は 1990 年から始まり，アメリカ電気電子技術者協会 (Institute of Electrical and Electronics Engineers: IEEE) の中で活動が行われている．802 委員会は，1980 年 2 月に設立されたため 802 と命名された．この委員会では，広域データ通信を含む LAN の技術標準化が行われている．無線 LAN を検討する 802.11 は，この委員会の中で 11 番目に設立されたために 11 の数字が付いている．

802.11 は，1997 年に完成したオリジナルの無線 LAN 規格である．上位に MAC (Media Access Control) 副層，下位に複数の物理層が対応している．その後，802.11 の後にアルファベットを付けたタスクグループが作られ，802.11a，802.11b，802.11g，802.11n と物理層が

高速化されるとともに，セキュリティ機能を向上させた802.11iなどのMAC副層の標準化が行われてきた．

一方，802.11委員会の標準化の進展と市場への展開に合わせ，無線LANの相互接続を業界として確認するための認証機構が必要となった．そこで，1999年にWECA (Wireless Ethernet Compatibility Alliance) が設立された．その後，この組織は2002年にWFA (Wi-Fi Alliance) と改名された．通常，無線LANというとこのWi-Fiという用語が多く使われている．技術の標準化だけでなく，相互接続性が保証されることは重要であり，これによって安心して利用者が無線LAN機器を導入することができる．

### (2) 無線LANのレイヤ構成

無線LANは，OSI階層の物理層とデータリンク層から構成されている．データリンク層は，ネットワーク接続された隣の端末同士で直接にデータを交換するためのプロトコルである．物理層は，データリンク層から届いたデータに対する変復調方式，電波の周波数帯域，伝送速度などの物理的な通信手順を規定している．

802.11で規定されているのは，MAC副層，PLCP (Physical Layer Convergence Protocol) 副層，PMD (Physical Medium Dependent) 副層の3つである．図7.1にこれらの構成を示す．

- **LLC副層**

    LLC (Logical Link Control) 副層は，複数のMAC副層の違いに依存せずにIP層とデータの交換を行う機能を提供している．802.11標準には含まれていない．

- **MAC副層**

    MAC副層は上位のIP層からのデータから無線LANで扱うMACフレームを作成する．さらに，そのMACフレームを無線通信回線へ送出するタイミングの制御を行っている．主にCSMA/CAによる無線チャネルアクセス制御，およびアクセスポイントと端末間の管理を行っている．この副層の機能は，MAC LME (Layer Management Entity) によって実際に実行される．

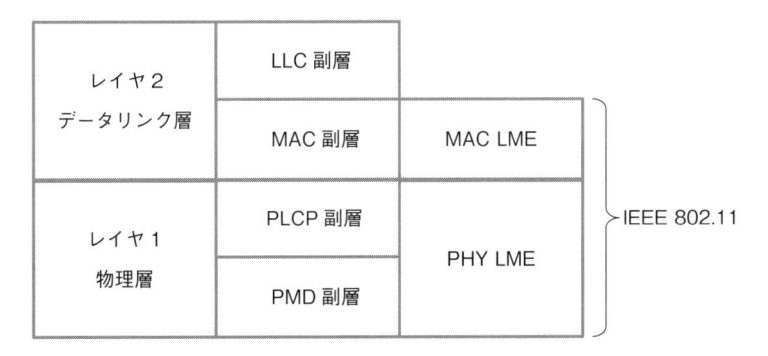

図 **7.1** 無線LANのレイヤ構成

● **PLCP 副層と PMD 副層**

PLCP 副層は，物理的に無線 LAN でのデータ通信路にデータを乗せる．PMD 副層は，無線 LAN の物理的搬送波を決める．この副層の機能は PHY LME によって実行される．

## 7.2 主な無線 LAN の標準

### (1) 高速化の変遷

無線 LAN は 1990 年から現在まで，時代の高速化の要望に応えて，着実に高速化を実現してきた．最初の 802.11 規格では 2 Mbps であった．1999 年に標準化が完了した 802.11b では 11 Mbps が実現された．同じ年には 802.11a で 54 Mbps が規格化された．2003 年には 802.11g でも 54 Mbps が実現された．2009 年には 802.11n で 600 Mbps と一気に高速となった．そして，2014 年には 802.11ac が策定され，最大 6.9 Gbps という超高速が実現された．さらに，同年に標準化された 802.11ad ではミリ波帯の周波数を使って最大 6.8 Gbps という超高速が達成されている．表 7.1 に主な無線 LAN の標準を示す．

### (2) IEEE 802.11b

802.11b は無線 LAN が広く利用されるきっかけとなった標準である．電波の変調方式に CCK (Complementary Code Keying) という 802.11 の DSSS (Direct Sequence Spread Spectrum) を拡張したものを使っている．これによって最大 11 Mbps の速度を実現し，実際に使用に耐える無線 LAN となった．

表 7.1 主な無線 LAN の標準

| 標準 | 内容 |
| --- | --- |
| 802.11 | オリジナル標準 |
| 802.11a | 5 GHz 帯で 54 Mbps を実現 |
| 802.11b | 2.4 GHz 帯で 11 Mbps を実現 |
| 802.11e | QoS サポート |
| 802.11f | アクセスポイント間通信プロトコル |
| 802.11g | 2.4 GHz 帯で 54 Mbps を実現 |
| 802.11h | 5 GHz 帯における欧州の周波数への対応 |
| 802.11i | セキュリティ機能 |
| 802.11j | 日本における 4.9~5 GHz 帯への対応 |
| 802.11n | 5 GHz 帯で 600 Mbps を実現 |
| 802.11p | 自動車用無線アクセス |
| 802.11r | ローミング |
| 802.11u | 外部ネットワークとの相互接続 |
| 802.11ac | 5 GHz 帯で 6.9 Gbps を実現 |
| 802.11ad | 60 GHz 帯で 6.8 Gbps を実現 |
| 802.11af | TV ホワイトスペース |

### (3) IEEE 802.11a と 11g

この標準が登場した当時は，100 Mbps 程度の有線 LAN が多く使われており，無線 LAN にもこれに相当する高速化が求められた．無線 LAN への高速化要求に対応して，802.11a と g では最大 54 Mbps を達成した．802.11a では新しく 5 GHz 帯の周波数を使い，802.11g は従来の 2.4 GHz を使っている．この標準は，OFDM (Orthogonal Frequency Division Multiplexing) 変調方式を用いている．

### (4) IEEE 802.11n

MIMO (Multiple-Input Multiple-Output) などの新しいアンテナ技術やチャネルボンディングなどの多重化技術の適用によって最大 600 Mbps の伝送速度を達成した．802.11n では，それまでの物理的な速度である最大伝送速度ではなく，実効的な速度である最大スループットを 100 Mbps 以上とすることを目標とした．

### (5) IEEE 802.11af

11af では，TV ホワイトスペースによる長距離伝送が検討されている．TV ホワイトスペースは，テレビ放送などで利用する周波数の空いている箇所を無線通信で利用するというものである．米国では，数十から 700 MHz の帯域の中で地上デジタルテレビジョン放送が利用していないチャネルに限って無線 LAN が利用できる．このような低い周波数帯は電波が回り込みやすく，同じ出力でも遠くまで通信が可能となる．

### (6) IEEE 802.11ad

世界の主要国で利用可能な 60 GHz 帯には広い帯域が割り当てられている．802.11ad は，この帯域を使って最大 6.8 Gbps を実現している．この標準では，指向性アンテナを想定した PBSS (Personal Basic Service Set) とよぶ新しい通信モードを持つ．さらに，物理層において OFDM 以外に SC (Single Carrier) 方式を使うことで低消費電力化にも対応している．

## 7.3 物理層

### (1) 無線 LAN の周波数

電波は有限な資源であり，勝手に使うと様々な弊害が起きる．そのため，世界の周波数分配が国際電気通信連合 (International Telecommunication Union: ITU) の世界無線通信会議 (World Radiocommunication Conference: WRC) で決められている．無線 LAN については 2.4 GHz 帯と 5 GHz 帯の利用が決められている．日本では，電波法第 4 条 3 号の規定によって免許不要局の「小電力データ通信システム」に分類されている．無線 LAN では，各周波数帯をチャネルと呼ぶ一定幅の周波数の範囲に区切って複数の通信が行われる．無線 LAN のチャネル割り当て状況を図 7.2 に示す．

2.4 GHz 帯は ISM (Industrial Science Medical) 帯とも呼ばれ，産業科学医療用に用いられる．代表的な機器には電子レンジがあり，2.45 GHz を使っている．このために，機器間の

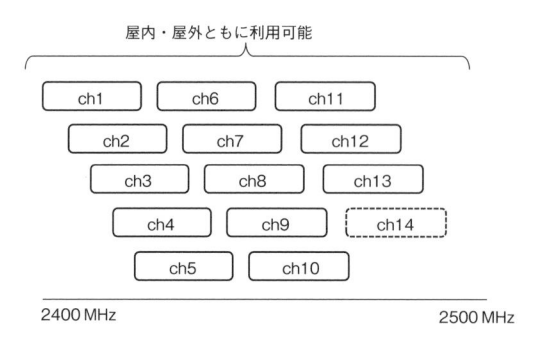

図 7.2 無線 LAN のチャネル割り当て

(a) 2.4 GHz 帯（11b，11g，11n が使用）

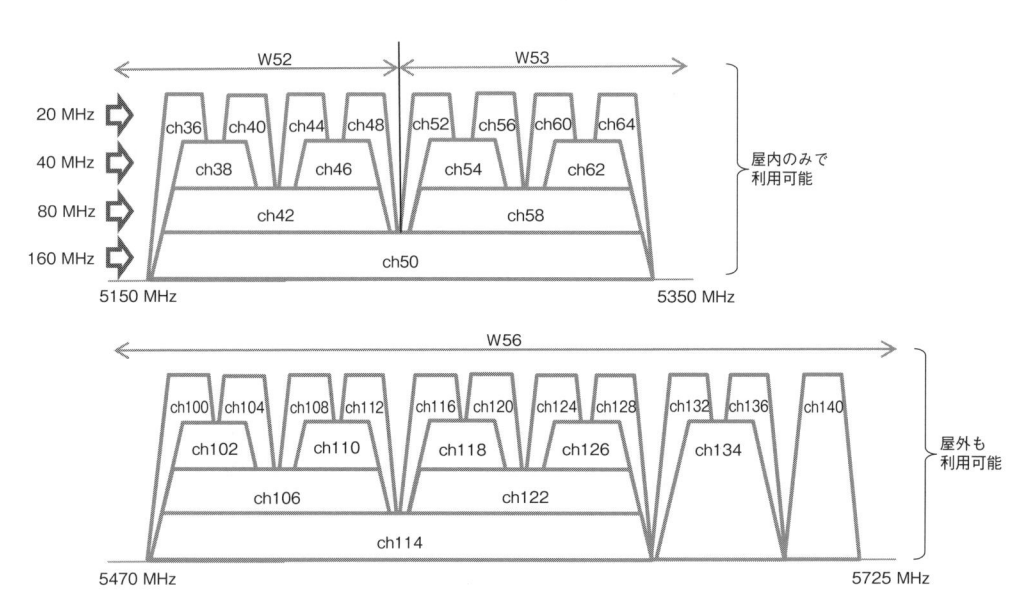

(b) 5 GHz 帯（11a，11n，11ac が使用）

干渉が多いが，利用者が自由に使うことができるというメリットがある．2.4 GHz 帯は全部で 13 チャネルある．日本では ch14 も使っていたが現在では国際化対応のためほとんど使われていない．13 チャネルの中で重複がなく干渉しないチャネルの組合せは ch1，ch6，ch11 などと限られている．5 GHz 帯では，455 MHz 幅が割り当てられている．802.11a/n/ac で共通に使える 20 MHz 幅を割り当てると 19 チャネルを使用できる．11n と 11ac で使える 40 MHz 幅では 9 チャネル，11ac のみで使える 80 MHz 幅では 4 チャネル，同じく 11ac のみで使える 160 MHz 幅では 2 チャネルのみとなる．

5 GHz 帯のチャネルは，W52，W53，W56 の 3 つのグループに分かれている．W53 と W56 はレーダーが使われていない場合に限って使用可能である．そのため，5 GHz 帯を使用するアクセスポイントは，DFS (Dynamic Frequency Selection) 機能の搭載が義務付けられている．DFS は既存レーダーなどの周波数を感知し干渉しないよう無線 LAN 側の使用チャネルを変更

する機能である．レーダーの周波数を事前に調べる間は通信ができない．W52とW53は屋内に限定され，W56は屋外でも使用可能である．

### (2) IEEE 802.11 の物理層

IEEE 802.11は，最も初めに標準化された無線LANであり，伝送速度1 Mbpsと2 Mbpsを実現している．直接拡散方式のスペクトル拡散 (Direct Sequence Spread Spectrum: DSSS)，周波数ホッピング方式のスペクトル拡散 (Frequency Hopping Spread Spectrum: FHSS)，赤外線方式 (Infrared: IR) の3種類が規定された．表7.2に802.11の主な物理層の仕様を示す．

- **DSSS**

スペクトル拡散技術は，通信する帯域に対して広帯域に通信帯域を広げて通信する方式である．802.11では，2.4 GHzを用いてDSSSが使われている．送信側は，信号のスペクトルをより広い帯域を持つ拡散符号を乗算することで周波数を広げて送信を行う．これによって，他の電波からの干渉に対して強くすることができ，傍受にも強くなる．

- **FHSS**

FHSSは，2.4 GHzを用い，スペクトルを時間的に飛び跳ねることで干渉波からの連続的な干渉を避けることができる方式である．

- **IR**

IRは，波長が850～950 nmの赤外線を利用した通信方式である．実際にはIrDA (Infrared Data Association)による規格が広く使われたために，802.11標準の製品は利用されなかった．

### (3) IEEE 802.11b の物理層

802.11bでは，相補符号変調 (Complementary Code Keying: CCK) と呼ぶ方式によって最大11 Mbpsが実現されている．CCKは，拡散符号をデータによって逐次変えることで，符号そのものに情報を持たせる方式である．それによって1シンボルに送ることのできるビット数を増やしている．802.11bには4つの伝送速度があり，5.5 Mbpsと11 MbpsにはCCKが，

表 7.2　IEEE 802.11 標準の主な物理層仕様

|  | 802.11 | 802.11b | 802.11a | 802.11g | 802.11n | 802.11ac | 802.11ad |
|---|---|---|---|---|---|---|---|
| 標準化年 | 1997 | 1999 | 1999 | 2003 | 2009 | 2014 | 2013 |
| 周波数帯 | 2.4 GHz 赤外線 | 2.4 GHz | 5 GHz | 2.4 GHz | 2.4 GHz 5 GHz | 5 GHz | 60 GHz |
| 変調方式 | DSSS FHSS IR | CCK DSSS | OFDM | OFDM CCK DSSS | OFDM | OFDM | シングルキャリア/ OFDM |
| 帯域幅 | 22 MHz | 22 MHz | 20 MHz | 22 MHz (DSSS/CCK) 20 MHz (OFDM) | 20 MHz 40 MHz | 80 MHz 160 MHz | 最大 9 GHz |
| 最大伝送速度 | 1 Mbps | 11 Mbps | 54 Mbps | 54 Mbps | 600 Mbps | 6.9 Gbps | 6.8 Gbps |

1 Mbps と 2 Mbps には DSSS 方式が使われている.

**(4) IEEE 802.11a の物理層**

1997 年に米国の連邦通信委員会 (Federal Communications Commission: FCC) が新たに 5 GHz 帯の 300 MHz 幅の帯域を免許不要な無線アクセス用に開放した. これを受けて 802.11a において 5 GHz 帯を用いた 20 Mbps 以上の伝送速度を実現する規格が検討された. 802.11a は OFDM 方式が使われている. OFDM 方式は，マルチパスや高速通信に適した変調方式であり，地上デジタル放送などにも使われている.

**(5) IEEE 802.11g の物理層**

802.11g は，2.4 GHz 帯を使う 802.11 と 802.11b との互換性を維持するとともに，5 GHz 帯を使う 802.11a との上位互換性を持つ. そのため，802.11b で使用されている CCK 方式と 802.11a で使用されている OFDM 方式が使われている.

**(6) IEEE 802.11n の物理層**

IEEE 802.11n には大きく 5 つの特徴がある.

- 広範囲な伝送速度：6～600 Mbps までの伝送速度を任意に選択できる. 伝送速度を抑えて距離を伸ばすことやビデオなどの高速が必要なデータを伝送することができる.
- 多様なフレームフォーマット：802.11a/b/g のレガシーモード，下位互換性を持つミックスモード，802.11n 端末同士でのみ使用される高効率なグリーンフィールドを使うことができる.
- チャネルボンディングによる周波数帯域幅の柔軟な利用：20 MHz 幅の周波数帯域幅を 2 つ結合して 40 MHz 幅で使うことができる. これをチャネルボンディングという. 20 MHz 幅を使うレガシーモード，20 MHz 幅と 40 MHz 幅の両方を使えるハイスループットモード，40 MHz 幅の Upper モードと Lower モードを使う 2 チャネル配置モードがある.
- 空間多重の利用：MIMO による最大 4 空間ストリームまでの多重が可能.
- ガードインターバルの切り替え：フレーム間に一定の時間間隔を挿入することで遅延波による干渉を軽減するガードインターバルを切り替えることができる. レガシーの 800 ns と半分の 400 ns を使うことができる.

**(7) IEEE 802.11ac の物理層**

802.11ac は 802.11n の後継として 2014 年 1 月に標準化が終了した標準である. 5 GHz 帯の周波数のみを使用し，最大 6.9 Gbps の超高速を実現している. 以下に技術的特徴を示す.

- 5 GHz 帯のみを利用し周波数帯域幅を 4 倍とした：802.11ac は高速化のために 802.11n の 2 倍以上の 80 MHz 帯域幅が必要である. そのために，帯域幅を確保できない 2.4 GHz 帯ではなく 5 GHz 帯のみを利用し，最大 160 MHz 幅を使っている.
- マルチユーザ MIMO：802.11n では最大 4 ストリームだった MIMO を 802.11ac では最大 8 ストリームとした. これによって，伝送速度を 2 倍に引き上げた.
- OFDM に 256QAM を追加：802.11n では 64QAM という方式によりサブキャリア当たり

6ビットを伝送するのに対して，802.11acでは256QAMを使うことでサブキャリア当たり8ビットを伝送できるようにした．

### (8) IEEE 802.11adの物理層

これまで無線LANでは2.4 GHz帯と5 GHz帯を使って発展してきた．一方で，60 GHz帯にも利用可能な周波数帯がある．802.11adは，この周波数帯を使って最大6.8 Gbpsの超高速伝送を実現している．802.11adには，従来のインフラストラクチャモードとアドホックモードに加え，端末間の通信方法としてPBSS (Personal Basic Service Set) と呼ぶモードがある．PBSSは，端末のどれかがPCP (PBSS Control Point) という管理者となり，この端末だけがビーコンを送信して時刻の集中管理を行う．これは60 GHz帯のようなミリ波帯では伝搬損失が大きいために指向性アンテナが利用されるが，そのような場面でも確実に送受信できるようにするためである．

### (9) 物理層フレーム形式

無線LANの物理層フレーム形式を図7.3に示す．802.11nでは下位互換を考慮して3種類のフレームが定義されている．いずれのフレームも基本的に，プリアンブル部と送信データ部で構成されている．プリアンブル部は，フレームを送受信する際の同期を取るための信号が規定されている．レガシーモードは，802.11a/gで使われる形式である．ミックスモードは，802.11a/gと互換を保ちつつ802.11nの高速化を実現している．グリーンフィールドは，802.11nの端末のみが接続された場合に効果的な形式である．

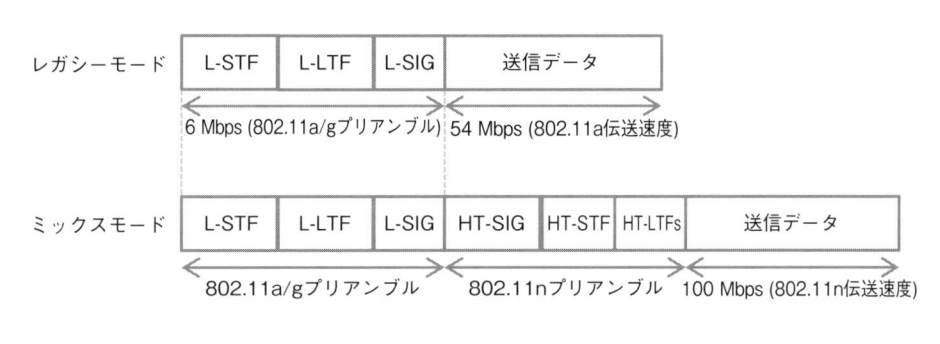

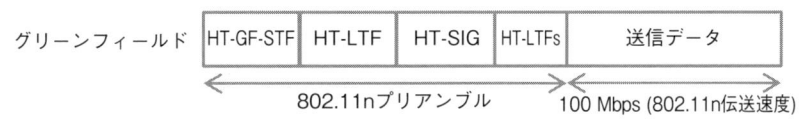

L-STF: Legacy-Short Training Field
L-LTF : Legacy-Long Training Field
L-SIG : Legacy Signal Field
HT-STF : High Throuput-STF
HT-LTF : High Throughput-LTF
HT-GF-STF : HT Green Field STF

図 7.3 無線LANの物理層フレーム形式

## 7.4 MAC層

### 7.4.1 無線LANの通信モード

**(1) 通信モード**

　無線LANの通信モードには，インフラストラクチャモードとアドホックモードがある．図7.4に示すインフラストラクチャモードは，アクセスポイント(Access Point: AP)と呼ぶスター型の中央のハブとなる親機によって複数の端末を接続する．アクセスポイントは，接続や通信エリアの制御だけでなく，認証やセキュリティなどの広範囲な機能を提供している．端末は，アソシエーションと呼ぶ処理によってシステムの最小単位である基本サービスセット(Basic Service Set: BSS)のメンバになる．基本サービス内の通信は，一方の端末からアクセスポイントへ一旦送信し，アクセスポイントから宛先の端末へ転送される．

　アドホックモードは端末同士がお互いに直接接続し通信を行う形態である．これは，端末が近接している時は接続の自由度があり有効であるが，遠方の端末との通信では拡張性に乏しく，あまり使われていない．

　無線LANではどちらのモードにおいても1つの通信エリアを構成する．このエリアをセルと呼ぶ．セル内では，ある周波数帯域に電波を拡散して通信しているので，通信時にこの帯域が衝突すると通信ができなくなる．そのため，周波数帯域をチャネルに分けて重ならないように設計する必要がある．

**(2) BSSとESS**

　BSS間を接続するネットワークをディストリビューションシステム(Distribution System: DS)と呼ぶ．ディストリビューションシステムを経由して相互接続され，複数のBSSを含むシステムを拡張サービスセット(Extended Service Set: ESS)という．端末がアクセスポイント間を移動し，通信を継続することをローミングという．BSSのIDをBSSIDといい，48

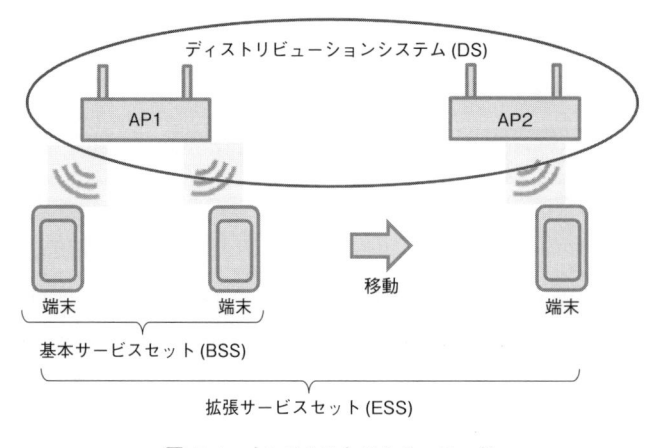

図 **7.4** インフラストラクチャモード

ビットの数値である．通常は MAC アドレスと同一である．ESS の ID を ESSID といい，最大 32 文字の任意の英数字である．

### 7.4.2 無線チャネルアクセス制御

#### (1) CSMA/CA

無線 LAN では，アクセスポイントと複数の端末が存在し，これらが無線チャネル上で通信を行っている．一度には 1 ユーザしか使えないので，複数のユーザが同時に通信を行うと衝突が起こって通信ができなくなってしまう．そこで，CSMA/CA (Carrier Sense Multiple Access/Collision Avoidance) というアクセス制御方式が使われている．この方式では，最初にキャリアセンスを行って，他の端末やアクセスポイントが使用しているときには電波を出さず，使用していないときのみ自分のデータを送信する．この方式の通信手順は次のとおりである（図 7.5）．

① データを送信したい端末は，自分が使う周波数の電波があるかどうかを調べる．これをキャリアセンスという．
② キャリアセンスのときに，電波が流れているときにはビジーと判断し，データの送信を一旦延期する．これをバックオフという．使用中ではないと確認できた場合は，IFS(Interframe Space) と呼ぶ時間待った後に送信する．この使用中ではない状態をアイドルという．
③ 端末からフレームを受信したアクセスポイントは，受信したフレームにエラーがないか FCS (Frame Check Sequence) フィールドを使って確認する．正常の場合には ACK (Acknowledgement) フレームをその端末へ返信する．誤りがあった場合には，そのフレームを破棄する．
④ 端末は ACK フレームが受信されるまでの間，一定の回数，同じデータフレームを再送する．

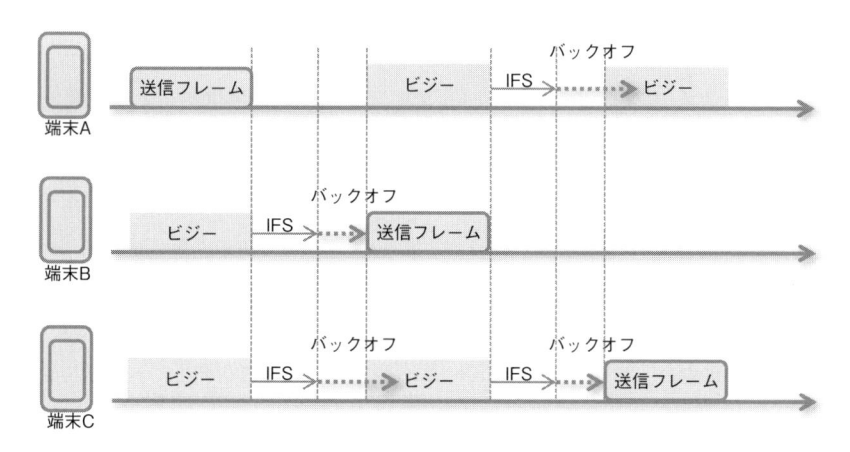

図 **7.5** 基本的なアクセス手順

表 7.3 IFS の種類

| IFS の種類 | 説　　明 |
|---|---|
| SIFS (Short IFS) | 送出するフレーム間の時間間隔が最も短い．最も優先権が高い． |
| PIFS (PCF IFS) | ポーリング用のフレーム時間間隔．SIFS の次に優先権が高い． |
| DIFS (DCF IFS) | フレーム送出間の時間間隔が最も長い．最も優先権が低い． |

**(2) DCF と PCF**

端末間で公平にバックオフを使ってデータを伝送するアクセス手順を DCF (Distributed Coordination Function) という．802.11 では，CSMA/CA を使ってこの DCF を実現している．端末の数と通信量が多くなると衝突が増加し，スループットの低下を招くことになる．

CSMA/CA における衝突を避け，マルチメディアデータなどのリアルタイム性を必要とする通信を行うために，PCF (Point Coordination Function) と呼ぶ集中制御の方式が用意されている．PCF では，アクセスポイントが端末にポーリングと呼ばれる問合せを行い，端末が優先的に送信したいフレームがある場合にそれに応答してフレームを送信する．

**(3) IFS**

CSMA/CA では，データを送信する前に IFS で示された時間を待つ．この設定時間によって優先制御が行われている．無線 LAN では，表 7.3 に示す 3 種類の IFS が定義されている．

**(4) バックオフ**

CSMA/CA では，他の端末が使用中のときには自分の送信を待つことで通信中の衝突を避けている．しかし，送信する端末が複数存在し，それらが常に同時に送信すると，常に衝突が発生してしまいデータが送れない．そこで，フレームが衝突する確率を減らすためにバックオフと呼ばれる手法を使っている．

バックオフでは，キャリアセンスしたときに無線チャネルがビジーであったならば，CW (Contention Window) という範囲内でランダムな値を選ぶ．無線チャネルがアイドルとなり DIFS 時間待ってから，端末はこのランダムな値の時間を待ち，その間に他のユーザが送信を始めない場合にデータを送る．この時間をバックオフ時間という．フレームが衝突した場合には，再送ごとに CW の範囲を増加させ，再び衝突する確率を減らしている．図 7.6 にバックオフによる通信手順を示す．

① 通常の通信手順：図 7.6 の端末 A〜C は，DIFS 時間の間に信号が検出されなかった場合，無線チャネルがアイドルであると判断する．ランダムにバックオフ時間を決定し，その時間を待つ．その後，フレームの送信を始める．端末 A のバックオフ時間が短いため，最初にフレームを送信する．アクセスポイントは，フレームの受信完了後に SIFS 時間を空けて端末 A へ ACK フレームを送信し，一連の通信を完了する．

② 衝突が発生したときの通信：端末 B と C は，DIFS 時間経過後にバックオフ制御を行う．バックオフ時間を決めるランダム数値が同じ場合に衝突が発生する．端末 B と C は，アクセスポイントからの ACK フレームを受信できないことから，再送の通信手順を実行する．

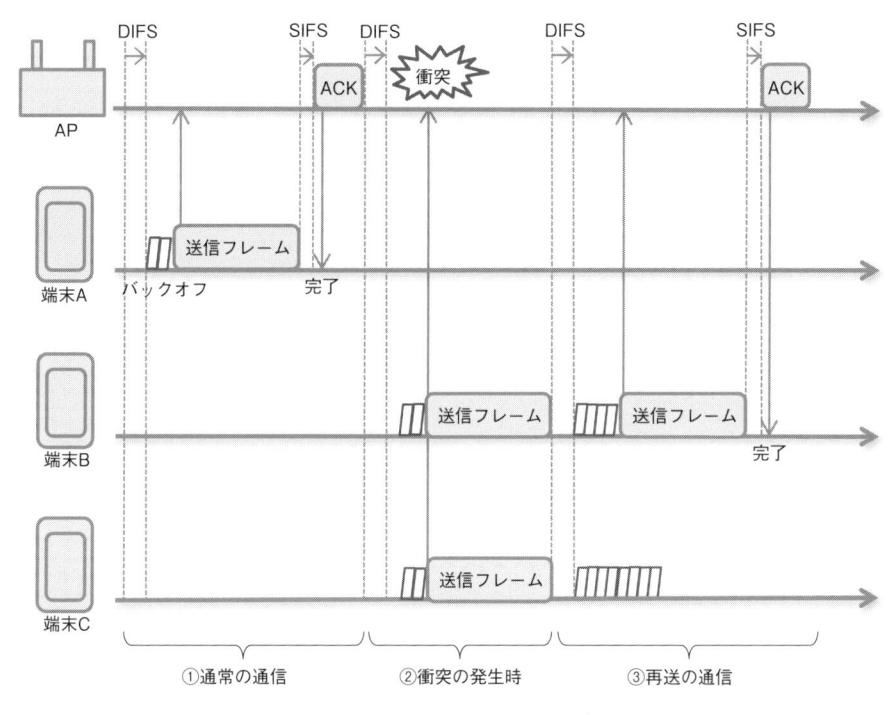

図 7.6 バックオフによる通信手順

端末数が増えると，同じランダム数値を生成する確率が増加するため，衝突の確率も増加する．
③ 再送の通信手順：端末 B と C は再送時にバックオフ時間を再設定する．このとき，CW の範囲を広げることで再び衝突する確率を減らす．図 7.6 では端末 B のバックオフ時間の方が短いため，端末 B のフレームを先に送信している．

## (5) CTS と RTS

端末間の距離や障害物などによってお互いの無線信号が届かないためにキャリアセンスが機能しない状態がある．これを隠れ端末問題という．図 7.7 に概要を示す．

端末 A と C，端末 B と C は，障害物によって無線信号が届かない．そのため，キャリアセンスが機能せず，無線チャネルの使用状況を知ることができない．端末 A がアクセスポイントにフレームを送信しているが，端末 C も送信するため，端末 A と C の衝突が発生する．衝突が増えるとスループットが悪化してしまう．

この問題を回避するために，RTS (Request to Send) と CTS (Clear to Send) を使った仮想キャリアセンスと呼ぶ仕組みを利用している．具体的には，図 7.7 の端末 A はデータフレームをアクセスポイントへ送信する前に，送信要求を意味する RTS フレームを送信する．RTS と CTS フレームには NAV (Network Allocation Vector) という値が含まれており，NAV 期間は使用中であることを予約することができる．アクセスポイントは端末 A に対して受信準備

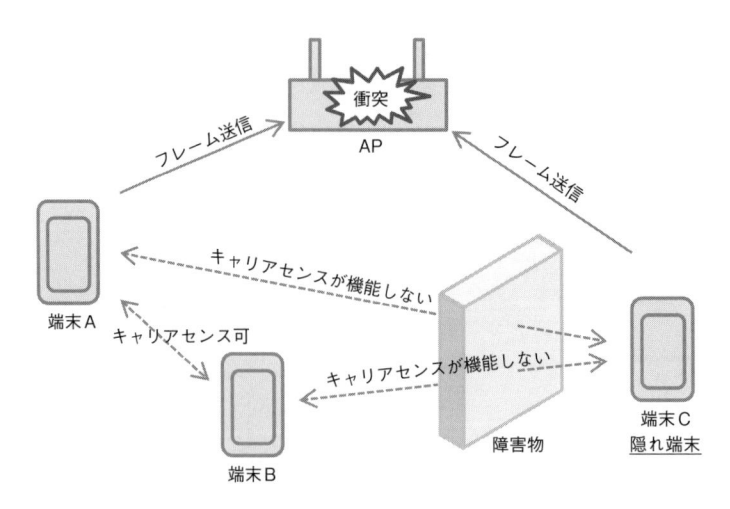

図 **7.7** 隠れ端末問題

完了を意味する CTS フレームを返す．この CTS フレームは隠れ端末である端末 C も受信できるため，端末 C は CTS に指定されている NAV を設定することで衝突を回避する．

### 7.4.3 アクセスポイントと端末の管理

アクセスポイントと端末の管理は，ステーションサービスとディストリビューションシステムサービスによって行われる．表 7.4 に各サービスの内容を示す．ステーションサービスは，端末とアクセスポイントの両方によって提供される．ステーションは端末と混同しやすいが，アクセスポイントは端末機能も含まれているという意味で，アクセスポイントもステーションと

表 **7.4** アクセスポイントと端末の管理

| サービス | 種別 | 説明 |
| --- | --- | --- |
| ステーションサービス（端末と AP） | リンクレベル認証 | 端末がある BSS に所属するときに，無線リンク上で情報のやり取りを行うことの許可． |
| | 認証の取り消し | 端末によるリンクレベルの認証が失敗した場合に取り消す． |
| | データ暗号化 | MAC フレームのペイロード部分を暗号化． |
| | MAC サービスデータの伝送 | MAC フレームのペイロード部分を伝送する． |
| ディストリビューションシステムサービス（AP のみ） | アソシエーション | BSS において，ある AP 配下に端末を所属させる． |
| | ディスアソシエーション | アソシエーションの解放． |
| | リアソシエーション | アソシエーションの再構築．端末が BSS 間を移動するための機能．ローミング時に使われる． |
| | ディストリビューション | DS 内のある AP から別の AP との間でデータ転送する． |
| | インテグレーション | DS 内で，ある AP と携帯電話などの別の通信システムとの間でデータ転送を行う． |

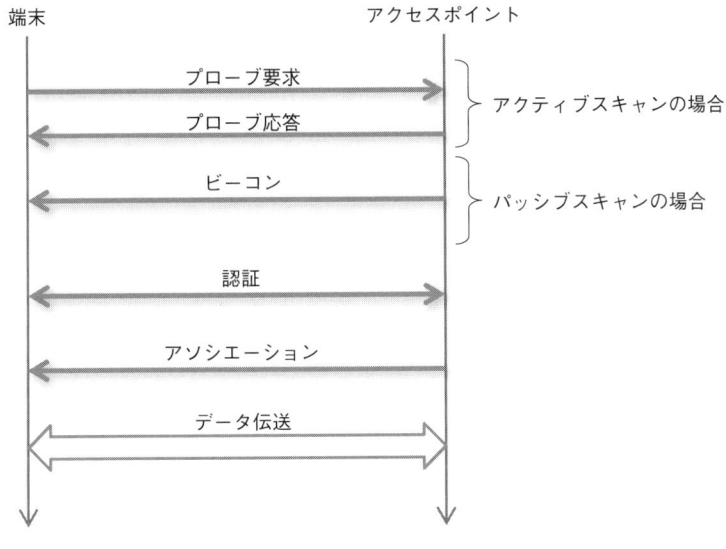

図 7.8 通信の手順

呼ばれることがある．

　無線 LAN の通信は，端末が BSS に参加するための手続きから始まる．参加するためには，スキャニング，認証，アソシエーションという段階を踏む．

　スキャニングは，アクセスポイントを探す機能のことであり，アクティブスキャンとパッシブスキャンの 2 種類がある．アクティブスキャンでは，端末が使用できる無線チャネルの全てに対してプローブ要求フレームを送信する．これを受信したアクセスポイントはプローブ応答フレームを返し，端末が接続できるアクセスポイントを特定する．パッシブスキャンでは，端末は使用できる無線チャネル全てに対してモニタリングを行い，アクセスポイントが周期的に出しているビーコンフレームを受信することで通信可能なアクセスポイントを探し出す．

　次に認証を行う．認証は，アクセスポイントが端末を認証するもので，パスワードなどを認証フレームにより交換することで実現される．認証を取り消すための認証取り消しフレームもある．

　つづいて，アソシエーションを行う．アソシエーションは，端末がどの BSS に存在するかを DS へ通知するためのものである．これによって，DS が通信相手の端末宛のフレームを該当するアクセスポイントへ送り届け，そこから端末に送信される．図 7.8 に一連の手順を示す．

### 7.4.4　省電力機能

　無線 LAN 端末の電力管理モードには，アクティブモードとパワーセーブモードがある．端末の状態には，起きているアウェイク状態と眠っているドーズ状態がある．アクティブモードでは，無線 LAN の電源が入った状態であり，常にアクティブな状態である．パワーセーブモードでは，アウェイク状態とドーズ状態の間を行ったり来たりする．パワーセーブ状態の端末は，一定の間隔でアクティブ状態となりアクセスポイントからのビーコンフレームを待つ．それ以

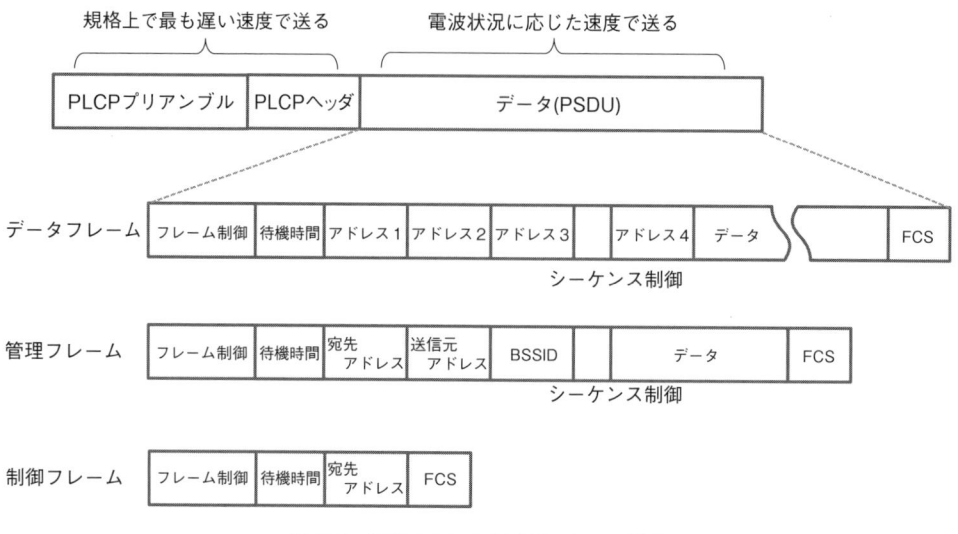

```
              規格上で最も遅い速度で送る      電波状況に応じた速度で送る
              ┌─────────┴─────────┐┌─────────┴─────────┐
              │ PLCPプリアンブル │ PLCPヘッダ │    データ(PSDU)    │
```

データフレーム │フレーム制御│待機時間│アドレス1│アドレス2│アドレス3│ │アドレス4│データ│ │FCS│
                                              シーケンス制御

管理フレーム │フレーム制御│待機時間│宛先アドレス│送信元アドレス│BSSID│ │データ│FCS│
                                    シーケンス制御

制御フレーム │フレーム制御│待機時間│宛先アドレス│FCS│

図 7.9 無線 LAN の MAC フレーム形式

外はドーズ状態にある.

### 7.4.5 MAC フレーム形式

　無線 LAN と有線 LAN の送受信データの違いは，無線において必要となる制御情報とアドレスフィールドである．PLCP (Physical Layer Convergence Protocol) プリアンブルと PLCP ヘッダによって無線 LAN の伝送速度や変調方式を伝える．無線 LAN の端末はアクセスポイントを介してサーバなどと通信するために，アドレスを 4 つまで入れることができる．図 7.9 に無線 LAN の MAC フレーム形式を示す．

　無線 LAN では，データフレーム，管理フレーム，制御フレームの 3 種類の PSDU (PLCP Service Data Unit) と呼ぶデータフレームが定義されている．管理フレームには，アソシエーション要求・応答，リアソシエーション要求・応答，ディスアソシエーション，プローブ要求・応答，ビーコン，認証などがある．制御フレームは，アクセスの制御のために使われ，RTS フレーム，CTS フレーム，ACK フレームなどがある．これらのフレームの再送は行われない．それぞれのフレームに含まれる FCS (Frame Check Sequence) は，フレームの誤り検出に利用され，32 ビットの CRC (Cyclic Redundancy Code) である．受信時に誤りが検出された場合には，そのフレームは破棄される．

## 7.5　セキュリティ

**(1) 無線 LAN のセキュリティ**

　無線 LAN では誰でも使える周波数帯を使って空間に信号が放射されている．そのため，意図していない利用者へも信号が届いてしまうので，セキュリティ機能が重要となっている．一般に通信システムにおけるセキュリティの目的は 2 つある．送信する秘密情報を第三者に盗み取

表 7.5 無線 LAN のセキュリティ

| 階　層 | 代表例 |
|---|---|
| ネットワーク認証 | RADIUS, IEEE 802.1X |
| アクセスポイント認証 | SSID, SSID ステルス |
| 暗号化 | WEP, WPA |
| フィルタ | MAC アドレスフィルタ |

られないこと，コンピュータに対する不正な操作による通信の妨害を防ぐことである．このようなセキュリティの要求に対して，無線 LAN では，暗号化とアクセス認証の観点から規定されている．表 7.5 に無線 LAN におけるセキュリティの種類を示す．最も基本的なものは，MAC アドレスフィルタであり，多くのアクセスポイントでは標準的に持っている．アクセスポイントの識別子である SSID (Service Set Identifier) を利用者に見せない SSID ステルスと呼ばれる手法も使われる．アクセスポイントと端末の間で通信データに暗号をかける手法も一般的に使われる．さらに，ネットワーク認証がある．IEEE 802.1X が多く使われ，RADIUS (Remote Authentication Dial-In User Protocol) サーバにおける認証が行われる．RADIUS サーバは EAP (Extensible Authentication Protocol) と呼ばれるクライアントと RADIUS サーバ間の認証を提供するプロトコルを使う．

## (2) WEP

WEP (Wired Equivalent Privacy) は，無線 LAN で最初に規定された暗号化アルゴリズムである．24 ビットの初期化ベクトルと 40 ビットの固定の秘密鍵を合わせたものを鍵として使い，RC4 (Rivest Cipher 4) と呼ばれるアルゴリズムで 256 バイトの乱数列を作る．これを送信データと排他的論理和を行うことによって暗号化している．受信側では，受信した初期化ベクトルを使って送信側と同じ動作により元のデータを復元する．WEP は，初期化ベクトルがフレーム中で暗号化されていないため，秘密鍵の長さは 40 ビットのみとなっている．その結果，端末とアクセスポイント間の通信を一定期間収集すると解読が可能となってしまい，解読アルゴリズムも公開されている．

## (3) WPA と WPA2

WPA (Wi-Fi Protected Access) は，WEP 方式の脆弱性に対応するために Wi-Fi Alliance にて作られたセキュリティの規格である．これは，固定暗号鍵が TKIP (Temporal Key Integrity Protocol) と動的になり，認証も 802.1X ベースのユーザ認証機能である EAP となった．WPA2 は，IEEE 802.11i をベースに作られたものである．AES (Advanced Encryption Standard) という共通鍵暗号方式を用いた強固なセキュリティを実現している．

## (4) なりすまし防止

WPA で使われている TKIP 方式の暗号鍵には MIC (Message Integrity Check) と呼ぶ情報が導入されている．これは，暗号化の鍵とは別の鍵を使って，フレーム内のデータ，送信元アドレス，宛先アドレスを 8 バイトに圧縮したものである．この情報から元のデータを推定す

ることは難しく，受信側での検査で一致しない場合にはフレームが破棄される．これによってなりすましを防止できる．

**(5) アクセス認証**

端末を様々な場所で使うことに対応するため，IEEE 802.1X という認証サーバによる方式が使われている．以下に認証の手順を示す．

- アソシエーション

 アクセスポイントは，サポートするセキュリティの情報を定期的にビーコンを使って流す．端末はアソシエーション時に，認証方式と暗号アルゴリズムを指定する．

- 認証

 認証は，EAP で手順が指定され，端末と認証サーバ間で実行される．EAP では，まず EAP-TLS (EAP-Transport Layer Security) などの具体的な方式を決める．端末と認証サーバは，あらかじめ認証局から証明書と公開暗号鍵を入手していることが前提である．次に，公開鍵を端末と認証サーバ間で交換し，証明書を送り合う．送られてきた証明書を確認し，相手が正当な認証サーバや端末であることを認識する．

## 7.6 QoS

**(1) IEEE 802.11e**

利用するサービスによって必要なリアルタイム性が変わってくる．例えば，電子メールはリアルタイムである必要はないが，ビデオはリアルタイムである必要がある．リアルタイム性の高い通信の普及に伴って，QoS 機能を追加する 802.11e が 2005 年に標準化された．

802.11e では，分散制御型のアクセス制御手順である DCF と集中制御型である PCF の機能をあわせ持つ HCF (Hybrid Coordinator) と呼ぶ機能が規定されている．HCF では，EDCA (Enhanced Distributed Channel Access) と HCCA (HCF Controlled Channel Access) と呼ぶアクセス制御方式が提供されている．EDCA は DCF と同じ分散制御型であり，HCCA は PCF と同じ中央制御型の方式である．さらに，オプションとして，複数フレームに対する応答をまとめるブロック ACK，同じ基本サービスエリア内の他の端末と直接通信を行う DLS (Direct Link Setup)，優先機能を持つ省電力管理の APSD (Automatic Power Save Delivery) が規定されている．

**(2) EDCA**

EDCA では，データの種類に応じたアクセスの優先度を提供する．優先度は，AC (Access Category) と呼ぶ種別に分けられている．これらの種別は，優先度の高い順に，AC_VO (Voice), AC_VI (Video), AC_BE (Best Effort), AC_BK (Background) となっている．優先度は，AIFSN (Arbitration Interframe Space Number), $CW_{min}$, $CW_{max}$, TXOP Limit の 4 つのパラメータで制御される．

DCFではチャネルにアクセスするときにDIFSの空き時間を検出するが，EDCAではこの初期値をACごとに設定する．AIFSNは，この初期待ち時間を決める値であり，2のときにDIFSと同じになる．空き時間を検出した後はDCFと同じくバックオフカウンタのカウントダウンを行い，カウンタが0になったときにフレームを送信する．このバックオフカウンタでは，最小値$CW_{min}$から最大値$CW_{max}$の範囲で乱数がACごとに管理される．さらに，TXOP (Transmission Opportunity) という他の端末を除外して自分だけが一定長のパケットを送信できる機能が用意されている．この送信権を持つACのデータはTXOP Limitの時間は継続してパケットを送信できる．

### (3) HCCA

HCCAは，PCFを拡張することでQoSに対応するための機能である．そのために，次のようなPCFにおける2つの課題への対処が行われている．最初の課題は，どの端末からどれだけのデータが送信されるのかがアクセスポイントからはわからないことである．これに対しては，ADDTS (Add Traffic Specification) フレーム内のTSPEC (Traffic Specification) というパラメータを使ってデータフローのID，データ送信の方向，パケットサイズ，サービス間隔，許容遅延時間，伝送速度などの情報を端末からアクセスポイントへ通知している．アクセスポイントは，この情報によってポーリングのスケジューリングを行う．次の課題は，アクセスポイントから端末へのポーリング時間間隔が限定されていることである．そのために，サービスが要求する伝送遅延に合うようにポーリングを行うことができない．これに対しては，PIFSのアイドル時間を見つけると，アクセス権を獲得した上で端末に対するポーリングを行うことで対応している．

一方で，ネットワークの容量を超えてリアルタイムデータを送受信することはできない．そのため，アクセスポイントは，各端末からのTSPECを確認し，その端末が申請したトラフィックを送出すべきかを判断する．送ってもいいと判断した場合，申請内容から求めた時間に基づいてポーリングを行う．

### (4) オプション

- ブロックACK

 ブロックACKは，連続して複数のフレームを送信したが，伝送誤りなどによって届かなかったフレームのみを選択的に再送する機能である．これを選択的再送方式という．ブロックACKフレームには，最大64個のデータあるいはデータ送信の応答を含めることができる．ブロックACKの手順には，すぐに応答を返す即時型と一定時間待ってから応答を返す遅延型がある．

- DLS

 DLSは，アクセスポイントを介さずに同じBSS内に存在する端末同士でデータを送受信する機能である．初めにアクセスポイントを経由してセットアップを行い，その後，端末同士で直接に通信を行うことができる．

● APSD

APSDは，データ転送の通信品質を維持しながら省電力を行う場合に有効な機能である．APSDでは，次の2種類の機能が提供されている．端末とアクセスポイント間で合意された一定の間隔でデータの送受信を行う機能．そして，省電力中の端末から送信されるトリガーをきっかけにデータ転送を行う機能である．

---

**演習問題**

**設問1** IEEE 802.11の各方式における使用周波数と最大通信速度を示せ．

**設問2** CSMA/CAでは通信の衝突を避けるためにバックオフと呼ぶ再送手法を用いている．この手法では，衝突を検出した場合に，$CW$ という変数を使って再送時の衝突機会を減少させている．$CW$ は再送の度に以下に示す式で値を増加させる．

$$CW = (CW_{\min} + 1) \times 2^n - 1 \quad (n は再送回数)$$

今，$CW_{\min} = 10$ の時，1回目と2回目の再送時の $CW$ の値と待ち時間はいくらになるかを計算せよ．ここで，1タイムスロットの時間は $9\,\mu\text{s}$ とする．

**設問3** 無線LANのセキュリティに使われる4つの階層とその代表例を示せ．

**設問4** 隠れ端末問題とは何かを説明せよ．その問題の解決法を示せ．

**設問5** 無線LANセキュリティにおけるWEPの特徴を説明せよ．

**設問6** 無線LANはこれまで多くの技術的進化を遂げている．その中でも802.11gから802.11nへの変化はそれまでにはない技術的な特徴が適用されている．802.11nにて新たに追加された主な技術を示せ．

---

# 文　献

● 参考文献

[1] 日経NETWORK編:『ネットワーク技術シリーズ3 IEEE 802.11無線LAN』，日経BP社 (2004).

[2] M. Gast 著，渡辺尚，小野良司 監訳:『802.11ネットワーク管理 第2版』，オライリージャパン (2006).

[3] IEEE 802.11-2012, IEEE Standard for Information technology - Telecommunications and information exchange between systems, Local and metropolitan area net-

works - Specific requirements, Part 11: Wireless LAN Medium Access Control (MAC) and Physical Layer (PHY) Specifications (2012).

[4] IEEE 802.11ad-2012, IEEE Standard for Information technology - Telecommunications and information exchange between systems, Local and metropolitan area networks - Specific requirements, Part 11: Wireless LAN Medium Access Control (MAC) and Physical Layer (PHY) Specifications: Enhancements for Very High Through (2012).

[5] IEEE 802.11ac-2013, IEEE Standard for Information technology - Telecommunications and information exchange between systems, Local and metropolitan area networks - Specific requirements, Part 11: Wireless LAN Medium Access Control (MAC) and Physical Layer (PHY) Specifications - Enhancements for Very High Through (2013).

[6] Wi-Fi Alliance. http://www.wi-fi.org/

● 推薦図書

[7] 阪田史郎 編：『ユビキタス技術 無線 LAN』，オーム社 (2004).

[8] 守倉正博, 久保田周治 監修：『改訂三版 802.11 高速無線 LAN 教科書』，インプレス R&D (2008).

# 第8章
# 無線LANサービス

```
┌─□ 学習のポイント ─────────────────────────────┐
│   無線 LAN を搭載した端末が多く発売され，住宅内をはじめとして外出先でも無線 LAN を利用で │
│ きる環境が整ってきた．それに伴って，無線 LAN は年々その重要性が増しており，無線 LAN を用 │
│ いたサービスも多く提案されている．本章では，無線 LAN の利用形態とサービスの例，現在急速に │
│ 普及が進んでいる公衆無線 LAN サービスをはじめとする各種サービスについて紹介する．さらに， │
│ それらの無線 LAN サービスを実現するために必要となる技術，および，無線 LAN サービスを構築 │
│ するときに必要な作業やツールについて紹介する．                                          │
│                                                                                        │
│   ● 無線 LAN の利用形態とサービス例を学ぶ．                                            │
│   ● 公衆無線 LAN などの無線 LAN サービスについて学ぶ．                                 │
│   ● 無線 LAN サービスを実現するための技術を学ぶ．                                      │
│   ● 無線 LAN サービスを構築する際の注意とツールについて学ぶ．                          │
└────────────────────────────────────────────┘
```

```
┌─□ キーワード ───────────────────────────────┐
│   ローミング，公衆無線 LAN，災害対応，無線 LAN 構築，電波環境測定ツール，プロトコルキャ │
│ プチャツール                                                                            │
└────────────────────────────────────────────┘
```

## 8.1 利用形態とサービス

　無線 LAN のサービスの例として，IEEE 802.11 にて議論された無線 LAN の利用形態やサービスの例を表 8.1 に示す．

　表 8.1 のサービス例において，ホーム内通信，オフィス，産業などは従来の有線 LAN による接続に置き換わるものである．ケーブルの敷設が不要となり，大幅な構築コストの低減を図ることができる．公衆無線 LAN，屋外，移動は，近年におけるスマートフォンなどのモバイル端末の普及によって急激にサービスの拡大が行われている．ビデオと音声のダウンロード，ビデオストリーミング，インタラクティブゲームなどは，利用者の端末機器をワイヤレス化することによって使い勝手を大きく向上させることができる．全てのサービスについて通信速度の向上が常に求められている．

表 8.1 無線 LAN のサービス例

| 利用形態 | 例 |
|---|---|
| ホーム内通信 | 戸建住宅やマンション |
| オフィス | 小〜大規模オフィス |
| 公衆無線 LAN | 空港，駅など |
| 屋外 | イベント，スポーツ会場 |
| 産業 | 工場，病院など |
| 無線バックホール | 固定無線アクセス |
| 移動 | 電車，バスなど |
| ビデオと音声のダウンロード | 音声，ビデオなど |
| ビデオストリーミング | インターネットストリーミング |
| インタラクティブゲーム | ネットワークゲーム |

以下の節では，利用者へ提供する無線 LAN サービスとそのサービスを実現するためのサービス技術，さらに，無線 LAN ネットワークを構築する際の注意について述べる．

## 8.2 具体的な無線 LAN サービス

### (1) 公衆無線 LAN サービス

駅や空港などの公共の場所で携帯端末に対して無線 LAN 接続を提供するサービスをホットスポットサービスという．2000 年頃から米国にて開始された．日本では 2002 年に通信事業者による初めての公衆無線 LAN サービスが始まっている．近年では，スマートフォンの普及による急激な通信トラフィック量の増大により，通信事業者がトラフィックを無線 LAN へオフロードする目的でも展開されている．そのため，ホットスポット設置数は急激に増加しており，2012 年には，日本国内だけで数十万局以上のホットスポットが存在している．このような公衆無線 LAN では，次のような多くの課題が指摘されている．

- **2.4 GHz 帯が混雑している**

   特に旧型の端末には 2.4 GHz 帯を利用するものが多く，2.4 GHz 帯の電波が混雑している．比較的空いている 5 GHz 帯を利用することが推奨されている．

- **ログイン時間が遅い**

   無線 LAN に接続するときの認証に EAP–SIM や EAP–AKA 認証を利用するプロバイダが多い．これにより，802.1X 認証に比べて大幅な時間短縮を実現している．

- **バックホール回線によって無線 LAN の性能が変わる**

   無線 LAN の電波状態が良い場合でも，アクセスポイントの背後に接続されているバックホール回線の伝送速度によって端末の伝送速度も左右されてしまう．無線 LAN 環境だけの改善ではなく，バックホール回線の高速化も重要である．

- **意図しないアクセスポイントにつながってしまうことがある**

   端末は，自分の周辺における電波強度の強いアクセスポイントへ自動的に接続してしまうことが多い．しかし，それでは利用者が契約している公衆無線 LAN サービスには接続され

ず，接続権限のないアクセスポイントへ接続されてしまう．そのため，公衆無線 LAN サービスを提供しているプロバイダは自動接続用のツールを提供している場合が多い．このツールは，適切な公衆無線 LAN サービスへ接続させるとともに，電波強度が弱くなった場合に携帯電話網へ自動で繋ぎ直したり，混雑の少ない 5 GHz 帯へ優先的に接続したりすることで，通信の品質を向上させている．

- 電波は受信しているが通信できないことがある

  アクセスポイントからの距離が遠くなると通信が不安定になり，電波は受信しているが通信できない状態になることがある．これは，アクセスポイントから下り方向の電波強度が強く端末への通信は可能だが，端末から上り方向の電波強度が弱くアクセスポイントまで信号が届かない場合に発生する．アクセスポイントの電波強度を最適化することで，電波を受信できるエリア内では通信もできるように調整することが重要である．

(2) 無線 LAN クラウドサービス

企業では，IT 関係の設備を自社で所有するのではなく，サービスプロバイダからサービスとして利用することが多く行われている．無線 LAN においても，煩雑な管理機能をクラウドとして提供するサービスがある．無線 LAN の認証基盤，無線 LAN コントローラ，アクセスポイントなどをサービスとして提供している．

(3) 自動販売機の無線 LAN サービス

飲料を販売する自動販売機を使った無線 LAN サービスである．競争が激しい自動販売機の付加価値として提供されている．

(4) 航空機内無線 LAN サービス

2012 年頃から通信衛星を使った航空機内での無線 LAN サービスが始まっている．機内にアクセスポイントを 5 台程度設置し，このアクセスポイントは機体上部に設置されたアンテナに接続される．このアンテナと通信衛星との間で通信を行う．通信衛星は Ku バンドと呼ばれる周波数帯を使って地上の通信局と接続しインターネットへつながる．

(5) 災害対応サービス

度重なる大規模災害の経験を受け，災害発生時の携帯電話網の代替手段として無線 LAN の重要性が高まっている．これを受けて，2014 年に無線 LAN ビジネス推進連絡会が大規模災害発生時における公衆無線 LAN の無料開放に関するガイドラインを公開した．主な内容は次のとおりである．

- 災害時には統一した SSID を使用する

  アクセスポイントの上位に接続されるバックホール回線が切断された場合，無線 LAN は接続されているが通信が不能となってしまう．この場合には災害用 SSID を送出しないことが必要である．

- 固有のフリー SSID を使用する

地方公共団体などでは，固有の SSID を使った無料の公衆無線 LAN サービスが多く運用されている．災害発生時には，これらのサービスを事前登録者以外にも開放することが必要であり，いかに利用者へ周知徹底するかが課題となる．

## 8.3 サービスを提供するための技術

(1) ローミングサービス

ローミングは，端末がある基本サービスセット (BSS) から他の BSS へ通信を継続しながら移動することをいう．これは，あるアクセスポイントから他のアクセスポイントへ接続し直すことで実現される．実際は，端末が現在接続しているアクセスポイントと通信が継続できない場合に，スキャンを行って新しいアクセスポイントを探し出し，リアソシエーションを行う．これによって，ディストリビューションシステムを介して接続が継続できる．

ローミングは，接続要求側とそれを許可する側で実行される．具体的には，暗号キー，認証方式，フィルタなどが適合した場合に通信を可能とする．暗号キーは暗号化通信の時に解読できるようにするために，認証方式は認められた端末のみを接続するために，そしてフィルタは MAC アドレスなどによる排他制御を行うために必要である．

- **IEEE 802.11f**

ローミングサービスは，IEEE 802.11f にて規定されている．IAPP (Inter-Access Point Protocol) と呼ばれるプロトコルによって，新しく移動してきた端末の情報を元のアクセスポイントへ通知することが可能となる．さらに，認証に RADIUS サーバ認証を行うことで，移動後に認証をやり直す必要をなくしている．

- **Hotspot2.0**

Hotspot2.0 は，利用者が特別な操作を行うことなく，端末が自動的に信頼されたアクセスポイントへ接続する仕組みである．Hotspot2.0 は 2012 年に Wi-Fi Alliance から Passpoint という名称にて認証プログラムが開始されている．端末は，Hotspot2.0 準拠のアクセスポイントを見つけると，利用可能なアクセスポイントのリストを自動的にダウンロードする．そのリストをもとに，ローミング可能なアクセスポイントを探して認証処理に進む．ここまでの機能は，無線 LAN ネットワークを検知し選択する IEEE 802.11u という規格を使う．携帯電話の SIM (Subscriber Identity Module) カードを使う EAP–SIM や EAP–AKA (Authentication and Key Agreement) などの認証方式も選択可能である．

(2) ディスプレイ伝送サービス

スマートフォンやテレビなどの家庭用映像機器に無線 LAN が標準的に搭載される流れに対応し，Miracast は，機器間での接続方法を 2012 年に Wi-Fi Alliance にて標準化したものである．スマートフォンの画面を H.264 でリアルタイムに符号化し，無線 LAN で大画面テレビなどへ送信する．HD1080p までの高画質映像が低遅延で伝送可能である．アクセスポイントを経由せずに 1 対 1 で接続する Wi–Fi Direct や WPA2 などの関連する技術を利用している．

利用例としては，スマートフォンのナビを車両内のカーナビゲーションの画面に映して利用，スマートフォンの画面を家庭用大画面テレビに表示することなどがある．

## 8.4 サービスの構築

**(1) サイトサーベイ**

　無線 LAN を構築する際にはサイトサーベイの実施が重要である．電波の使い方を効率的に行えば，稼働率を最大限まで引き上げることができる．サイトサーベイの結果をもとに計画的に設置位置，アンテナの向き，電波出力，チャネル設計などを適切に行えば効率的な電波の使い方ができ，結果としてより高品質な無線 LAN 環境の実現へ繋がる．さらに電波環境の状況把握ができていることで，障害発生時にも迅速な復旧につながる．

**(2) 無線 LAN コントローラ**

　企業では，大規模な無線 LAN ネットワークを構築することがある．このような多数のアクセスポイントを一元管理する機器を無線 LAN コントローラあるいは無線 LAN スイッチという．無線 LAN コントローラとアクセスポイント間の通信手順には主に LWAPP (Lightweight Access Point Protocol) を基本としたものが使われている．これにより，アクセスポイントは通信の制御のみを行い，認証やセキュリティは無線 LAN コントローラで一元管理することができる．第 7 章でも述べたように，無線 LAN の規格には新旧さまざまなものがある．無線 LAN コントローラは，新旧混在した環境でもできるだけ高いパフォーマンスを引き出すために新しい規格を優先するなどの機能も持っている．

**(3) セキュリティ上の注意**

　2012 年に総務省において「無線 LAN の情報セキュリティに関する検討会」が開催され，一般利用者の視点で安心安全に無線 LAN を利用するためのガイドラインが公表された．それによると以下の 3 点についてセキュリティ上の注意が必要とされている．

- **大事な情報は SSL を使う**

　　決済情報やプライバシー性の高い情報など大事な情報をやり取りする場合には，SSL (Secure Socket Layer) による暗号化がされていることを確認する．特に，公共の場で無線 LAN を利用するときには，他人に通信を傍受されたり，偽のアクセスポイントに接続させられたりする危険性が高まるので注意が必要である．

- **公共の場で利用するときは，ファイル共有機能を解除する**

　　公共の場で無線 LAN を利用する際に，ファイルの共有機能が有効になっていると，パソコンのファイルが読み取られたり，ウイルスなどの不正なファイルを送り込まれたりすることがある．そのため，ファイル共有機能の利用は，家庭内や職場の LAN に接続したときに限り，公共の場での無線 LAN 接続時には解除する．

- **アクセスポイントを設置する場合には，適切な暗号化方式を設定する**

　　アクセスポイントのセキュリティ設定を行うときには，WPA，WPA2 などの規格を設定す

る．WEP は脆弱性が指摘されているので利用しない．さらに，アクセスポイントには MAC アドレスフィルタリング機能を有するものが多い．アクセスポイントに接続できる端末の MAC アドレスを事前に登録することで，決まった端末にのみ接続を許可することができる．

**(4) その他の注意点**

● **アクセスポイントと端末の距離が遠くなると遅くなる**

　無線 LAN では，電波が届いたとしても最大の伝送速度で通信できるわけではない．アクセスポイントと端末の距離が離れるほど，電波強度が弱くなり，得られる伝送速度も遅くなる．さらに，電波はアクセスポイントから端末への下り方向と端末からアクセスポイントへの上り方向がある．アクセスポイントの出力電力を強くして下り方向だけを高速にしたとしても，端末からの上り方向が弱いと全体の伝送速度が遅くなる場合がある．

● **DFS により一時的に停止することがある**

　5 GHz 帯を使用するときには，屋外では制度上 W53 や W56 のチャネルを選択しなければならない．このチャネルはレーダーなどが使っていることがあるため，DFS が働くことがある．DFS は，チャネルを切り替える前に，このチャネルをレーダーなどが使っていないかを調べるために 1 分間通信を停止してしまう．

● **遅い端末があると全体の伝送速度が低下する**

　無線 LAN は CSMA/CA を使っている．同じチャネルを使っている他の通信があると電波の衝突を避けるためにデータの送信を待つ．そのため，遅い端末があると通信時間が長いので順番を待つ時間も長くなってしまう．その結果，伝送速度が下がってしまう．

## 8.5　環境測定と解析のためのツール

　無線 LAN は，一般に公開された電波を使っているため，これまでに様々なツールが開発されている．フリーソフトウェアも多く，電波環境やプロトコルデータの解析を比較的低コストに行うことができる．ここでは，電波環境測定ツールとプロトコルキャプチャツールについて説明する．

**(1) 電波環境測定ツール**

　無線 LAN のサイトサーベイや電波使用状況の確認を行う目的で多くの電波環境測定ツールが使われている．ツール表示画面の例を図 8.1 に示す．このようなツールは，受信できるアクセスポイント一覧の表示，各アクセスポイントの MAC アドレス，SSID，無線チャネル，電波強度の表示，受信できるアクセスポイントの電波強度のグラフ化，受信できるアクセスポイントのチャネル干渉状態のグラフ化などの機能を有している．

　このツールを使うことにより，電波強度の情報から，より受信感度の高い場所へアクセスポイントの配置を移すための支援を行うことができる．さらに，無線チャネルの電波強度グラフからチャネル間干渉の発生状況を確認することができる．これにより，干渉の少ないチャネルを探して使うような対策を行うことができる．

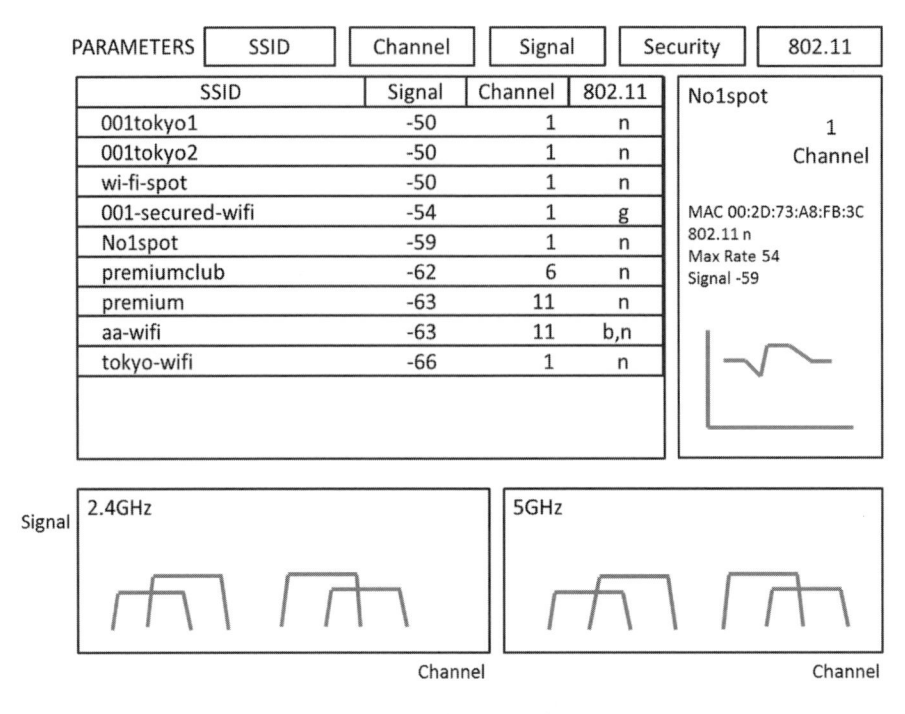

図 8.1 電波環境測定ツールの表示画面例

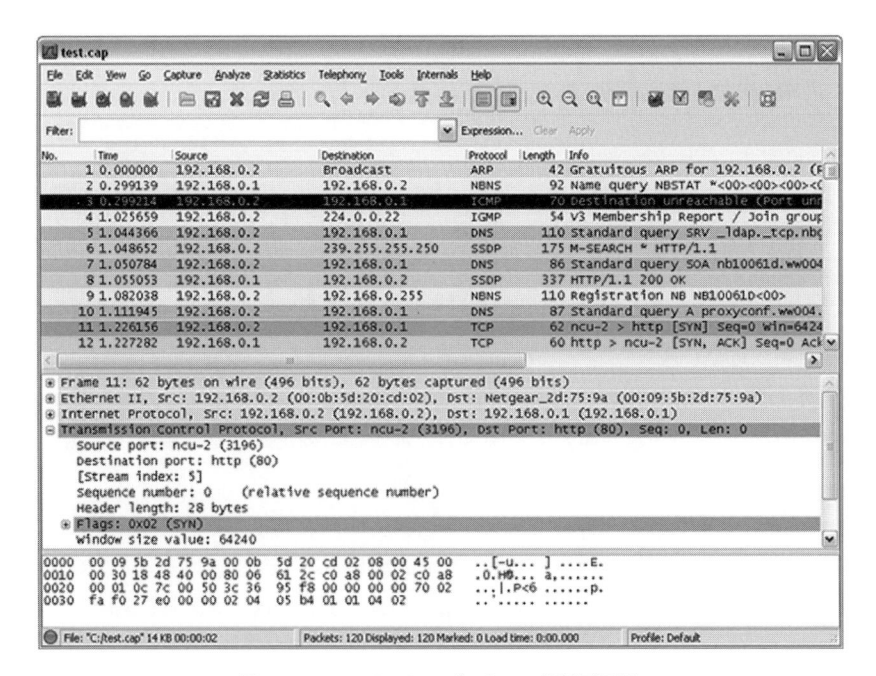

図 8.2 Wireshark のプロトコル解析画面例
出典：Wireshark User's Guide (https://www.wireshark.org/docs/)

### (2) プロトコルキャプチャツール

最も多く使われているプロトコルキャプチャツールの1つに「Wireshark」がある．このツールは，無線 LAN のプロトコルキャプチャにも使うことができる．ただし，利用する PC に装着されているネットワークインタフェースカード (NIC) がモニターモードと呼ばれる周辺の電波を観測するモードに対応していることが必要である．対応していない場合は，専用の NIC を別途用意する必要がある．図 8.2 に Wireshark を使って無線 LAN のプロトコルを表示した例を示す．

---

**演習問題**

設問 1　表 8.1 に示した無線 LAN のサービス以外に考えられる無線 LAN の利用方法について考察せよ．

設問 2　公衆無線 LAN の 5 つの主な課題を示せ．

設問 3　ローミングサービスを提供している IEEE の標準名を答えよ．

設問 4　無線 LAN を構築するときに注意すべきセキュリティ上の注意点を 3 つ示せ．

設問 5　電波環境測定ツールを使って無線 LAN の電波状況を表示した図 8.1 について，2.4 GHz 帯の周波数における SSID の個数，使用しているチャネル，使用している標準名，電波強度の値の分布を示せ．

設問 6　無線 LAN は災害時の重要な通信手段として注目されている．文献 [6] を参照し，災害時に使用可能な公衆無線 LAN の SSID 名を示せ．

---

# 文　献

- 参考文献

[1] 無線 LAN 利用モデル．
    https://mentor.ieee.org/802.11/public/03/11-03-0802-23-000n-usage-models.doc

[2] Wi–Fi Alliance: Wi-Fi Direct Specification v 1.1 (2012).

[3] Wi–Fi Alliance: Hotspot 2.0 (Release 2) Technical Specification Version 1.0.0 (2012).

[4] 総務省：一般利用者が安心して無線 LAN を利用するために (2012)．

[5] 総務省：無線 LAN ビジネスガイドライン (2013)．

[6] 無線 LAN ビジネス推進連絡会：大規模災害発生時における公衆無線 LAN の無料開放に関するガイドライン 第 1.0 版 (2014)．

[7] inSSIDer: http://www.inssider.com

- 推薦図書

[8] 竹下恵：『パケットキャプチャ入門 改訂版』，リックテレコム (2011)．

# 第9章
# 移動支援技術

---
□ 学習のポイント

インターネットで使用されている IP プロトコルは，現在のようなモバイル端末が移動しながら通信することを想定して設計されていない．そのため，スマートフォンで通信中に無線 LAN や 3G/LTE を切り替えたり，移動しながらいつでもインターネットに接続して通信を行うようになった今日，様々な問題が生じるようになってきた．

本章では，膨大に増加し続けるモバイルデータトラフィックと，無線アクセスネットワークを切り替える場合に生じる課題を取り上げ，これらを解決するトラフィックオフロード対策や，移動支援技術を学習することにより，様々なシステムが連携する重要性について理解することを目的とする．具体的には以下の内容について取り上げる．

- モバイルデータトラフィックの状況と，固定網と携帯電話網を連携させたトラフィックオフロードの必要性について理解する．
- Mobile IP をはじめとする移動支援プロトコルについて学習し，IP ネットワークでネットワークを移動しても通信を継続する仕組みについて理解する．
- 通信相手を識別するために用いられる MAC アドレス，IP アドレス，ポート番号，ホスト名について理解する．
- 異なる無線アクセスネットワークや IP ネットワークを高速に切り替えるハンドオーバ技術について学習し，ネットワーク層とデータリンク層の連携の重要性について理解する．

---
□ キーワード

トラフィックオフロード，FMC，フェムトセル，ハンドオーバ，Mobile IPv4，三角経路，トンネル，Mobile IPv6，経路最適化，Return Routability，Dual Stack Mobile IPv6，Proxy Mobile IPv6，Fast Handover for Mobile IPv6，IEEE 802.11ai，IEEE 802.21

---

## 9.1 トラフィックオフロード

### 9.1.1 モバイルデータトラフィックの増加とその影響

スマートフォンやタブレット端末などのモバイル端末が普及したことにより，移動通信トラフィックが爆発的に増加している．文献 [1] によると，2014 年の全世界のモバイルデータトラ

図 9.1 モバイルデータトラフィックの予測
（文献 [1] をもとに作成）

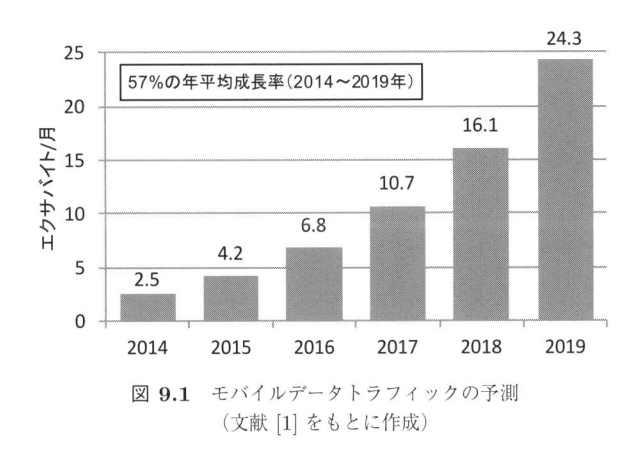

フィックが 1 ヶ月で 2.5 エクサバイトに到達し，前年から 69% 増加していることが報告されている．また，図 9.1 に示すように，2019 年には 24.3 エクサバイトに到達する予測であり，驚異的な増加傾向が見て取れる．

トラフィックが増加すると，ユーザの通信品質にも影響が生じてくる．例えば，2012 年にはスマートフォンの急増に対して，モバイルネットワークに設置されているパケット交換機に対して処理能力を上回る量のパケットが送信されたことに伴い，通信障害が発生してユーザがサービスを利用しづらい状況になった．また，イベントなどユーザが密集したエリアでは基地局に多数のスマートフォンが接続することになるため，端末 1 台当たりの帯域幅も限定され，結果的に繋がりにくい状況が発生する．

### 9.1.2 トラフィックオフロードの必要性

このような状況を改善するために，携帯電話会社は狭い範囲をカバーする基地局を多数設置したり，パケット交換機の処理性能を向上させたりしている．これにより，同じ基地局を同時に利用するユーザ数を減少させることができ，また大量のトラフィックに耐えうるネットワーク基盤が構築され，快適な通信環境が実現できる．

ただし，これらの対策は非常にコストがかかるため，今後のトラフィック増加の傾向を踏まえると，無線通信における技術対策だけで解決することは難しい．そこで，スマートフォンのデータ通信トラフィックを携帯電話網以外に振り替えることにより，負荷を分散するトラフィックオフロード（データオフロード）が必要不可欠となっている．モバイルデータトラフィックのオフロード先としては，固定ブロードバンド網が利用される．このように固定網と携帯電話網を組み合わせて通信サービスを提供することを FMC (Fixed Mobile Convergence) という．

代表的なトラフィックオフロード手段として，以下に示す無線 LAN を利用した方法とフェムトセルを利用した方法がある．

### 9.1.3 無線 LAN を利用したオフロード

スマートフォンは 3G/LTE だけでなく，無線 LAN によりネットワークへ接続することがで

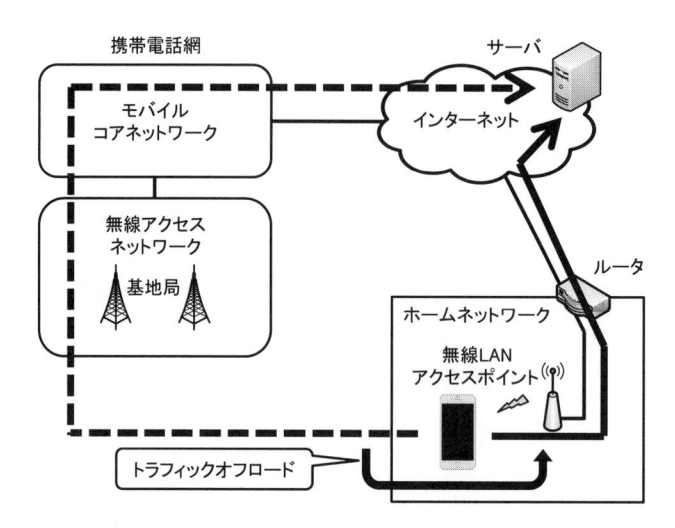

図 9.2　無線 LAN を利用したモバイルデータトラフィックのオフロード

きる．そこで，図 9.2 に示すように，屋内の無線 LAN アクセスポイントや公衆無線 LAN サービスを利用することにより，固定ブロードバンド網にモバイルデータトラフィックをオフロードする．これにより，無線アクセスネットワークの負荷が低下するだけでなく，以下のようなメリットが得られる．

- 基地局に接続するユーザ数が抑制されるため，基地局に接続しているユーザの通信品質を維持することができる．
- 携帯電話網より無線 LAN の方が高スループットが得られやすいため，ユーザは動画などの大容量マルチメディアコンテンツを短時間でダウンロードできる．
- 携帯電話網におけるパケット通信量が携帯電話会社が規定したサイズを超えると，通信速度が制限されてしまう契約が多い．トラフィックオフロードにより，その規定サイズに達するまでの時間を延長することができるため，3G/LTE の通信速度が制限される機会が減少する．

ただし，ある無線 LAN のアクセスポイントに多数のスマートフォンが接続してしまうと，無線 LAN 自体の通信帯域を共有しなければならないため，結果的に 3G/LTE より通信速度や通信遅延が増加してしまう場合もある．

また，無線 LAN により通信していたユーザが無線 LAN エリアから出ていくとき，スマートフォンが弱くなった無線 LAN の電波を引きずってしまい，携帯電話網に切り替わらない症状が発生する．これは，無線 LAN の電波の強さがあるレベルを下回ると自動的に 3G/LTE に切り替える仕組みを実装することにより解消できる．

なお，携帯電話網を経由して通信している最中に無線 LAN にハンドオーバしてしまうと，通信が断絶してしまう．この課題を解決するためには，9.2 節以降に示す移動支援プロトコルを利用する必要がある．

### 9.1.4 フェムトセルを利用したオフロード

家や店舗などの屋内に超小型のモバイル基地局を設置することにより，トラフィックオフロードを実現する方法がある．この基地局をフェムトセルといい，電波の到達範囲は図 9.3 に示すように半径数メートルから 10 メートル程度である．電波が届きにくい屋内やカバレッジを改善することができるため，携帯電話が繋がりやすくなる．

フェムトセルは図 9.2 における無線 LAN アクセスポイントと同様に，有線で LAN に接続することにより，携帯電話網の無線アクセスネットワークを経由することなく，コアネットワークに音声やデータを送受信することができる．

フェムトセルとコアネットワークを接続する方法は，ベンダーや携帯電話会社により異なるが，コアネットワークに設置する装置やフェムトセルの機能の違いにより，表 9.1 に示す 5 つの種類がある．特に，フェムトセルにモバイル端末からのトラフィックを処理するための機能を実装する崩壊型，UMA (Unlicensed Mobile Access) 型，IMS (IP Multimedia Subsystem)&SIP (Session Initiation Protocol) 型の 3 つは，図 9.2 に示すように携帯電話網を経由せずに直接インターネットにデータトラフィックをオフロードすることができる．

なお，フェムトセルと携帯電話網間はインターネットとなるため，別途セキュリティを確保する必要がある．一般的に，ブロードバンド回線上では，IPsec などの VPN (Virtual Private Network) を構築して，IP パケット全体を暗号化して送受信している．

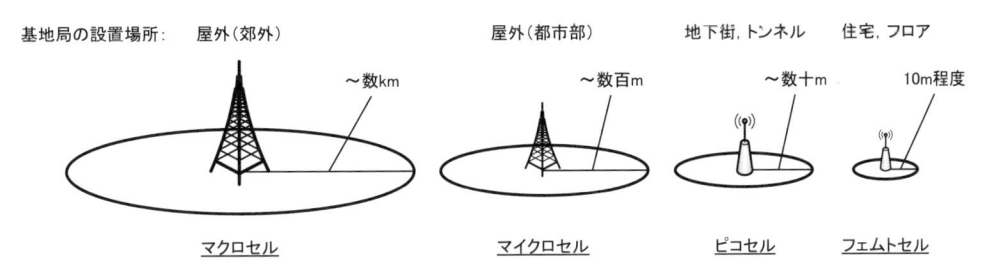

図 9.3 携帯電話の無線基地局がカバーするセルのサイズ

表 9.1 フェムトセルとコアネットワークの接続方法

| 接続方法 | 概　要 | オフロード対応 |
|---|---|---|
| Iub over IP 型 | 既設の無線ネットワーク制御局 (Radio Network Controller: RNC) でフェムトセルを制御．多数のフェムトセルに対応できない． | 非対応 |
| 集線装置型 | Iub over IP 型の改良形．多数のフェムトセルに対応． | 非対応 |
| 崩壊型 | 集線装置型の改良形．コアネットワークが持つ RNC やパケット交換機能をフェムトセルに内蔵． | 対応 |
| UMA 型 | 無線 LAN と GSM/3G 間でシームレスな通信を実現する UMA を応用．フェムトセルには UMA クライアントを内蔵． | 対応 |
| IMS&SIP 型 | コアネットワークに IMS を導入し，SIP を用いてフェムトセルを制御．フェムトセルには SIP クライアントを内蔵． | 対応 |

## 9.2 Mobile IPv4

携帯電話やスマートフォンは通話中や通信中に移動しても通信が切断されることはない．これは，モバイル端末が携帯電話網内を移動しても，ネットワーク層より下位層で移動に係わる処理が行われるためである．しかし，3G/LTE などの携帯電話網と無線 LAN 間，あるいは異なる無線 LAN 間を切り替えると，接続するネットワークが変化するため，モバイル端末の IP アドレスが変化してしまう．

TCP/IP プロトコルが設計された当初は，端末の IP アドレスが変化することは想定されていない．そのため，TCP/IP では端末間にフローを作成してデータを送受信するが，このフローの管理に送信元と宛先の IP アドレスおよびプロトコル番号の 5 つの情報が用いられている．したがって，端末の IP アドレスが変化してしまうと，フローを識別することができなくなり，通信が切断されてしまったり，モバイル端末の IP アドレスがわからないと，通信を開始できなかったりする問題が生じる．

このような問題を解決するために，ネットワーク層における移動支援プロトコルについて取り上げる．移動支援プロトコルはトランスポート層やセッション層，また同じネットワーク層でも様々なプロトコルが提案，標準化されているが，本節では IETF (Internet Engineering Task Force) によって標準化されている最も代表的な IP モビリティ，通称「Mobile IPv4」について取り上げる．

### 9.2.1 ID と Locator

IP ネットワークを利用するシステムにおいて，IP アドレスの変化をアプリケーションに対して隠蔽できれば，アプリケーションは IP アドレスが変化していない，すなわち移動していないと認識させることができる．IP アドレスは，ネットワークにおける位置を表すネットワーク識別子 (Locator) とホストを特定するホスト識別子 (ID) の 2 つの情報が含まれている．

そこで Mobile IPv4 では，HoA (Home Address) と CoA (Care-of Address) と呼ぶ 2 種類の IPv4 アドレスをモバイル端末に割り当てる．HoA はモバイル端末が移動しても変化しない固定の IPv4 アドレスであり，ホームネットワークに設置される HA (Home Agent) から割り当てられる．モバイル端末は，HoA をアプリケーション層やトランスポート層などの上位層が認識する ID として使用する．CoA は移動先ネットワークに設置された FA (Foreign Agent) から割り当てられる IPv4 アドレスであり，移動する度に変化する．このアドレスは Locator として使用され，移動先ネットワークに存在するモバイル端末へパケットを転送するために用いられる．

なお，移動先ネットワークのことを訪問先ネットワークと呼び，そこに FA が存在しない場合は DHCP などにより訪問先ネットワークで有効な IPv4 アドレスを取得する．このように取得した IPv4 アドレスを CCoA (Co-located Care-of Address) と呼ぶが，本書では CoA として区別せずに表記する．

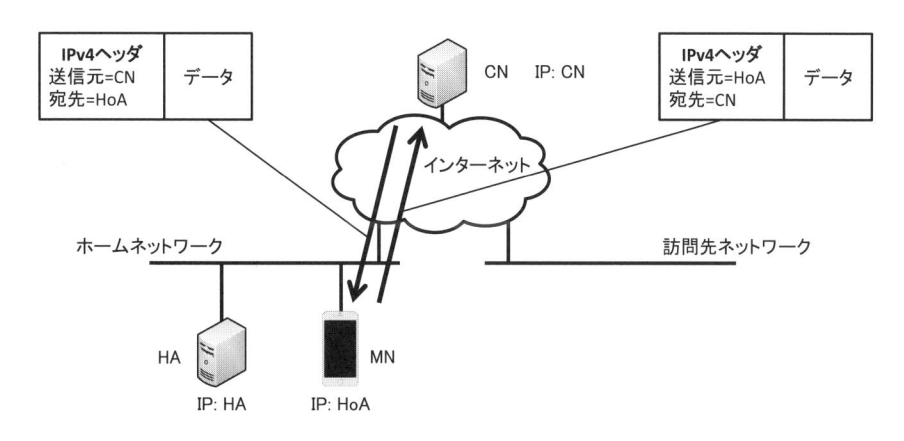

図 9.4 モバイル端末が移動する前の通信の様子

以後，モバイル端末を MN (Mobile Node)，通信相手端末を CN (Correspondent Node) と表記して，MN と CN の通信の様子を示す．

### 9.2.2 移動前の通信開始までの手順

MN がホームネットワークに存在する場合は HoA のみ保持しており，このアドレスを用いて CN と通信を開始する（図 9.4）．そのため，MN は宛先 IPv4 アドレスが CN，送信元 IPv4 アドレスが MN の HoA としたパケットを生成し，CN へ送信する．CN は応答パケットを MN の HoA 宛に送信する．MN はこのパケットを受信してアプリケーションへデータを渡す．したがって，MN と CN のアプリケーションは互いの IPv4 アドレスを CN と HoA として認識して通信を行う．

### 9.2.3 移動後の通信継続までの手順

MN が通信中にホームネットワークから FA が存在しない訪問先ネットワークへ移動した場合を考える（図 9.5）．MN は DHCP により，訪問先ネットワークから CoA を取得すると，HA に対して Binding Update メッセージを送信する．このメッセージには，MN の HoA と取得した CoA の対応関係が記載されており，これを受信した HA は MN の 2 つの IPv4 アドレスの対応関係を Binding Cache と呼ぶデータベースに登録する．

その後，MN から CN への通信は移動前と変わらず，送信元 IPv4 アドレスは HoA としてパケットを送信する．CN も同様に宛先 IPv4 アドレスを HoA として応答パケットを送信する．ここで，HoA 宛の IPv4 パケットは通常のルーティング処理により MN のホームネットワークまで転送されると，HA が MN の代理で受信する．HA は Binding Cache を参照し，MN の現在の IPv4 アドレス，すなわち CoA を取得する．その後，CN から受信した IPv4 パケットに新しい IPv4 ヘッダを付加してカプセル化を行う．このトンネル用ヘッダには，宛先には MN の CoA，送信元には HA の IPv4 アドレスが記載され，トンネル通信により MN まで転送される．

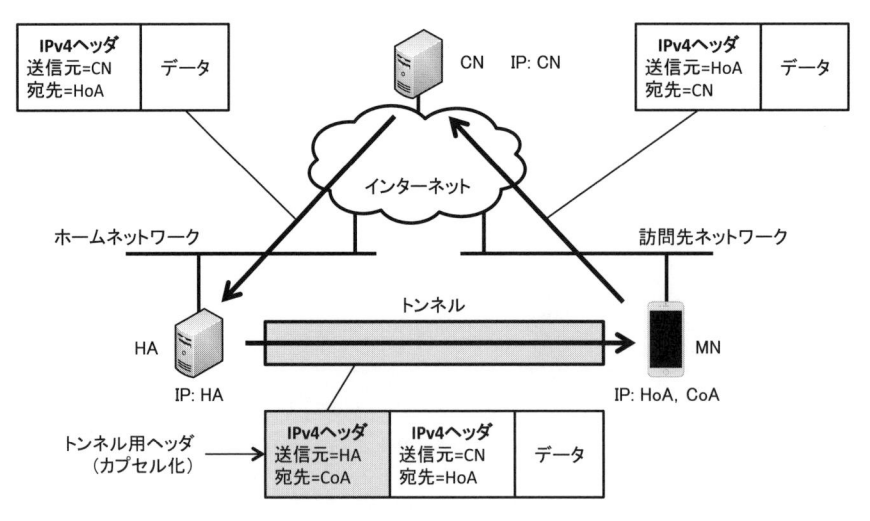

図 9.5　モバイル端末が移動した後の通信の様子

このパケットは通常のルーティング処理により，MN まで届けられる．MN がこのパケットを受信すると，先頭のトンネル用 IPv4 ヘッダを除去（デカプセル化）し，CN が MN の HoA 宛に送信した IPv4 パケットを取り出す．これをアプリケーションへ渡すことにより，MN と CN のアプリケーションは互いの IPv4 アドレスを CN と HoA のまま認識するため，フローを識別することができ，通信が継続される．

### 9.2.4　Mobile IPv4 の課題と対策

**(1)　イングレスフィルタリングによるパケットのブロック**

図 9.5 に示すように，Mobile IPv4 における移動後の通信は MN，CN，HA の 3 点を通る三角経路となる．多くの訪問先ネットワークを構成するルータには，不正なパケットをブロックするイングレスフィルタリングが設定されている場合がある．移動後の MN が送信するパケットは送信元が HoA となるが，本来この IP アドレスは訪問先ネットワークで有効なものではないため，不正なパケットとしてルータにブロックされてしまう．

この課題を解決するために，逆方向トンネルを利用する方法がある．MN は CN へ直接パケットを送信せず，逆方向のトンネル，すなわち MN から HA に向けてカプセル化したパケットを送信する（図 9.6）．HA は受信パケットをデカプセル化して CN 宛の IP パケットを取り出して，MN の代わりに転送する．これにより，イングレスフィルタリングによるパケットのブロックは発生しない．

**(2)　冗長な経路による通信遅延の増加**

Mobile IPv4 では，逆方向トンネルの有無に関わらず，必ず HA を経由した通信となる．MN が国外に滞在している状況を想定すると，HA と MN 間の通信遅延は非常に大きくなり，通信性能に影響を与える可能性がある．

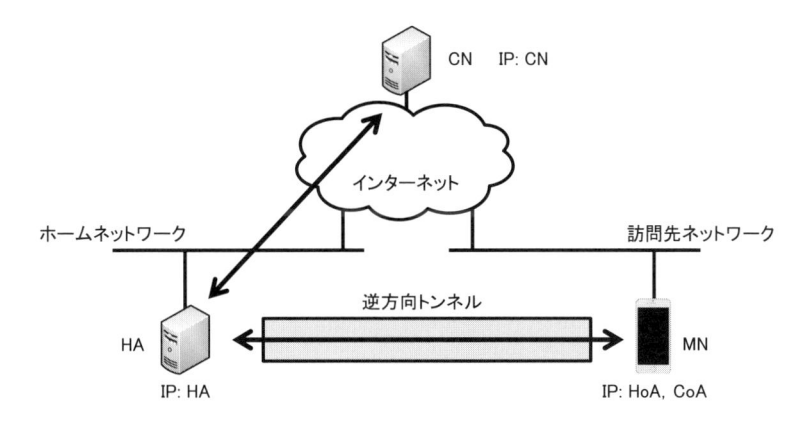

図 9.6　逆方向トンネルを用いた通信の様子

この課題の解決方法は Mobile IPv4 では標準化されていない．なお，9.3 節で概説する Mobile IPv6 では，経路最適化機能を有しており，冗長な経路を解消することができる．

**(3)　NAT 配下のネットワークへの移動**

現在の IPv4 インターネット環境は，NAT (Network Address Translation) によりプライベート IP アドレスを利用する LAN が構築されている．このようなネットワークに MN が移動した場合，CoA はプライベート IPv4 アドレスとなる．MN がこの CoA をそのまま HA に通知してしまうと，HA はプライベート IPv4 アドレス宛にトンネル通信をすることになるが，インターネットではそのようなパケットはルーティングできない．

この課題を解決するために，NAT 対応の拡張仕様が標準化されている．MN は Binding Update にプライベート IPv4 アドレスである CoA を記載して HA へ送信すると，NAT により送信元 IP アドレスが NAT のグローバル IPv4 アドレスに変換される（図 9.7）．そのため，HA は Binding Update の送信元 IP アドレスとデータ部に記載された CoA を比較し，不一致の場合は NAT を経由してきたと判断し，送信元 IPv4 アドレスを MN の CoA として Binding

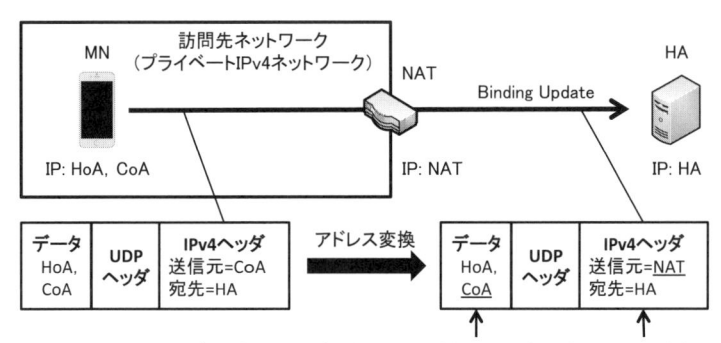

図 9.7　プライベートネットワーク移動時の Binding Update

Cache に登録する．

以後，HA は MN の HoA 宛のパケットを CN から受信した場合，NAT のグローバル IPv4 アドレス宛にカプセル化して転送する．ただし，通常の IP ヘッダでカプセル化しても NAT を通過することはできないため，UDP ヘッダも一緒に付与する．NAT 配下の MN と HA 間は図 9.6 のように双方向のトンネル通信となり，三角経路にはならない．

### (4) ユニークな HoA 確保の困難性

Mobile IPv4 における HoA は，MN と CN のアプリケーションが認識する IP アドレスであるため，世界中で重複してはならない．そのため，グローバル IP アドレスを利用する必要があるが，既にグローバル IPv4 アドレスは枯渇しており，全ての MN に一意な HoA を割り当てることは事実上不可能である．NAT に HA を実装して HoA をプライベート IPv4 アドレスで運用する方式が提案されているが，根本的な解決方法は潤沢なグローバル IP アドレスが確保できる Mobile IPv6 を利用することである．

## 9.3 Mobile IPv6

Mobile IPv6 は，Mobile IPv4 を IPv6 ネットワークに対応させた移動支援プロトコルである．そのため，2 種類の IP アドレスの使い方や HA を経由したトンネル通信などの基本的な考え方は 9.2 節で解説した内容と同じである．本節では，Mobile IPv4 との主な変更点を中心に取り上げ，Mobile IPv6 について解説する．

### 9.3.1 CoA の取得方法

IPv6 の HoA は Mobile IPv4 と同様に HA から割り当てられるが，CoA は訪問先ネットワークで IPv6 のアドレス自動生成機能や DHCPv6 を利用してグローバル IPv6 アドレスを生成または取得する．IPv6 では，ノードがネットワークに接続すると，そのセグメントの全てのルータに対して RS (Router Solicitation) をマルチキャストする．このメッセージを受信したルータは，RA (Router Advertisement) を全てのノードにマルチキャストする．これにより，ノードは RA からプレフィックスを取得し，自身の MAC アドレスをもとに生成する EUI-64 や，ランダムなインタフェース ID を生成して，IPv6 アドレスを自動的に生成する．そのため，Mobile IPv4 で定義されていた FA は不要である．

### 9.3.2 双方向トンネルと経路最適化

Mobile IPv6 では Binding Update の処理が完了すると，MN と HA の間で双方向 IPv6 トンネルが構築される．CN から MN 宛に送信されたパケットは，HA にてトンネル用の IPv6 ヘッダが新たに付与され，MN へ転送される（図 9.8）．MN から CN 宛のパケットは CN へ直接送信するのではなく，構築した双方向トンネルを利用して HA 経由で送信する．そのため，Mobile IPv4 のような三角経路は発生しない．

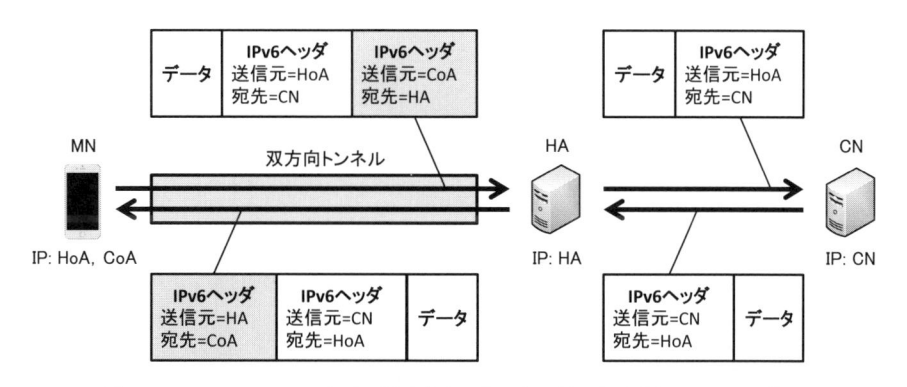

図 9.8 Mobile IPv6 における双方向トンネルを利用した送受信パケットの様子

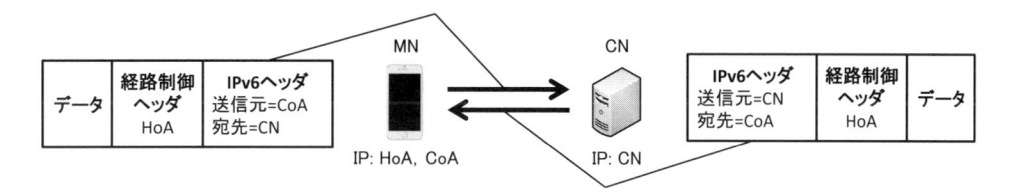

図 9.9 Mobile IPv6 における経路最適化機能

Mobile IPv6 では，MN と CN 間の通信は必ず HA を経由することになるが，9.2.4 項で述べたとおり，経路最適化機能が定義されている．MN は HA だけでなく，CN に対しても Binding Update メッセージを送信することにより，CN は MN の HoA と CoA のマッピングを行い，Binding Cache に登録する．CN は IPv6 の拡張ヘッダとして定義されている経路制御ヘッダ利用して，MN へ送信する IPv6 パケットを MN の HoA 宛ではなく，CoA 宛へ送信する（図 9.9）．

これにより，MN と CN 間で送受信されるパケットは HA を経由することなく，最適な経路でルーティングされる．ただし，この機能を利用するためには CN 側も Mobile IPv6 に対応している必要がある．

### 9.3.3 Return Routability

経路最適化処理を行う上で，悪意のある第三者が Binding Update メッセージに不正な CoA を記載して CN へ送りつけると，CN は不正な CoA を持つ端末へパケットを送信してしまうことになる．このようなセッションハイジャックを防止するためには Binding Update メッセージを暗号化すればよいが，MN と CN は事前に信頼関係を構築することは困難である．そこで Mobile IPv6 では，Return Routability と呼ぶ認証手続が定義されている．

図 9.10 に Return Routability の概要を示す．MN は送信元 IP アドレスを HoA とした HoTI (Home Test Init) メッセージを生成し，HA 経由で CN へ送信する．このとき，MN と HA 間は IPsec ESP (Encapsulated Security Payload) により暗号化される．また，MN は送信元 IP アドレスを CoA とした CoTI (Care-of Test Init) メッセージを生成し，直接 CN

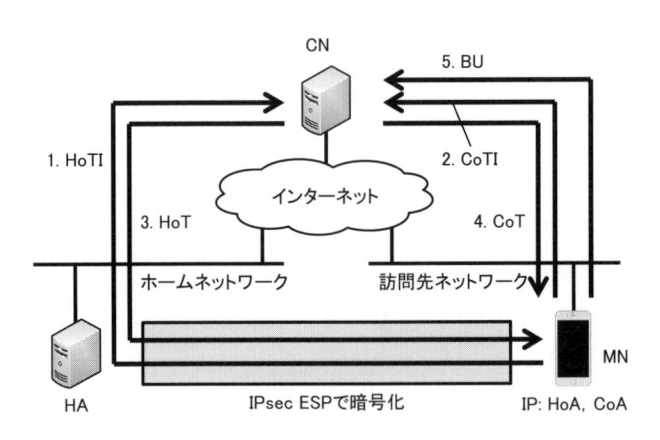

図 **9.10** Return Routability の処理手順

へ送信する．

CN は HoTI メッセージを受信すると，HoT (Home Test) メッセージを MN の HoA 宛に送信する．また，CoTI メッセージを受信すると，CoT (Care-of Test) メッセージを MN の CoA 宛に送信する．これらのメッセージにはそれぞれ HKT (Home Keygen Token) および CKT (Care-of Keygen Token) と呼ぶ認証鍵の素となる鍵生成トークンが記載されている．

MN は 2 つの経路から入手した HKT と CKT を用いて，認証鍵を生成する．次に MN は CN へ送信する Binding Update メッセージを認証鍵でハッシュした値（認証データ）を求め，Binding Update メッセージに付与して CN へ送信する．CN は受信した Binding Update メッセージに記載されている情報から認証鍵を生成し，受信した認証データの検証を行う．検証の結果，Binding Update メッセージの内容は改ざんされておらず，完全性が保証できれば，記載されている HoA と CoA は同じ端末が保持していることが証明できる．

## 9.4 Dual Stack Mobile IPv6

スマートフォンなどのモバイル端末で Mobile IP を利用することを考えると，多数の端末にグローバルユニークな HoA を割り当てるためには Mobile IPv6 を利用することが必須である．しかし，IPv6 への移行は徐々に始まってはいるものの，IPv6 への移行が完了しても IPv4 ネットワークが完全になくなることは考えられないため，当面は IPv4 と IPv6 が混在することが想定されている．

このようなインターネット環境において移動支援プロトコルを利用するために，Dual Stack Mobile IPv6（以後，DSMIPv6）が標準化されている．DSMIPv6 は Mobile IPv4 と Mobile IPv6 を組み合わせた技術ではなく，Mobile IPv6 に Mobile IPv4 と同等の機能を利用できるように拡張した技術である．これにより，Mobile IPv6 に対応した MN が IPv4 ネットワークに移動できるようになる．

DSMIPv6 では図 9.11 に示すように，MN の訪問先ネットワークに応じて IPv6, IPv4 の

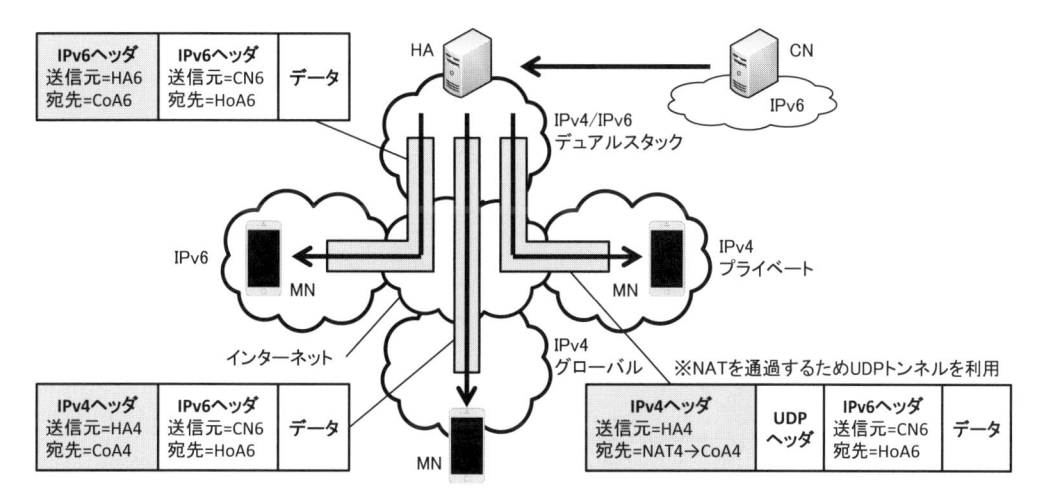

図 9.11　Dual Stack Mobile IPv6 を利用したトンネル通信

どちらでカプセル化される．MN は IPv4 プライベートネットワークへの移動も可能で，この場合，HA は MN の訪問先ネットワークを構成する NAT のグローバル IP アドレスを記載した IPv4 ヘッダと UDP ヘッダでカプセル化して送信する．

## 9.5　Proxy Mobile IPv6

これまで取り上げてきた移動支援プロトコルは，スマートフォンなどのモバイル端末が CoA を HA に通知する技術であった．すなわち，エンド端末に移動支援機能を持たせるために，特別なソフトウェアをインストールしたり，オペレーティングシステムのカーネルにプロトコルを実装する必要がある．これに対して，携帯電話システムを IP 化する議論の中で，ネットワーク側に移動支援の機能を実装させ，エンド端末に改良を加えない方法が検討された．この技術を Proxy Mobile IPv6 (PMIPv6) と呼ぶ．

図 9.12 に PMIPv6 の概要を示す．ネットワークに 1 つの LMA (Local Mobility Anchor) と，複数の MAG (Mobile Access Gateway) と呼ぶ機器を設置する．LMA は Mobile IPv6 における HA の役割を担う装置で，MN の移動を管理したり，MN 宛のパケットを代理受信して転送したりする機能を持つ．MAG は Mobile IPv6 における MN 側に実装していた移動支援機能を有しており，MN に代わって LMA へ移動先情報を通知する．

PMIPv6 が適用されるネットワークを PMIPv6 ドメインと呼び，ドメイン内の移動であれば，LTE や 3G，無線 LAN や WiMAX など，様々な無線アクセスシステム間をまたがってハンドオーバしてもよい．なお，PMIPv6 では MN と MAG 間は PPP (Point to Point Protocol) などにより接続する必要がある．

MAG が MN の接続を検知すると，LMA に Proxy Binding Update メッセージを送信する．このメッセージには MN を識別する情報が含まれており，LMA はメッセージの送信元か

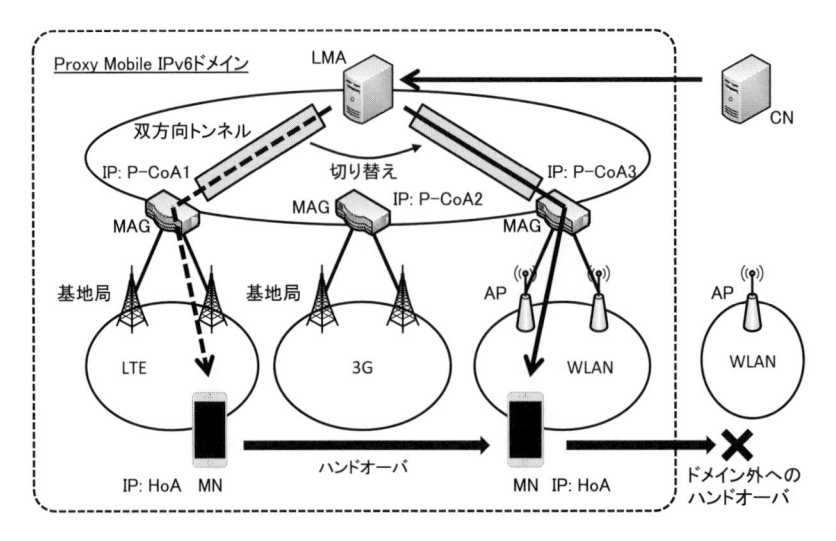

図 9.12 Proxy Mobile IPv6 を利用したネットワーク構成と通信の概要

ら取得できる MAG の IP アドレス Proxy-CoA との対応付けて登録する．LMA はホームネットワークプレフィックスを記載した Proxy Binding Ack を応答し，その後，MAG との間に双方向トンネルを確立する．MAG は RA (Router Advertisement) により，ホームネットワークプレフィックスを MN へ通知する．MN はアドレス自動生成機能により HoA を生成する．

CN が MN の HoA 宛にパケットを送信すると，LMA が代理でこれを受信し，MN が現在接続している MAG と確立している双方向トンネルを用いて転送する．MAG は LMA から受信したパケットをデカプセル化し，MN へ転送する．

MN が PMIPv6 ドメイン内を移動して MAG に接続する度に，MAG は LMA への通知および双方向トンネルを確立する．そのため，MN はどこに移動しても同じホームネットワークプレフィックスを受け取ることができるため，同じ HoA を使用し続けられる．言い換えると，MN の HoA は移動しても変化しない．

LMA と MAG 間はトンネル通信となるため，この間のネットワークは IPv6，IPv4 のいずれでもよい．また，MN に割り当てる HoA も IPv4，IPv6，または両方でもよいため，柔軟な運用が可能である．

## 9.6 ハンドオーバ

3G/LTE などの携帯電話網と無線 LAN 間，あるいは異なる無線 LAN 間をハンドオーバするときに，高い通信品質を提供するためには高速にハンドオーバ処理を完了する必要がある．移動管理プロトコルと同様に，高速ハンドオーバを実現するためには，モバイル端末に高度なモビリティ制御機能を実装する方法と，ネットワーク側の装置にモビリティ制御機能を実装する方法がある．

高速ハンドオーバを実現するためには，ネットワーク層とデータリンク層の連携が重要にな

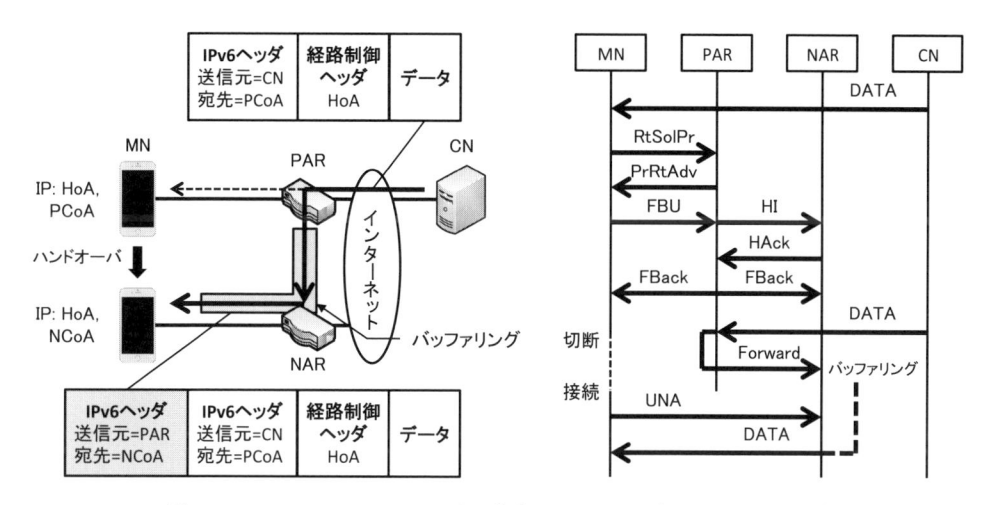

図 9.13　Fast Mobile IPv6 による高速ハンドオーバ（predictive モード）

る．ネットワーク層がデータリンク層の情報を利用することにより，L2 ハンドオーバが完了した直後に L3 ハンドオーバを即座に開始できたり，あるいは L3 ハンドオーバを事前に開始することができ，ハンドオーバに伴う切断時間を短縮することができる．

### 9.6.1　FMIPv6

FMIPv6 (Fast Handover for Mobile IPv6) は，Mobile IPv6 を拡張して高速ハンドオーバを実現するプロトコルである．FMIPv6 にはハンドオーバ前に処理を行う Predictive モードと，ハンドオーバ後に処理を行う Reactive モードがある．図 9.13 に Predictive モードによる FMIPv6 のハンドオーバ処理を示す．MN が現在接続しているネットワークのルータを PAR (Previous Access Router)，訪問先ネットワークのルータを NAR (Next Access Router) と呼び，これらのルータは MN と同様に FMIPv6 の機能を実装している．

MN は PAR のネットワークに接続している際に NAR のネットワークに接続された無線アクセスポイントを検知すると，PAR へ Router Solicitation for Proxy Advertisement メッセージを送信する．PAR は近隣のルータの情報（NAP のプレフィックス）を記載した Proxy Router Advertisement メッセージを応答する．これにより，MN は移動後に用いる NCoA (New CoA) を事前に生成しておく．

次に，MN は NCoA を記載した Fast Binding Update メッセージを PAR に通知し，これを受けた PAR は NCoA を記載した Handover Initiate メッセージを NAR へ送信する．NAR は通知された NCoA が使用可能か確認し，その結果を Handover Acknowledge メッセージにて返信する．PAR は MN と NAR に Fast Binding Acknowledgement を送信し，以後，MN の PCoA 宛に送信されたパケットは IPv6 ヘッダでカプセル化され，NCoA 宛に転送される．このパケットは NAR へ届くため，NAR はこのパケットをバッファリングする．

その後，MN が PAR から NAR のネットワークへハンドオーバすると，Unsolicited Neighbor

Advertisement メッセージを NAR に送信し，NCoA 宛のパケットが受信可能になった旨を通知する．この通知を受信した NAR は，バッファリングしていた NCoA 宛のパケットを MN へ転送する．

以上の手順により，MN がハンドオーバ中に PCoA 宛に送信されたパケットを PAR と NAR が連携してバッファリングすることにより，パケットロスを防止して高速ハンドオーバを実現している．なお，NAR のネットワークへ移動した MN は，HA に対しても NCoA を通知し，Binding Cache を更新する．また，CN に対して経路最適化処理を行うことにより，CN は PCoA 宛から NCoA 宛へパケットを送信するように切り替えることができる．

### 9.6.2 IEEE 802.11ai

モバイル端末が無線 LAN に接続する際，アクセスポイントの探索と認証，暗号鍵の交換，IP アドレスの取得などの処理を経て，ネットワークで通信が可能な状態になる．モバイル端末がハンドオーバする際にこれらの処理を行うと，数秒から長いと 10 秒以上要する場合があり，シームレスなハンドオーバを実現するのは困難である．

そこで，無線 LAN の接続時間を短縮する高速認証技術 FILS (Fast Initial Link Setup) が IEEE 802.11TGai として国際標準化が進められている．例えば，モバイル端末とアクセスポイント間で Association Request/Response が交換されるが，ここに IP アドレスなどの上位層の情報を載せられるよう拡張している．このような拡張は物理層を変更する必要はなく，ファームウェアや NIC のドライバをアップデートするだけで実装できる．

IEEE 802.11ai の標準化作業が完了して実用されると，モバイル端末がアクセスポイントに認証され通信ができる状態になるまでの時間が 100 ミリ秒以下になり，移動支援プロトコルと組み合わせることにより，シームレスハンドオーバの実現が期待される．

### 9.6.3 IEEE 802.21

スマートフォンは 3G/LTE や無線 LAN のように，異なる種類の無線インタフェースを装備している．このように複数の無線インタフェースを効率よく使うことにより，ハンドオーバに伴う切断時間を原理的になくすことができる．

IEEE 802.21 は，有線 LAN (IEEE 802.3)，無線 LAN (IEEE 802.11)，WiMAX (IEEE 802.16) や携帯電話網などの間でシームレスなハンドオーバを実現する規格として標準化されている．図 9.14 に IEEE 802.21 フレームワークを示す．IEEE 802.21 では，無線ネットワークの違いを吸収する MIH (Media Independent Handover) の機能を持つ MIH Function と呼ぶレイヤがネットワーク層とデータリンク層の間に定義されている．また，ネットワーク層には MIH User と呼ぶエンティティが定義されており，Mobile IP などの移動支援プロトコルとして位置づけられる．

MIH User，MIH Function およびデータリンク層が連係して動作するために，MIES (Media Independent Event Service)，MICS (Media Independent Command Service)，MIIS (Media Independent Information Service) と呼ぶ 3 つのサービスが定義されている．

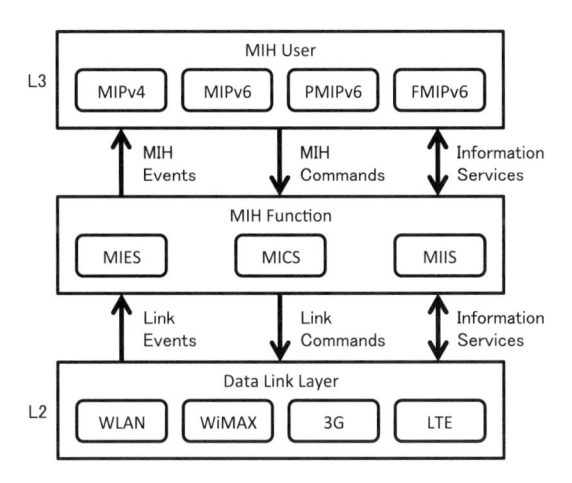

図 9.14 IEEE 802.21 フレームワーク

　MIES はデータリンク層で行われるリンクの確立や切断などのイベントを MIH User に通知する．MICS は MIH User が電波強度を測定したり，リンクの確立要求や切断要求などのコマンドを通知する．MIIS はリンク特性の変化など，接続しているネットワークに関する情報を収集する．これらのサービスを利用することにより，異なる無線ネットワークをまたがった最適なハンドオーバを実現することができる．

### 演習問題

設問1　トラフィックオフロードとは何か説明せよ．

設問2　IP ネットワークにおいて端末がネットワークを移動すると通信が切断されてしまう原因を説明せよ．

設問3　Mobile IPv4/IPv6 が設問 2 の課題をどのようにして解決しているか簡潔に説明せよ．

設問4　Mobile IPv6 の経路最適化において Return Routability が必要な理由を説明せよ．

設問5　Proxy Mobile IPv6 が他の Mobile IP プロトコルと大きく異なる点について説明せよ．

設問6　高速ハンドオーバを実現するために，ネットワーク層とデータリンク層が連携することが望ましい理由を説明せよ．

## 文　献

- 参考文献

[1] Cisco Visual Networking Index: Global Mobile Data Traffic Forecast Update, 2014-2019, Cisco (2015).
http://www.cisco.com/c/en/us/solutions/collateral/service-provider/visual-networking-index-vni/white_paper_c11-520862.pdf

[2] 堀越功：3GSM で見えた流通サービスの新潮流「フェムトセル」が FMC を変える，日経コミュニケーション 2007 年 3 月 15 日号，pp.68–75.

[3] 湧川隆次 著, 村井純 監修:『モバイル IP 教科書』, インプレス R&D (2009).

[4] S. Gundavelli, et al.: Proxy Mobile IPv6, IETF, RFC 5213 (2008).

[5] R. Koodli: Mobile IPv6 Fast Handovers, IETF, RFC 5268 (2008).

[6] Status of Project IEEE 802.11ai.
http://www.ieee802.org/11/Reports/tgai_update.htm

[7] IEEE Standard for Local and metropolitan area networks-Part 21: Media Independent Handover Services, IEEE Std 802. 21–2008 (2009).

- 推薦図書

[8] 藪崎正実：『All-IP モバイルネットワーク』，オーム社 (2009).

[9] 服部武ほか：『ワイヤレス・ブロードバンド HSPA+/LTE/SAE 教科書』, インプレス R&D (2009).

# 第10章
# 無線マルチホップネットワーク

---

**□ 学習のポイント**

　現在広く利用されている無線 LAN や携帯電話などは，最寄りの基地局から1ホップのみに無線通信を適用することで，携帯端末からの通信を実現している．しかし，それらの基地局の電波が届かない非都市部や屋内や，近隣同士の通信により実現できるアプリケーションを考える場合には，無線通信を複数ホップさせることが有用な場合がある．本章では，そのような無線マルチホップネットワークを実現する技術を紹介する．多種類の無線マルチホップネットワークを紹介したうえで，ネットワークを支える経路制御プロトコル等の技術を解説する．

- 無線マルチホップネットワークの多様な性質とルーティングへの要求を理解する．
- MANET を対象とするプロアクティブ型およびリアクティブ型ルーティングの仕組みを理解する．
- ジオグラフィックルーティングの仕組みを理解する．
- 遅延耐性ネットワークにおけるルーティングの仕組みを理解する．

---

**□ キーワード**

　モバイルアドホックネットワーク (MANET)，無線メッシュネットワーク (WMN)，無線センサネットワーク (WSN)，自動車アドホックネットワーク (VANET)，遅延耐性ネットワーク (DTN)，ルーティングプロトコル，プロアクティブ型ルーティング，リアクティブ型ルーティング，ジオグラフィックルーティング，感染型ルーティング

---

## 10.1 無線マルチホップネットワークの種類

### 10.1.1 無線マルチホップネットワークとは

　現在広く利用されている無線 LAN や携帯電話などとは異なり，複数の無線端末や基地局同士を無線通信により相互接続し，無線によるマルチホップ通信を実現するのが，無線マルチホップネットワークである．無線端末が自由自在に他の端末と通信できるようになれば，これまで実現できなかった様々なサービスが実現できると考えられており，活発に研究開発が進められている．しかし，想定する環境や提供したいサービスに応じて通信への要求が異なるため，現実世界で想定される個々の状況に分類され，それぞれに特化した研究開発が進められている．本節

では，まず，主要な無線マルチホップネットワークの種類を挙げ，それぞれの特徴を説明する．

### 10.1.2 モバイルアドホックネットワーク (MANET)

モバイルアドホックネットワーク (Mobile Ad-hoc NETwork: MANET) とは，移動可能なモバイル無線端末により自律的に構成されるネットワークを指す（図 10.1(a)）．端末が移動可能であるため，通信リンクの生成や切断が頻繁に発生することが想定される．このため，インターネット等の有線ネットワークとは異なり，ネットワークトポロジの頻繁な変化に適応的に対応できるルーティング方式が必要とされる．MANET では，各端末はそれなりの計算能力やバッテリーを持つと仮定され，ある程度複雑なルーティングプロトコルを動作させることができる．MANET は最も古くから考えられてきた無線マルチホップネットワークの 1 つであり，MANET を対象としたルーティング方式が多数提案されてきた．

### 10.1.3 無線メッシュネットワーク (WMN)

無線メッシュネットワーク (Wireless Mesh Network: WMN) とは，固定された基地局間を無線通信で接続したネットワークであり，移動端末などが基地局に接続することで，ネットワークへの接続性を得ることができる（図 10.1(b)）．無線メッシュネットワークには，例えば，インターネット接続を特定の地理的領域に提供する通信インフラストラクチャとしての役割が期待されており，世界各地で都市を被覆するテストベッドネットワークの構築事例がある．また，災害時の一時的な通信インフラストラクチャの提供も有力なアプリケーションである．無線メッシュネットワークは，MANET からノードのモビリティを除いたものと見なすことができるため，MANET で用いられるルーティング方式が用いられることが多い．基地局が固定されていても，無線通信の品質は周囲の状況などにより常に変動し，無線リンクの切断などネット

(a) モバイルアドホックネットワーク (MANET)

(b) 無線メッシュネットワーク (WMN)

(c) 無線センサネットワーク (WSN)

(d) 遅延耐性ネットワーク (DTN)

(e) 自動車アドホックネットワーク (VANET)

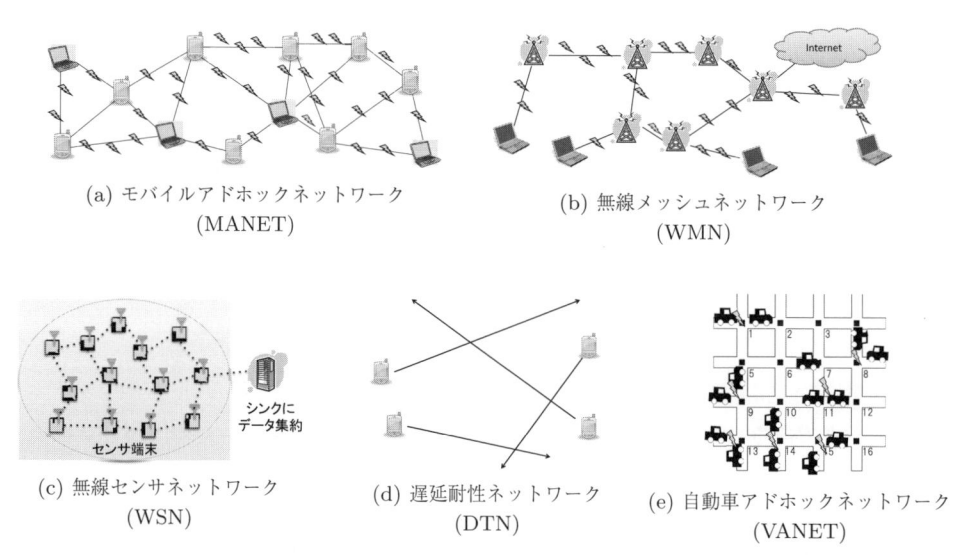

**図 10.1** 種々の無線マルチホップネットワーク

ワークトポロジの変化を起こすことも少なくない．このため，リアルタイムに変動する通信品質やトポロジに対して適応的に対処できるルーティング方式が求められる．無線メッシュネットワークでは一般に，MANET よりも通信品質やトポロジの変動が緩やかであるが，その代わりに，より高い通信速度や品質が求められる．

### 10.1.4 無線センサネットワーク (WSN)

無線センサネットワーク (Wireless Sensor Network: WSN) とは，能力が低い機器にセンサを取り付けて特定の地理的領域（や空間）に高密度に分散させ，各センサ機器が測定した値を，センサ機器間の無線マルチホップ通信によって特定のコンピュータ（シンクと呼ばれる）に集約することを目的としたネットワークである（図 10.1(c)）．広い領域の温度や湿度を面的に把握する環境センシングをはじめとして幅広い応用がある．無線センサネットワークでは，各センサ機器が容量の小さいバッテリーで長期間にわたって機能し続けることが求められるため，機器の消費電力が低いことが重要である．これは機器のハードウェアだけの問題ではなく，MAC プロトコルやルーティングプロトコルを含めた通信方式全体に対しても，消費電力を考慮した設計が求められる．このため，センサネットワークに特化した通信方式が多数提案されている．無線センサネットワークに関しては次章以降で詳しく解説する．

### 10.1.5 遅延耐性ネットワーク (DTN)

遅延耐性ネットワーク (Delay Tolerant Network: DTN) は，間欠接続ネットワーク (Intermittently Connected Network) などとも呼ばれる．このネットワークでは，ノードがモビリティを持ち，配置密度が低いため，ノード同士は比較的低い頻度でしか出会わない（お互いの通信可能範囲に入らない）状況を想定する（図 10.1(d)）．したがって，ネットワーク内のノードは常に接続されているわけではなく，むしろたまにしか出会わない可能性もあり，宛先までの経路がネットワーク上に存在する保証はない．このため，パケットを送信するノードは宛先ノードの位置を把握できない（位置座標だけでなく，どの程度離れた位置にいるかも含めた位置情報が入手できない）ことを想定するのが自然である．

この場合には，各ノードが自分のストレージにパケットを保持し，ノード同士が出会ったときにパケットを渡すことができる．よって，宛先までのリアルタイム通信は実現できないが，パケットの伝送遅延が大きくても許容され，また，宛先へのパケット到達割合が必ずしも高くなくても良いアプリケーションであれば，このネットワーク上で動作できる．例えば，自然災害時に周囲の人に重要情報を拡散させるアプリケーションや，歩行者のスマートフォンを介して有用情報を周囲に拡散させるものが考えられている．また，センサ端末のデータを，近くを通過した移動端末により回収するネットワークシステムなどもアプリケーションの1つである．

### 10.1.6 自動車アドホックネットワーク (VANET)

自動車アドホックネットワーク (Vehicular Ad-hoc NETwork: VANET) は MANET の一種であり，ノードであるモバイル端末が自動車に置き換わったものと説明される（図 10.1(e)）．

自動車は移動が高速であり，移動領域が道路上に限定され，直進して信号で停止するなどノードの移動パターンも特有であるため，MANET とは独立した異なる種類のネットワークとして論じられることが多い．VANET は，都市部など車の密度が高い場合には，トポロジの変化が激しい MANET の一種と見なすことができ，後述するジオグラフィックルーティングが適用されることが多い．一方，非都市部や夜間など車の密度が低い場合には，VANET は遅延耐性ネットワーク (DTN) の一種と見なすことができ，適用されるルーティング方式が異なる．VANET のアプリケーションの例としては，渋滞・路面状況等の交通情報や近隣店舗の広告等を，近隣または要求のあるユーザ（車）に配信すること等が考えられている．

## 10.2 ルーティングプロトコル

ルーティングとは，マルチホップネットワークにおいて，パケットを宛先ノードまで到達させる経路を決めることをいう．ネットワークによって想定される環境，ノードの能力，通信パターン，通信に求められる品質や特性などが異なるため，それらの要求に応じて適切なルーティング方式が用いられる．ルーティングにおいては一般に，周辺ノードとのメッセージ交換により情報を得て，経路制御表などを計算してから，転送すべきパケットを適切な次ホップノードに転送する．このような一連の処理手順を具体的に記述したものがルーティングプロトコル (routing protocol) である．よって，ルーティングプロトコルでは，どのようなときにどのような処理手順を実行するかが決められており，各ノードが共通の処理手順に従って動作することで，ネットワーク全体として適切なパケット配送が可能になる．

特に，世界で広く用いられることが期待されるルーティングプロトコルは標準化 (standardization) され，ノード間で交換されるメッセージフォーマットに至るまで，具体的な動作仕様が定められた文書が発行される．この標準に準拠して実装されたルーティングプロトコルは，異なる実装であっても，相互運用できることが期待される．

次節からは，無線マルチホップネットワークのルーティング方式を大きく 4 つに分類し，それぞれに対して代表的なルーティングプロトコルを解説する．

## 10.3 プロアクティブ型ルーティングプロトコル OLSR

**10.3.1 概要**

OLSR (Optimized Link State Routing) [1] は，MANET を対象とした代表的なプロアクティブ型ルーティングプロトコルである．プロアクティブ型ルーティングプロトコルは，従来の有線ネットワークにおけるルーティングプロトコルと同様に，全ての宛先に対する経路を経路表として，あらかじめ計算しておく．このため，後述するリアクティブ型プロトコルのように，通信要求の発生時に，経路計算のための遅延が発生することはない．一方で，常に隣接ノード間で定期的に制御メッセージを交換する必要があり，ネットワークへの通信負荷が比較的大きい．

OLSRの経路計算の原理は，有線ネットワークにおけるOSPFやIS-ISなどのリンク状態型ルーティングと同様である．したがってOLSRは，リンク状態型ルーティングプロトコルでもある．この種のルーティングプロトコルの一般的な動作は，次のような3つのステップから構成される．まず，(i) Helloメッセージにより周囲の情報を収集する．次に，(ii) 自分の隣接ノード集合を（OLSRではTCメッセージを用いて）フラッディングアルゴリズムを用いてネットワーク全体に広告する．その結果，ネットワーク上の全ノードが，他の全ノードの隣接ノード集合，すなわち，ネットワークトポロジを把握する．最後に，(iii) Dijkstraのアルゴリズムなどにより最短経路を計算し，その結果を用いて経路表を構築する．

OLSRでは，上記のリンク状態型ルーティングプロトコルの動作に加えて，ネットワーク上の制御メッセージの負荷を減らすMPR (Multi-Point Relay) と呼ばれる仕組みを持つ．無線通信の通信速度は有線に比べてはるかに低い．よって，制御メッセージの負荷がネットワークの通信性能に大きく影響するため，この負荷をできるだけ低減することが望ましい．

### 10.3.2　Helloメッセージの交換

OLSRは，定期的にHelloメッセージを交換することにより，隣接ノードとの隣接関係を確立する．Helloメッセージには，自分が把握している隣接ノードの集合が含まれている．このため，Helloメッセージを受信したノードは，Helloメッセージの送信元である隣接ノードだけでなく，各隣接ノードを通じて到達できる2ホップ先のノードの集合を把握できる．

Helloメッセージに隣接ノード集合を含める理由は，2つある．1つ目の理由は，隣接ノードへのリンクの双方向性を確認するためである．例えば下位層にIEEE 802.11を用いた無線ネットワークでは，送信したデータフレームに対してACKフレームを受信する必要があり，リンクの双方向性が必須である．隣接ノードからのHelloメッセージに自分が含まれていれば，その隣接ノードへのリンクは双方向に通信可能であることを示す．OLSRでは，隣接ノードと双方向通信可能であることを確認できたときにリンクが確立され，確立されたリンクのみがTCメッセージによってネットワーク全体に広告される．2つ目の理由は，MPRと呼ばれる仕組みの中で使われることで，制御メッセージの負荷を低減するためである．MPRについては，次項で説明する．

### 10.3.3　MPR (Multi-Point Relay)

MPRは，制御メッセージによるネットワークへの負荷を抑えるために，OLSRに導入された仕組みである．MPRの機能の1つは，TCメッセージをフラッディングする際に，メッセージを中継するノードを限定することで，ネットワーク中でメッセージが送信される回数を低減することである．

一般的なフラッディングの手順は，次のように表される．まず，(i) メッセージ発行ノードが隣接ノード全体にメッセージをブロードキャストする．(ii) ノードがメッセージを受信すると，そのメッセージを過去に受信したことがある場合はメッセージを破棄し（メッセージに含まれる発行ノードとシーケンス番号により確認できる），ない場合には再び隣接ノード全体にブ

(a) MPR_COVERAGE = 1　　　　　(b) MPR_COVERAGE = 2

● $x$のMPR　　--▶ MPRとして選択　　▶ メッセージの転送経路　　── 隣接関係

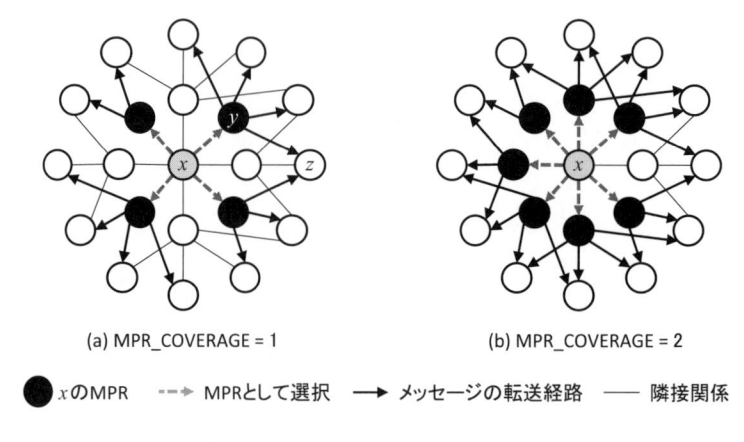

図 **10.2**　MPR (Multi-Point Relay)

ロードキャストし，中継する．通常のリンク状態型ルーティングプロトコルでは，このフラッディングと呼ばれる処理を通じて，メッセージ発行ノードが，メッセージをネットワーク全体に広告する．これに対してOLSRでは，(ii) の中継処理を行うノードは，MPRとして選ばれたノードに限定される（MPRではないノードは，メッセージを受信して処理するが，他のノードに中継することはない）．中継ノードを限定するにもかかわらず，メッセージがネットワーク上の全てのノードに届くことを保証できることが重要である．

　図10.2(a) を用いて，メッセージが全ノードに届くことを保証できるMPRの選択方法を説明する．ノード$x$は，Helloメッセージによって，自分の隣接ノードと，各隣接ノードに接続される2ホップノードの集合を把握している．ノード$x$は，隣接ノードの一部を，$x$のMPR集合として選択する．このときの条件は，どの2ホップノード$z$も，MPRとして選択した少なくとも1つのノード$y$に隣接していることである（以後，このことを，2ホップノード$z$が隣接ノード$y$にカバーされている，と書く）．$x$がブロードキャストしたメッセージは，$x$が選んだMPRによって中継されることで，全ての2ホップノードにメッセージが転送される．図10.2(a) の例でも，4つのMPRが中継することで，12個の2ホップノード全てにメッセージが届くことがわかるだろう．全てのノードが適切に自分のMPRノード集合を選択することにより，メッセージがネットワーク全体に広告されることが保証できる．その正式な証明は文献 [2] に譲るが，例えば，2ホップノード$z$の先にあるであろう$x$の3ホップノードへのメッセージの到達は，隣接ノード$y$が適切にMPRノード集合を選択することで保証されることを考えると，その繰り返しによって$x$の$k$ホップ先のノードにもメッセージが到達することは容易に想像できよう．

　ところで，MPRを用いたフラッディングでは，あるリンクでメッセージの転送に失敗すると，その先にあるノードにメッセージが到達しない可能性がある．OLSRでは，メッセージの到達性を強化するために，MPR_COVERAGEと呼ばれるパラメータが用意されている．MPR_COVERAGEは，2ホップノードをカバーすべき隣接ノードの数を示し，デフォルト値は1である．全ての

2ホップノードをできるだけこの数の隣接ノードでカバーするように，MPRを選択する．図10.2(b) は，`MPR_COVERAGE` が2の場合であり，$x$ がより多くのMPRを選ぶことで，全ノードが少なくとも2つの隣接ノードでカバーされていることがわかる．

最後に，メッセージが到達する経路には，ホップ数の上での最短路が必ず含まれることも申し添える．メッセージ発行ノードから $k$ ホップの距離にあるノードには，$k-1$ 回の中継でメッセージが到達できることがわかるだろう．

### 10.3.4 TCメッセージによるトポロジの広告

OLSRでは，各ノードが，リンクが確立された隣接ノードの集合をTC (Topology Control) メッセージとしてネットワーク全体に広告する．TCメッセージは，前項で述べたMPRを用いたフラッディングを通じて，ネットワーク全体に広告され，全ノードに受信される．その結果，全ノードが，ネットワーク全体のトポロジを把握し，任意の宛先ノードへの最短路の計算が可能になる．しかし，高密度にノードが配置された場合には隣接ノードの数が非常に大きくなり，広告すべきリンクの数が爆発する問題がある．例えば50個のノードが全てお互いの通信可能範囲にあれば，$50 \times 49 = 2450$ ものリンクを広告することになる．

この問題を解決するために，OLSRは，MPRを用いて，TCメッセージに含める広告リンク数を減らす仕組みを備えている．ノード $x$ が $y$ をMPRとして選んだとき，$y$ を $x$ のMPRと呼ぶが，逆に $x$ を $y$ のMPRセレクタと呼ぶ．OLSRは，各ノードが発行するTCメッセージに，隣接ノードリストの代わりにMPRセレクタのリストを含めることで，TCメッセージを小さくし，ネットワークへの負荷を抑える．

この様子を図10.3(a) に示す．任意のノード $x$ と $d$ を選んだとき，$x$ が送信したメッセージがMPRに中継されて $d$ に届くことは既に述べた．そのような経路 $x \to y \to z \to d$ を1つ選び，図に表したとしよう．このとき，ノード $y$ は $x$ のMPRであり，$z$ は $y$ のMPRである．したがって，逆に，ノード $x$ は $y$ の，$y$ は $z$ の，MPRセレクタであり，これらのリンク $(y,x), (z,y)$ がTCメッセージにより広告される．つまり，任意の2ノードを選んだとき，その最短経路の少なくとも1つは，はじめの1ホップを除いて，ネットワークに広告されること

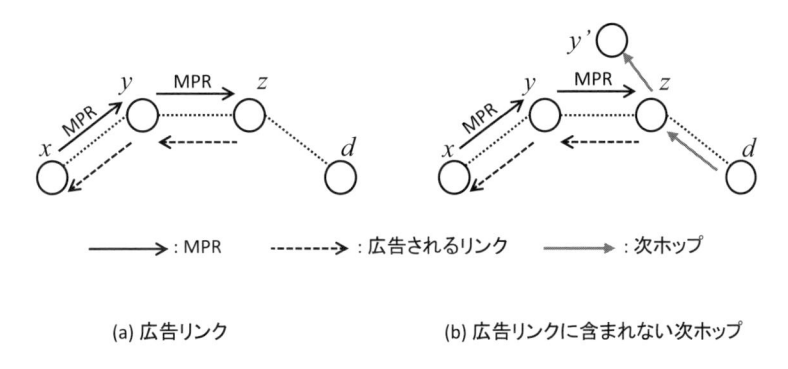

(a) 広告リンク　　　(b) 広告リンクに含まれない次ホップ

図 **10.3** 広告トポロジ

(a) TC_REDUNDANCY = 0
（デフォルト）

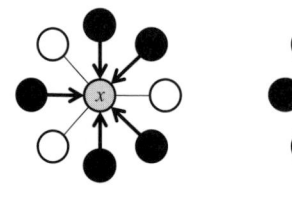

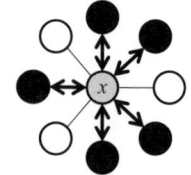

(b) TC_REDUNDANCY = 1
（双方向リンクを広告）

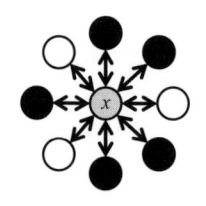

(c) TC_REDUNDANCY = 2
（全てのリンクを広告）

● $x$のMPR　　← 広告されるリンク　　— 隣接関係

**図 10.4**　TC_REDUNDANCY による広告トポロジの制御

がわかる（図 10.3(a) では，$d$ から $x$ への最短経路のうち，はじめの1ホップである $(d, z)$ 以外が広告される）．1ホップ目のリンクは，OLSR では，広告されない可能性がある．しかし，1ホップ目の情報は，Hello メッセージによって得られる．このため，一部のリンクが省かれて広告された不完全なトポロジからでも，任意のノードへの経路を計算することが可能である．なお，$x$ から $d$ へのメッセージ広告経路にホップ数の上での最短経路が含まれることから，$d$ から $x$ へ至る広告された経路にも，必ず最短経路（1ホップ目は除く）が含まれることが保証される．つまり，任意のノードは，この広告トポロジを用いることで，全ての宛先に対して，最短路を計算することができる．

　TC メッセージに含まれるリンクは，TC_REDUNDANCY と呼ばれるパラメータによって変更できる（図 10.4）．デフォルトの値は 0 であり，先述のように MPR セレクタへのリンクのみが広告される．値を 1 にすると，MPR へのリンクと，MPR セレクタへのリンク，つまり，双方向のリンクが広告される．値を 2 にすると，MPR による制限をせず，全てのリンクが広告される．このように，TC_REDUNDANCY によって，広告トポロジの冗長度合いを変更できる．

### 10.3.5　最短経路の計算

　前項では，一部のリンクを省いた広告トポロジがネットワーク全体に広告されることを述べた．OSLR のノードは，その広告トポロジと Hello メッセージから得られた隣接ノード情報を合成することでネットワークトポロジを生成し，そのトポロジを入力として他の全ノードに対する最短経路を計算し，その結果から経路制御表を生成する．

　ここで，そもそもリンク状態型ルーティングプロトコルは，全ノードが共通のトポロジをもとに最短経路を計算しているからこそ，各ノードで自律分散的に計算された経路制御表が一貫性を保ち，パケットを宛先に到達させられることを指摘しておく．より詳しくいうと，2ノード間の最短経路があったときに，その任意の部分経路がその両端ノードの最短路になっているという，最適性の原理が成り立つ．このため，各ノードが，自分を始点，他の全ノードを終点として最短路木を計算し，その結果から経路制御表を作成しても，各ノードの計算結果の間には矛盾が生じない（矛盾が生じると，通信経路にループが生じる）．これに対して，OLSR で

は，そのノードしか知り得ない隣接ノードの情報を広告トポロジに合成して最短経路を計算するが，この方法でも各ノードの計算結果が矛盾せず，ネットワーク全体で一貫性を保った経路制御表ができるのはなぜであろうか．

その理由は，やはり最適性の原理にある．図 10.3(b) のようにノード $d$ が $z$ への，そして $z$ が $y'$ への，広告されていないリンクを $x$ への次ホップとして計算したとする．$z$ は $y'$ 経由の経路を最短経路として計算したのであるから，それは，$y$ 経由の，広告トポロジに含まれる経路と同じ長さであり，最短経路である．一方，$d$ は，広告トポロジに $x$ への経路が含まれていない場合だが，最短経路の 1 ホップ目以外は広告トポロジに含まれているので，やはり計算した経路は最短経路である．上記は少数の例でしかないが，計算される経路は常に最短経路であることが保証されるため，最適性の原理より，経路の矛盾が起こらない．

### 10.3.6 リンクメトリック

無線ネットワークでは，リンクの通信品質は様々な要因により容易に変化する．そのような変化にも柔軟に対応して，不安定なリンクを用いる場合でも，できるだけ安定した通信を実現することが望ましい．

このための手法として，リンクメトリック（以後，メトリックと呼ぶ）が用いられることがある．メトリックとはリンクの通信品質を表す値（一般に小さいほど品質が良い）であり，リアルタイムに測定・更新され，定期的に送信されるメッセージ（OLSR では TC メッセージ）によりネットワーク全体に広告される．メトリックは，リンクの重みとして扱われる．つまり，リンクの重みの和が最小になる（最短）経路が定期的に再計算されることで，適応的に，できるだけメトリックが小さい（つまり，品質が良い）リンクを用いた通信経路が計算される．

代表的なメトリックとして，ETX や ETT が知られている．ETX (Expected Transmission Count) は，下位層のプロトコルとして IEEE 802.11 を想定して設計されており，あるリンクにおいて，データフレームをそのリンクで相手に渡すために，フレームの再送が平均して何回必要であるかを数値化する．ETX の計算方法を図 10.5 に示す．リンクの両端ノードは，それぞれ，Hello メッセージを一定時間ごとに送信する．ノード $X$ の Hello メッセージをノード $Y$ が受信するが，$Y$ は過去一定時間（Hello メッセージ送信間隔 10 回分程度）の間に正しく受信された割合 $d_f$ を求める．値 $d_f$ は，ノード $Y$ の Hello メッセージに格納され，ノード $X$ に通知される．逆に，ノード $Y$ の Hello メッセージの受信割合 $d_r$ を同様にノード $X$ が観測する．ノード $X$ から見ると，$d_f$ はデータフレームの通信成功確率であり，$d_r$ はノード $Y$ から返信

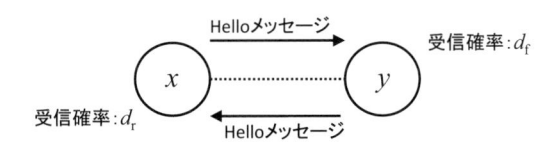

**図 10.5** リンクメトリック ETX と ETT の計算

されるACKフレームの通信成功確率であると見なせる．よって，ノード$X$から$Y$に正しくデータフレームが届くための平均再送回数は，$ETX_{X \to Y} = \frac{1}{d_f \times d_r}$ で表せる．ETXを用いると，フレームの再送回数が最小になるような経路が，ルーティングプロトコルによって計算される．ETT (Expected Transmission Time) は，ETXを，リンク速度を考慮して拡張したメトリックである．ETTは，$ETT_{X \to Y} = ETX_{X \to Y} \times \frac{S}{B}$ で表される．ここで，$S$はフレームサイズの平均であり，$B$はリンクの通信速度である．IEEE 802.11は，周囲の電波状況によって，通信速度を切り替えて通信する．これを考慮して，1フレームの送信にかかる時間をメトリックとするのがETTである．ETTでは，フレームの送信にかかる時間が最小になるような経路が計算される．

## 10.4 リアクティブ型ルーティングプロトコルAODV

### 10.4.1 概要

AODV (Ad-hoc On-demand Distance Vector) [3] は，MANETを対象とした代表的なリアクティブ型ルーティングプロトコルである．リアクティブ型ルーティングプロトコルは，通信要求が発生してから経路発見（探索）を行い，宛先までの経路を構築したうえで，パケットの送信を始める．このため，実際に通信を開始するまでに経路探索の時間がかかるという欠点がある．一方で，プロアクティブ型とは異なり常に全宛先への経路制御表を管理しないため，通信フロー数が少ない場合には，経路制御にかかるオーバーヘッドが比較的小さい利点がある．

AODVの経路発見の概要を図10.6に示す．AODVでは，通信要求があり経路が必要になると，その通信の送信元ノード$s$が経路要求 (Route REQuest: RREQ) メッセージをネットワーク内に送信し，宛先ノード$d$までの通信経路を探索する．RREQメッセージは，受信したノードが次々と隣接ノードに転送することでネットワーク全体にフラッディングされ，いずれRREQメッセージは宛先$d$に到達する（図10.6(a)）．宛先$d$は，到達したRREQメッセージ

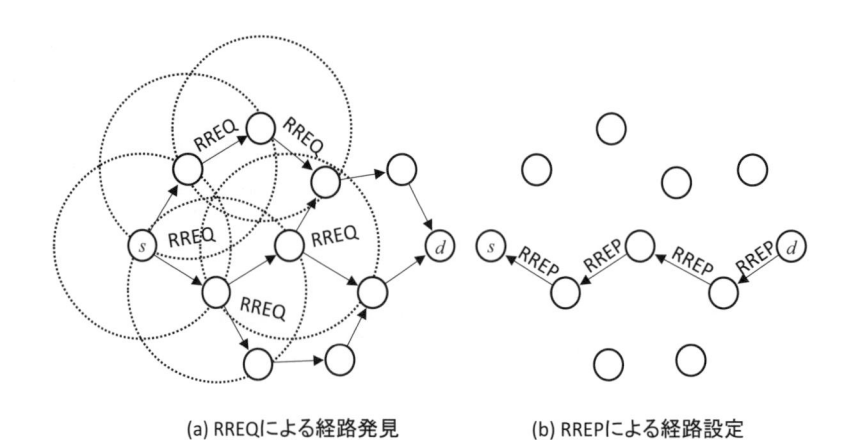

(a) RREQによる経路発見　　(b) RREPによる経路設定

図 10.6　RREQとRREPメッセージによる経路発見と設定

に対して，経路応答 (Route REPly: RREP) メッセージを返信する．RREP メッセージは，対応する RREQ メッセージが通った経路を逆向きに戻り，送信元 $s$ に到達する．RREP メッセージが通った各ノードでは，適切に経路制御表のエントリが設定されることにより，送信元 $s$ と宛先 $d$ の間に，RREQ メッセージの経路に沿って双方向にパケットを転送する経路が構築される（図 10.6(b)）．上記の AODV の経路発見は，古典的な距離ベクトル型ルーティング方式と同等の原理に基づいている．これが AODV という名称の由来である．

### 10.4.2 ノードが管理する値

AODV において，各ノードは，経路制御表を管理する．AODV の経路制御表は，図 10.7(d) に示される項目で構成される．宛先に関しては，IP アドレスに加えて，シーケンス番号が管理される．シーケンス番号は，経路制御表の値が最新であるかどうかを判定するために用いられる値である．宛先に対する次ホップノードの IP アドレス，宛先までの距離（ホップ数），および，このエントリの有効期限が管理される．経路制御表の各エントリは使用される度に有効期限が延長され，一定時間使用されなければ有効期限が切れる．

また，各ノードは，宛先ノードごとに，上流隣接ノード（プリコーサ: Precursor）のリストを保持する．上流隣接ノードは，その宛先に対する次ホップとして自分を選んでいるノードを指す．このリストは，何らかの原因で次ホップへの到達性が失われた場合に，このリンク切断によって影響を受ける上流ノードに迅速に経路の切断を知らせるために用いられる．

### 10.4.3 RREQ メッセージによる経路発見

送信元ノード $s$ から宛先ノード $d$ への通信要求が生じると，$s$ は自分の経路制御表の中に，宛先 $d$ のエントリが存在するかを確認する．存在する場合には，そのエントリの次ホップにパケットを転送するが，エントリが存在しない場合や有効期限を経過している場合には，経路発見を開始する．

経路発見，つまり宛先までの経路の探索は，RREQ メッセージをネットワーク全体にフラッディングすることで行う．RREQ メッセージは，図 10.7(a) の形式である（この図は，1 行が 4 バイトを表し，1 行目の 4 バイトの次に 2 行目，3 行目，という順で続く 1 次元のデータ列を表している）．主要な値から説明する．生成元 IP アドレスには，通信要求が発生したノード $s$ の IP アドレスを格納し，宛先 IP アドレスには，宛先ノード $d$ の IP アドレスを格納する．シーケンス番号は，伝達される値の新鮮さを管理するために用いられる値であり，AODV では各ノードが自分のシーケンス番号を管理する．生成元シーケンス番号には自分 ($s$) のシーケンス番号を格納し（格納前にインクリメントされる），宛先シーケンス番号には，$s$ が知る $d$ の最新のシーケンス番号を格納する．つまり，$s$ の経路制御表に宛先 $d$ のエントリが存在して，かつ期限切れであった場合には，そのエントリにある $d$ のシーケンス番号を格納する．$d$ のエントリが存在しなかった場合には空欄 (NULL) となる．その他の値は次のようになる．Type はメッセージの種類を表し，RREQ の場合は 1 である．ホップ数は，RREQ が生成元から何ホップを経て到着したかを表し，0 で初期化する．RREQ ID には，シーケンス番号と同様に各ノードが

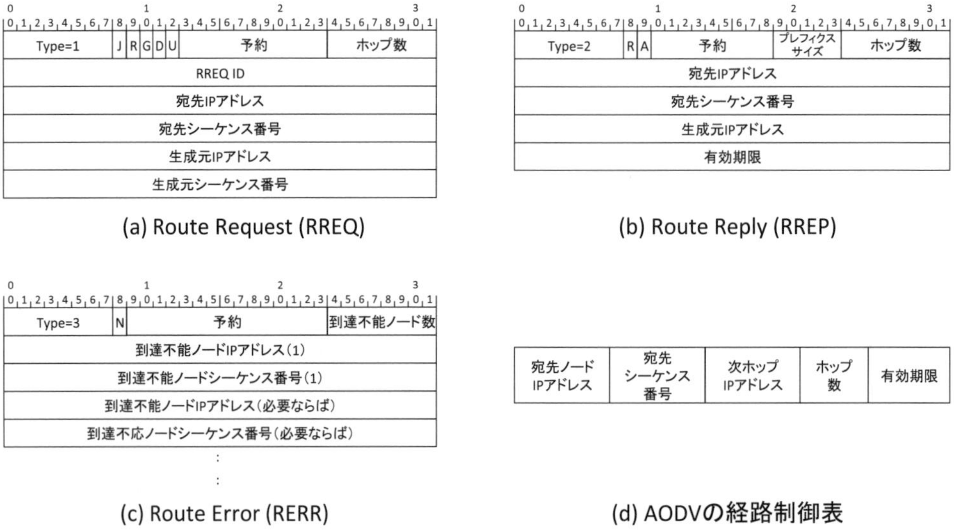

|0|1|2|3|
|---|---|---|---|
|0,1,2,3,4,5,6,7|8,9,0,1,2,3,4,5|6,7,8,9,0,1,2,3|4,5,6,7,8,9,0,1|

| Type=1 | J R G D U | 予約 | ホップ数 |
| RREQ ID |
| 宛先IPアドレス |
| 宛先シーケンス番号 |
| 生成元IPアドレス |
| 生成元シーケンス番号 |

(a) Route Request (RREQ)

| Type=2 | R A | 予約 | プレフィクスサイズ | ホップ数 |
| 宛先IPアドレス |
| 宛先シーケンス番号 |
| 生成元IPアドレス |
| 有効期限 |

(b) Route Reply (RREP)

| Type=3 | N | 予約 | 到達不能ノード数 |
| 到達不能ノードIPアドレス(1) |
| 到達不能ノードシーケンス番号(1) |
| 到達不能ノードIPアドレス(必要ならば) |
| 到達不応ノードシーケンス番号(必要ならば) |

(c) Route Error (RERR)

| 宛先ノードIPアドレス | 宛先シーケンス番号 | 次ホップIPアドレス | ホップ数 | 有効期限 |

(d) AODVの経路制御表

図 10.7　AODV のメッセージフォーマットと経路制御表

管理している RREQ ID を格納する（格納前にインクリメントされる）．Type に続く 5 種のフラグの役割は，詳細に過ぎるため本書では解説しないが，興味のある方は文献 [3] を参照されたい．予約フィールドは，将来の拡張に備えて予約されたフィールドであり，使用されない．

RREQ はまず，生成元ノードにより隣接ノードにブロードキャストされ，隣接ノードが繰り返しブロードキャストすることで，ネットワーク全体にフラッディングされる．フラッディングの動作原理（メッセージを受信すると隣接ノードにブロードキャストするが，同じメッセージを再度受信した場合は破棄する）は OLSR の場合と変わらないが，AODV では逆経路の設定が追加される．ノード $v$ が $u$ から RREQ メッセージを受信した場合を考える．このとき $v$ は，過去一定時間以内に，同じ生成元アドレスおよび RREQ ID を持つ RREQ メッセージを受信していれば，その RREQ メッセージを処理せずに破棄する[1]．そうでなければ，ホップ数の値をインクリメントしたうえで，次のようにメッセージを処理する．まず，生成元ノード $s$ への逆経路を設定する．もし，経路制御表の宛先 $s$ のエントリのシーケンス番号よりも RREQ の生成元シーケンス番号の方が大きければ，RREQ が持つ情報の方が新しいので，宛先 $s$ のエントリを，次ホップを $u$ として更新する（このとき，シーケンス番号とホップ数，有効期限の値も更新する）．この逆経路は，RREQ メッセージに対する返答である RREP メッセージが通る経路として用いられる．次に，RREQ に対する返答として RREP を返すかどうかが判定される．判定方法は次項で述べる．RREP が返されない場合には，その RREQ をブロードキャストし，隣接ノード全てに転送する．

---

[1] フラッディングでメッセージの破棄に用いられるのは，生成元シーケンス番号ではなく RREQ ID であることに注意する．後述するように RREQ は再送され得るため，シーケンス番号では何度目の再送であるのか区別できない．

### 10.4.4 RREP メッセージによる経路設定

(i) RREQ メッセージを受信したノードが宛先ノード $d$ であるか，(ii) $d$ までの十分に新鮮な経路を知る（経路制御表に $d$ へのエントリを持ち，そのシーケンス番号が RREQ の宛先シーケンス番号と同じか，より大きい）場合には，そのノードは RREP メッセージを生成元ノード $s$ に送る．(i) の場合には，RREP メッセージの宛先シーケンス番号が $d$ のシーケンス番号よりも大きい場合には，後述の経路修復処理により最新の経路が求められていると判断し，自分のシーケンス番号をその値に一致するように増加してから，RREP メッセージを送信する．(ii) の場合には，自分が保持する $d$ のエントリの情報を用いて，RREP メッセージを送信する．

RREP メッセージのフォーマットを図 10.7(b) に示す．RREP でも RREQ と同様に，宛先 IP アドレスと宛先シーケンス番号には，$d$ の値を用いる．生成元 IP アドレスには $s$ の値を用いる．ホップ数には，そのノードから $d$ への距離を格納する（そのノードが $d$ である場合には，0 を格納する）．有効期限には，RREP がこれから通知する経路の有効期限が格納される．Type の値は RREP の固定値 2 とし，その他の値については本書では割愛する．

RREQ メッセージの処理において逆経路が設定されるため，RREP メッセージは，RREQ メッセージが通ってきた経路を逆向きに通って生成元ノード $s$ に送られる．この際に，ノード $d$ からの距離を表すホップ数は 1 ホップごとにインクリメントされる．いま，ノード $x$ がノード $w$ から RREP メッセージを受信したとしよう．このとき，$x$ はシーケンス番号により新鮮さを確認したうえで，自分の経路制御表の宛先 $d$ のエントリを次ホップを $w$ として更新し，RREP を次のノードに転送する．最終的にはノード $s$ に RREP メッセージが届き，その結果，$s$ から $d$ へ，および $d$ から $s$ への双方向の経路が，経路上の各ノードの経路制御表に設定される．ここで，各ノードは，同一の RREQ に対応した複数の RREP メッセージを受信する可能性があることに注意する．2 つ目の RREP メッセージを受信した場合には，そのノードの経路制御表の宛先シーケンス番号と RREP メッセージの宛先シーケンス番号が一致する．このときは，新たに受信した RREP のホップカウントが経路制御表の値よりも小さければ，経路制御表を更新して RREP を次のノードに転送し，そうでなければ RREP を破棄する．これによって，宛先までの最短経路を優先利用しつつ，冗長な RREP は破棄することでネットワークの負荷を低減する．

RREP メッセージが生成元ノード $s$ に到達するまでに経由した各ノード $x$ において，$x$ を次ホップに選ぶノードのリストである上流隣接ノードのリストを更新する．まず，$x$ に RREP を送信したノード $w$ を，宛先 $s$ に対する上流隣接ノードリストに追加する．$x$ はまた，経路制御表の宛先 $s$ のエントリの次ホップノードを，宛先 $d$ に対する上流隣接ノードリストに追加する．これにより，$s - d$ 間の経路の両方向に対して，次節で述べる経路の管理と修復に用いられる上流隣接ノードリストが管理される．

RREQ の送信元ノード $s$ は，RREQ を送信後，RREP メッセージの受信を期待して待機している．しかし，一定時間待機しても RREP メッセージを受信しなかった場合には，RREQ ID をインクリメントし，待機時間を 2 倍に増加させて（これを指数バックオフと呼ぶ），再度

RREQ メッセージを送信する．設定回数だけ RREQ を再送しても RREP が得られなかった場合には，送信元ノード $s$ はパケットを送信したアプリケーションに，宛先 $d$ が到達不能であることを通知する．

### 10.4.5 拡大リング探索

AODV では，効率的な経路発見を行うために，拡大リング探索 (expanding ring search) と呼ばれる方法が定義されている．RREQ メッセージがネットワーク全体にフラッディングされるような経路探索は，特に大規模なネットワークでは，ネットワークにとって大きな負荷となる可能性があるからである．拡大リング探索では，まず，RREQ メッセージを，これを送る IP パケットの TTL (Time To Live) フィールドの値を小さく設定して発行し，一定時間経過しても対応する RREP メッセージを得られなければ，TTL 値を少しずつ大きくしながら繰り返し RREQ を発行する．TTL 値は，メッセージが中継される度にデクリメントされ，0 になると，そのメッセージは中継がなされない．つまり，探索範囲を少しずつ拡大しながら繰り返し探索することで，探索の負荷をできるだけ抑えながら経路探索を行える．

### 10.4.6 経路の管理と修復

RREQ と RREP メッセージによって確立された経路は，有効期限の経過やノードの移動などで起きるリンク切断により，使用できない状態になる可能性がある．リンク切断時には，ネットワークの混乱を防ぐために，速やかに切断が検出され，そのリンクを経路の一部として利用するノードに通知されることが望ましい．

リンク切断は，経路制御表エントリの有効期限切れにより判定できるが，それ以外にも，データリンク層からの通知，Hello メッセージ，および，受動的確認応答による検出が可能である．データリンク層では，例えば IEEE 802.11 を用いている場合には，データフレームの再送回数が一定を超えた場合にリンク切断と判断し，ネットワーク層のルーティングプロトコルに通知する機能がある．このようなデータリンク層の機能を用いてリンク切断を検出することができる．また，AODV では，定期的に Hello メッセージをブロードキャストすることにより，経路発見により確立された経路上の，次ホップへの接続性を確認するオプションが定義されている．AODV では，RREP メッセージを TTL を 1 として送信することで Hello メッセージを代用し，次ホップノードからの Hello メッセージが途絶えて一定時間が経過すると，リンク切断と見なす．さらに，受動的確認応答によるリンク切断の検出も可能である．ノード $u$ から $v$ にデータフレームが送信されると，$v$ はその次ホップに対してデータフレームを送信するはずである．$u$ は通信を監視し，一定時間内に $v$ の送信を観測できなければ，$v$ に対して直接的に RREQ や ICMP (Internet Control Message Protocol) を送信する方法で接続性を確認し，これに失敗すればリンク切断と見なす．

リンク切断時には，RERR (Route ERRor) メッセージを発行し，そのリンクを次ホップとして使用する宛先全てに対する上流隣接ノードに送信する．RERR メッセージの形式を図 10.7(c) に示す．RERR メッセージには，リンク切断により到達できなくなった宛先のアドレ

スとシーケンス番号のリストを格納する．複数の到達できなくなった宛先を含めることができる．到達不能ノード数には，含まれる宛先の数を格納する．リンク切断を検出してRERRメッセージを発行する際には，経路制御表の宛先シーケンス番号をインクリメントし，リンク切断が最新の情報であることを示す．RERRを受信したノードは，その宛先に対する経路制御表エントリを無効にしたうえで，その宛先に対する全ての上流隣接ノードにさらにメッセージを送信することで，次々に上流ノードに障害を通知する．

到達不能になった宛先を持つパケットが届いた場合には，再びそのノードからRREQメッセージを発行し，経路発見を行う．しかし，このような遅延が望ましくない場合には，局所修復 (local repair) オプションが用意されている．局所修復を行う場合には，リンク切断を検出し，RERRメッセージを送信する前に，宛先シーケンス番号をインクリメントしたうえで，TTLをある程度小さい値に設定したRREQを発行する．局所的な経路探索により短時間で宛先までの経路を修復する．RERRメッセージは，局所修復が成功した場合には発行せず，一定時間待ってもRREPメッセージを受信できず，局所修復に失敗した場合に発行される．

## 10.5 ジオグラフィックルーティング

### 10.5.1 概要

ジオグラフィックルーティング (geographic routing) [5] とは，従来の経路制御表を用いたルーティングとは異なり，各ノードがGPS等により自分の位置（通常は，緯度と経度で表される座標を用いる）を取得できる前提の下で，位置情報を用いてパケットの転送経路を決める経路制御のアプローチである．ジオグラフィックルーティングでは一般に，宛先は位置（座標）であり，その位置にあるノードまでパケットを運ぶことが目的となる．位置情報を用いることで，例えば，現在位置からできるだけ宛先に近い隣接ノードに繰り返しパケットを中継する貪欲ルーティング (greedy routing) により，宛先までパケットを届けることができる．各ノードは隣接ノードを把握しておけばよいため，OLSRやAODV等の従来のルーティングとは異なり，経路計算のためのノード間の情報交換の負荷が非常に低く，数百～数千ノード以上の大規模なネットワークも構成できる特徴がある．このように，大規模なネットワークでも計算量や通信量等の制約を受けずに動作できる特徴を，スケーラビリティ (scalability) と呼ぶ．また，把握しておく情報量が少なくて済むため，ノードが移動する状況にも効率的に追従できる．

このように，ジオグラフィックルーティングは，スケーラビリティが高く，モビリティに強い経路制御のアプローチであるため，歩行者の携帯端末や車等を相互接続するネットワークや，高密度に配置されたセンサ等のネットワークへの応用に適している．

先述の貪欲ルーティングは，ジオグラフィックルーティングにおいて最も一般的なルーティング方式であり，宛先まで最短に近い経路で効率良くパケットを転送できる．一方で，宛先の方向に隣接ノードが存在しなければ，たとえ宛先までの経路が存在する場合であっても，パケットの転送が失敗することがある．この状態をデッドエンド (dead end) と呼ぶ．デッドエンド

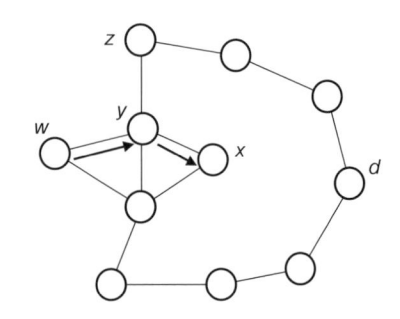

図 10.8 貪欲ルーティングとデッドエンド

状態の例を図 10.8 に示す．ノード $w$ から貪欲ルーティングでパケットが $x$ まで到達しても，$x$ よりも $d$ に近い $x$ の隣接ノードが存在しないため，$x$ は適切な次ホップノードを選ぶことができない．しかし，$x$ から $x \to y \to z \to \ldots d$ のような経路を使うことができれば，宛先 $d$ までパケットを届けることができる．ジオグラフィックルーティング方式においては，この問題をどのように解消するかが重要になる．

デッドエンド問題を解決し，宛先まで必ずパケットを届けられるルーティング方式として，面ルーティング (face routing) が知られている．面ルーティングは，ネットワークが被覆する平面領域を複数の「面」，つまり多角形に分割し，その面の周囲をいわゆる「右手ルール」によって転送し，適切な位置で次の面に移動していくことで，パケットを宛先まで届ける．ただし，面ルーティングでは，必ずしも最適な（最短の）経路を通って宛先に到達できるとは限らず，場合によっては大きな迂回が必要になる欠点がある．このため，代表的なルーティングプロトコルとして知られる GPSR (Greedy Perimeter Stateless Routing) [4] では，貪欲ルーティングと面ルーティングを併用し，場面によって適切に切り替えることで，宛先に必ず到達でき，かつできるだけ効率的なルーティングを実現している．

### 10.5.2 貪欲ルーティング (Greedy Routing)

貪欲ルーティングは，最も宛先に近い位置にある隣接ノードにパケットを転送することを繰り返すことで，パケットを宛先に届けるルーティング方式である．

各ノードは GPS (Global Positioning System) 等により自分の位置座標を把握できる．その位置座標を，一定時間ごとにブロードキャスト送信する Hello メッセージにより，隣接ノードに広告する．これによりノードは，自分の全ての隣接ノード（つまり，通信可能範囲にいるノード）の位置を把握できる．なお，ジオグラフィックルーティングでは，ノードがモビリティを持つ場合も想定されるため，データパケットにも自分の位置情報を含めて送信することもある．このようにすると，ノードが移動してもその位置を迅速に知ることができるため，位置の誤差による次ホップ選択への悪影響を低減できる．

ノードは，転送すべきパケットがあると，把握している隣接ノードの中から，宛先座標までのユークリッド距離が最も近い隣接ノードを次ホップとして選び，そのパケットを転送する．ジ

オグラフィックルーティングにおいては，ノード密度が十分に高い場合を想定することが多いため，多くの場合には，この方法で，パケットは宛先まで到達できる．ただし，どの隣接ノードにパケットを転送しても宛先までのユークリッド距離が縮まらないデッドエンド状態（図 10.8）では，貪欲ルーティングで宛先にパケットを転送できない．この場合には，面ルーティングなど，他のルーティング方式を用いる必要がある．

### 10.5.3 ネットワークトポロジの平面グラフ化

面ルーティングにおいては，各ノードは 2 次元平面上に位置すると考え，ネットワークが被覆する平面領域をネットワークの接続関係に基づいて「面」，つまりノードを頂点とする多角形に分割する．適切に多角形に分割することにより，面ルーティングによってパケットを宛先に必ず到達させられることが保証される．

平面の多角形分割は，ネットワークトポロジ（ノード間の接続関係を表すグラフ）からリンク（枝）を間引き，リンク（枝）が交差しない平面グラフ (planer graph) を生成することで行う．ノードが高密度に配置されたネットワークでは，リンクの数が多いため，ノード間のリンク（枝）が交差するトポロジになることが多い．このトポロジから平面グラフを生成し，平面グラフのリンク（枝）を多角形の辺と見なせば，ネットワークが被覆する平面領域を多角形により分割できる．

図 10.9(a) は，ノードの密度が比較的高いネットワークのトポロジであり，2 次元座標系において，2 ノードのユークリッド距離が一定の通信可能距離以内である場合に枝を張った，Unit

(a) Unit Graph  (b) Relative Neighborhood Graph (RNG)  (c) Gabriel Graph (GG)

**図 10.9** ネットワークトポロジの平面グラフ化

(a) Relative Neighborhood Graph (RNG)  (b) Gabriel Graph (GG)

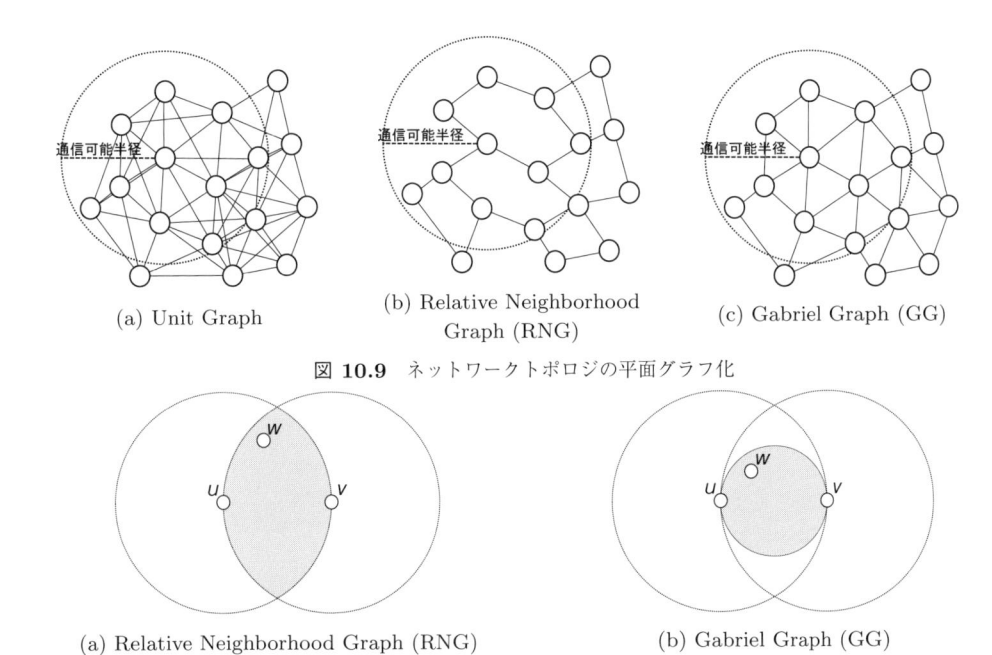

**図 10.10** 平面グラフ RNG と GG の生成方法

Graph と呼ばれるグラフである．これに対して，図 10.9(b)(c) は，Unit Graph の枝を間引いて生成した平面グラフであり，それぞれ，Gabriel Graph (GG) および Relative Neighborhood Graph (RNG) と呼ばれる．

RNG の生成法を図 10.10(a) に示す．$u-v$ 間の距離を半径とする 2 つの円が重なる領域は，$u$ にとっては $v$ よりも，$v$ にとっては $u$ よりも，距離が近い領域である．この領域の中に（$w$ のような）ノードが存在しない場合に限り $u-v$ 間の枝が存在するグラフが，RNG である．つまり，$u-v$ 間の距離を $d(u,v)$ で表すと，どんなノード $w$ に対しても $max(d(u,w),d(v,w)) > d(u,v)$ であるような枝 $(u,v)$ のみで構成されるように，Unit Graph から枝を間引いたグラフである．一方，GG は，図 10.10(b) のように，$u-v$ を直径とする円の内部に（$w$ のような）ノードが存在しない場合に限り $u-v$ 間の枝が存在するグラフである．つまり，どんなノード $w$ に対しても $d^2(u,w) + d^2(v,w) > d^2(u,v)$ であるような枝 $(u,v)$ のみで構成されるように，Unit Graph から枝を間引いたグラフである．ここで $d^2(u,v)$ は，$u-v$ 間の距離の 2 乗を表す．図 10.9 からわかるように，RNG の制約の方が GG の制約よりも強い．このため，GG は RNG よりも枝の密度が高い平面グラフになる．

面ルーティングにおいて平面グラフを用いるときには，各ノードが，自分から隣接ノードに接続するどのリンクが，平面グラフに含まれるのかを判別できればよい．よって，各ノードが，Hello メッセージによって収集した隣接ノードの位置情報から，平面グラフに含まれるリンクを判別すればよい．RNG と GG ともに，隣接ノードに接続するリンクが平面グラフ（RNG または GG）に含まれるかどうかを，Hello メッセージで得られる位置情報のみから判定できる．

### 10.5.4 面ルーティング (Face Routing)

面ルーティングでは，常にパケットがどの面の周にいるかを把握し，右手ルール (right-hand rule) によって面の周を移動し，適切な箇所で次の面に移動することで，宛先までのパケットの到達性を保証できるルーティング方式である．宛先までの到達性が保証されるため，デッドエンドからの脱出にも用いることができる．なお，面ルーティングのアルゴリズムは複数存在し，少しずつ異なる．これらの中で，本節では，ルーティングプロトコル GPSR で使用されている面ルーティング法を説明する．

図 10.11 に面ルーティングの例を示す．ノード $x$ にある宛先 $d$ へのパケットが，$d$ に転送さ

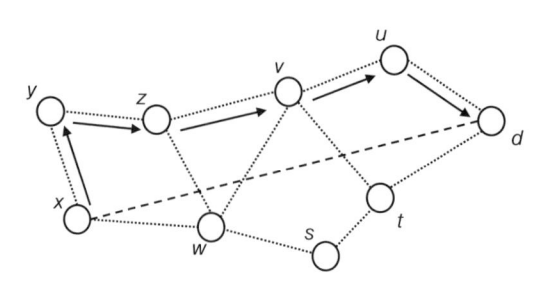

**図 10.11** 面ルーティング

れる様子を示している．送信元 $x$ から宛先 $d$ までの線分 $xd$ を考え，これに沿ってパケットを転送する．よって，パケットには，送信元 $x$ と宛先 $d$ の位置座標が記録されている．まず，線分 $xd$ から半時計回りに回って初めての枝である $xy$ を次の進路と考え，$y$ を次ホップに選ぶ．$y$ からは，$y$ を中心に $xy$ から見て半時計回りの枝である $yz$ を選び，$z$ に転送する．このようにして，パケットは，面 $xyzw$ の周囲を時計回りに移動する．このルールに従うと，ノード $z$ では，枝 $zw$ を選択することになるが，線分 $zw$ が線分 $xd$ と交わるため，この枝を飛ばして，反時計回りに次の枝である $zv$ を選び，パケットは $v$ に転送される．この時点で，パケットが存在する面が変わり，面 $zvw$ の周囲を移動していると見なせる．$v$ では，枝 $vw$ と $vt$ がいずれも $xd$ と交わるため，パケットは次の面 $vudt$ の周囲を移動し，$u$ を経て $d$ に到達する．

このように線分 $xd$ に沿って面を移動していくことで，到達できる限りにおいては，必ず宛先に到達できることが保証できる．一方で，$xd$ に沿った面が存在しない場合など，トポロジによっては，最短からはほど遠い冗長な経路を通る場合もある．例えば，図 10.11 でノード $u$ が存在しなかった場合には，$v$ から $d$ に到達できる $xd$ に沿った上側の面の並びが存在せず，つまり経路も存在しない．この場合には，$v$ まで転送されたパケットは，$v \to z \to y \to x \to w \to s \to t \to d$ のような経路で $d$ に到達することになり，最短経路と比べてかなり冗長である．

### 10.5.5 GPSR (Greedy Perimeter Stateless Routing)

GPSR (Greedy Perimeter Stateless Routing) [4] は，代表的なジオグラフィックルーティングプロトコルとして知られている．GPSR は，経路の最適性が高い貪欲ルーティングと宛先への到達性を保証できる面ルーティングを組み合せることにより，効率の良いスケーラブルなルーティングを実現する．

GPSR では，パケットは，2 つの動作モードを区別するフラグを保持する．初期状態では動作モードは「貪欲モード」であり，貪欲モードのパケットに対しては貪欲ルーティングが適用される．パケットがデッドエンドに陥ると，動作モードは「面モード」に変更される．このとき，面モードに変更したノードが，面ルーティングの送信元ノードとして，パケットに記録される．面モードのパケットに対しては，面ルーティングが適用される．面モードのパケットが次ホップノードに転送されると，そのノードから宛先までのユークリッド距離が計算され，送信元ノードからの距離と比較される．もし，現在のノードが送信元ノードよりも宛先に近ければ，パケットはデッドエンドから脱したと判断し，貪欲モードに戻る．

ジオグラフィックルーティングでは，宛先は位置座標であるが，ネットワークの接続性がないために，その位置に到達することがそもそも不可能である場合がある．そのような場合には，面ルーティングを用いても，パケットがループして，宛先に辿り着けない結果になる．これを防ぐために，GPSR では，周を移動している面が変更されると，その次に通ったリンクをパケットに記録しておき，同じリンクを通った場合には，その面を 1 周してループしていると見なして，パケットを破棄する．

## 10.6 遅延耐性ネットワーク (DTN) のルーティング

### 10.6.1 概要

遅延耐性ネットワーク (DTN) では，ノードが移動し，かつ配置密度が低い状態を想定する．このため，各ノードは，保持するパケットを記憶しておき，他のノードと出会ったとき（通信可能な範囲に入ったとき）にお互いのパケットを交換することを繰り返し，最終的に宛先にパケットが届くことを期待する．一般的な DTN では，ノードの移動パターンが予測できないと考えられる．つまり，出会ったノードのうち，どのノードにパケットを渡せば最終的に宛先ノードに届けられるのかを知ることは難しい．このため，出会ったノードにパケットのコピーを渡すことを繰り返し，ネットワーク中にパケットのコピーを増殖させることで，できるだけ高い確率で宛先までパケットを届ける戦略がとられることが多い．しかし，この戦略では，ネットワーク内の多数のノードが同じパケットを保持することになり，また，1つのパケットが何度も送信されて通信負荷がかかるため，非常にコストが高い．そこで，できるだけ低いコストで宛先へ高い確率で到達できることを目指して，種々のルーティング方式が研究されている．ここでは，その中でも基本戦略となる感染型ルーティングと Spray and Wait ルーティングについて説明する．

### 10.6.2 感染型ルーティング (Epidemic Routing)

感染型ルーティング [6] は，出会ったノードにパケットのコピーを渡すことを繰り返し，ネットワーク中の多くのノードに同じパケットを保持させることで，パケットを高い確率で宛先に到達させるルーティング方式である．

各ノードはバッファ（記憶装置）を持ち，複数のパケットを保持することができる．2つのノードが近づき，お互いの通信可能範囲に入ると，お互いが保持するパケットのダイジェスト情報を交換する．ダイジェスト情報とは，例えば，パケット ID のリストのようなものを想定する．その後，お互いに，自分が保持しないパケットを要求し，それに対してパケットが送信されることで，パケットを交換する．バッファの大きさと通信可能なデータ量が十分あれば，どちらのノードも，自分が保持しない全てのパケットを受信でき，パケット交換後には，2つのノードが保持するパケットが一致する状態になる．パケットは，あるときに送信ノード上で発生する．その後，パケットを保持するノードが他のノードに出会うことを繰り返してネットワーク上に拡散し，最終的には宛先ノードに到達する．

ところで，この方法では，出会った全てのノードが同じパケットを保持するため，通信コストが非常に高い．バッファの大きさやノードが出会ったときの通信可能データ量に制限がある場合，また，送信したいパケットの数が多い場合などには，宛先へのパケット到達割合や到達遅延等に悪影響を与える場合がある．これを避けるための方法として，ノード同士が出会った際に，一定確率 $p < 1$ でパケットを隣接ノードに送信する方法がある（先述の方法は $p = 1$ の場合である）．この方法により，宛先へのパケットの到達率や到達遅延を少し犠牲にすることで，

ネットワークにかかる負荷を低減できる．また，到達証明書（死亡証明書: Death Certificate）が用いられることもある．パケットが宛先に届いた場合には，そのパケットはネットワーク上から削除されてもよいはずである．そこで，宛先ノードが到達証明書を発行し，ネットワーク上に拡散する．到達証明書を受信したノードは，対応するパケットを保持していればバッファから削除し，到達証明書をさらに拡散する．到達証明書は元のパケットよりもはるかに小さいため，バッファの消費を抑えることができる．

### 10.6.3 Spray and Wait ルーティング

Spray and Wait [7] は，ネットワークへの負荷をできるだけ低く抑えながら，できるだけ宛先への到達確率を高くすることを目指したルーティング方式である．この方式では，パケットの送信元ノードはまず，合計 $L$ 個のパケットのコピーを，出会ったノードに渡す．パケットを受信したノードは，その後，そのパケットを保持したまま，他のノードに送信することなく，宛先と出会ったときにのみ，パケットを渡す．送信元ノードも同様に，他のノードに渡すことなく，宛先と出会ったときにのみ，パケットを渡す．このように，パケットを周囲のノードに渡す Spray 処理と，保持するパケットを移動のみで宛先に届ける Wait 処理の 2 段階から構成される．パケットは最大で $L$ 回しか送信されることがないため，ネットワークへの負荷は低いが，ノードの移動量と範囲が十分に大きければ，様々なノードの移動パターンにおいて，宛先への到達確率が高くなることが知られている．

送信元ノードが $L$ 個のパケットを送信する処理には，いくつかの選択肢がある．最も簡単な方法は，送信元ノードがはじめに出会った $L$ 個のノードそれぞれに，パケットのコピーを渡す方法である．この方法は特に，Source Spray and Wait 方式と呼ばれる．各パケットは最大 2 回までしか隣接ノードに渡されないため，2 ホップ中継法 (Two-Hop Relay) とも呼ばれる．一方，早期に出会った複数のノードで分担して Spray 処理を行う方法もある．送信元ノードが初めに $L$ 個のパケットを保持していると考えて，出会うノードに半分，つまり $\lfloor n/2 \rfloor$ 個のパケットを渡し，残りの $\lceil n/2 \rceil$ 個を自分で保持する．その後も，パケットを 2 個以上保持するノードは，次に出会ったノードに同様に半分のパケットを渡すことで，最終的に $L$ 個のノードにパケットを渡す．この方法は，Binary Spray and Wait と呼ばれる．Binary Spray and Wait 方式は，短い時間で Spray 処理が完了するため，効率的なパケットの配布が可能である．また，ノード間でパケットを渡していく過程が木構造になることから，ツリー型フラッディング法 (Tree-based Flooding) に分類されることもある．

## 10.7 マルチホップネットワークの規格

### 10.7.1 MANET のルーティングプロトコル

MANET のルーティングプロトコルは，1990 年代から活発な研究がなされてきたが，IETF (Internet Engineering Task Force) の MANET WG (MANET Working Group) による議

論の中で，2003 年頃にはその中でも 4 つのプロトコルが有力と目されるようになり，RFC (Request For Comments) として標準化された．リアクティブ型プロトコルでは AODV と DSR (Dynamic Source Routing)，プロアクティブ型プロトコルでは OLSR と TBRPF (Topology Dissemination Based on Reverse-Path Forwarding) が標準化された．この後，MANET WG では，リアクティブ型プロトコルでは AODV，プロアクティブ型プロトコルでは OLSR が中心的に議論された．

DYMO (Dynamic MANET On-Demand Routing Protoco) は，AODV の後継プロトコルとして検討されたルーティングプロトコルである．DYMO は，AODV から上流隣接ノードや Hello メッセージを省いて無駄を省くと同時に，RREQ や RREP メッセージの転送時に，中継ノードが他の経路の情報を乗せられるように拡張している．これにより，これらのメッセージを受信したノードが複数の宛先に対する経路を構築できるようになり，経路発見処理を発動する頻度が下がるなどの効率化が見込める．AODV の後継プロトコルとしては，LOADng (The Lightweight On-demand Ad hoc Distance-vector Routing Protocol - Next Generation) も検討されている．LOADng は，センサノードとして動作するようなバッテリー容量や計算能力，メモリ容量が小さい機器を想定し，不安定な無線リンクでも動作するように意図されたルーティングプロトコルである．このため，AODV から，上流隣接ノードと Hello メッセージを含めて多くの機能を削減して簡単化し，小さいプログラムコードで実現できるように設計されている．一方で，最適化フラッディングやリンクメトリックの採用など，通信を効率化する機能を新たに追加している．

OLSR の後継プロトコルとしては，2014 年に OLSR version 2 が RFC として標準化された．動作の基本原理は OLSR (version 1) と同様であるが，制御メッセージを TLV (Type-Length-Value) 形式を用いて定義し，メッセージサイズを小さく抑える工夫がなされている．TLV とは，タイプ，長さ，値の 3 つ組を表すデータの表現形式であり，TLV に基づいてメッセージを構成することで，新たな TLV を定義することでメッセージの拡張が容易になり，未知の TLV を読み飛ばすことで，後方互換性や相互運用性の確保が容易になる．また，複数の異なるメッセージを同じパケットに含めることも意図している．さらに，Hello メッセージによる近隣ノード発見処理を NHDP (NeighborHood Discovery Protocol) として独立させ，他のプロトコルからも汎用的に使用できるようにした．その他には，ノードが複数のインタフェースを持つ場合の処理などに変更があり，いくつかのメッセージの内容が変更されている．

### 10.7.2　IEEE 802.11s

IEEE 802.11s は，IEEE 802.11 のマルチホップ拡張として，IEEE で策定中のプロトコルである．IEEE 802.11s では，IEEE 802.11 に準拠した無線基地局を無線マルチホップ接続し，基地局間の配線をしなくても動作できる無線 LAN 環境を実現する．複数の基地局間でデータフレームのマルチホップ転送を行うため，何らかのルーティングにあたる仕組みが必要であるが，本来はネットワーク層で実現するこの仕組みを，IEEE 802.11s では，データリンク層で実現している．つまり，ネットワーク層では IP アドレスに対してルーティングを行うが，IEEE

802.11s では MAC アドレスに対してルーティングを行う点が大きな相違である.

IEEE 802.11s では，ルーティングプロトコルとして，AODV を拡張した HWMP (Hybrid Wireless Mesh Protocol) を定義している．HWMP は，リアクティブ型のルーティングプロトコル AODV と，木構造に沿った経路を事前に構築するプロアクティブ型の仕組みを併用したハイブリッド構成である．後者は，有線ネットワークに接続された基地局を根とした木構造の通信経路を，定期的に送信するメッセージによって維持・管理できる仕組みを提供する．また，HWMP では，リアルタイムに変動するリンク品質を数値化してメトリックを計算し，ネットワーク内に広告することで，基地局が複数のインタフェースを持つ場合でも，常に通信品質の良いインタフェースを用いた最適な経路を計算できる仕組みを備えている．

---

**演習問題**

設問 1　プロアクティブ型ルーティング OLSR とリアクティブ型ルーティング AODV の得失を比較し，それぞれがどのような場合に適しているかを考察せよ．

設問 2　面ルーティングにおいて，最短経路からほど遠い冗長な経路を通ってしまう場合とはどのような場合か，トポロジの具体例を挙げて説明せよ．

設問 3　Spray and Wait ルーティングが効率的に動作する条件について考察せよ．

設問 4　OLSR では MPR により広告されるリンクが制限されるが，なぜ，全ての 2 ノード間で最短経路を用いたパケット転送が可能になるのか，その理由を説明せよ．

設問 5　VANET にはどのようなルーティングプロトコルが適しているかを考察せよ．

設問 6　AODV の経路探索において，メッセージの損失がなければ，必ず宛先までの最短経路が計算される．その理由を説明せよ．

---

# 文　献

● 参考文献

[1] T. Clausen, et al.: OLSR (Optimized Link State Routing), IETF RFC3626 (2003).

[2] P. Jacquet, et al.: Optimized Link State Routing Protocol for Ad Hoc Networks, *Proc. IEEE INMIC'01*, pp.62–68 (2001).

[3] C. Perkins, et al.: Ad hoc On–Demand Distance Vector (AODV) Routing, IETF RFC3561 (2003).

[4] B. Karp, et al.: GPSR: Greedy Perimeter Stateless Routing for wireless networks, *Proc. Mobicom'00*, pp.243–254 (2000).

[5] D. Chen, et al.: A survey of void handling techniques for geographic routing in wireless networks, *IEEE Communications Survey & Tutorials*, vol.9, no.1 (2007).

[6] A. Vahdat, et al.: Epidemic routing for partially connected ad hoc networks, *Duke University Tech Report CS–2000–06* (2000).

[7] T. Spyropoulos, et al.: Spray and wait: An efficient routing scheme for intermittently connected mobile networks, *ACM SIGCOMM workshop WDTN'05*(2005).

- 推薦図書

[8] 小牧省三ほか：『無線 LAN とユビキタスネットワーク』，丸善出版 (2004).

[9] 間瀬憲一，阪田史郎：『アドホック・メッシュネットワーク』，コロナ社 (2007).

# 第11章
# 無線 PAN

---

### □ 学習のポイント

　無線 PAN は Bluetooth に代表されるように端末，機器同士が数メートルから数十メートル程度の短い距離で直接通信し，さらに中継機能も組み合わせて構成するネットワークを指す．環境モニタリングや物流管理等の目的で，各所に設置される無線センサ機器が取得するセンサ情報をサーバに送信する際にも無線 PAN の一種である無線センサネットワークが用いられる．今後の M2M (Machine-to-Machine), IoT (Internet of Things) を支える屋台骨となるネットワークである．

- Bluetooth について，技術と適用サービスの両面から学習する．
- 無線センサネットワークの通信プロトコルである ZigBee, IEEE 802.15.4 について学習する．

### □ キーワード

　Bluetooth, Bluetooth Low Energy (BLE), ZigBee, IEEE 802.15.4, IEEE 802.15.4e, IEEE 802.15.4g

---

　無線 PAN (Personal Area Network) は，数メートルから数十メートル程度の通信距離で人と機器，機器と機器を結ぶことを想定したネットワークである．無線 PAN の大きな特徴は省電力性であり，乾電池を始めとする小型のバッテリーでも端末が長時間動作することが念頭に置かれている．このため無線 LAN と比較して通信距離とデータレートが抑えられている．さらに，無線 PAN では後述するセンサネットワークに代表されるように長い時間の周期で少量のデータをやり取りするといった用途が多いため，必要な時間だけネットワークに参加して後の時間はスリープする仕組みが短時間で効率的に動作するように設計されており，省電力化に寄与している．いずれの方式も基本的に MAC 層と物理層は IEEE の 802.15 委員会で標準化された規格を用いている．

## 11.1 Bluetooth

　Bluetooth は主として PC やモバイル端末と周辺機器との接続を想定して定められた規格であり，1998 年に Bluetooth SIG でバージョン 1.0 が策定されて以来，現在のバージョン 4.2 に至るまで，データレートの高速化，接続時間の短縮，干渉低減などの性能向上が図られてき

た．現在，多くの機器に用いられているのは Bluetooth3.0 までの規格に沿ったものであり，4.0 以降の規格はこれらとは大きく異なる．本節では便宜上，前者をクラシック Bluetooth, 後者を BLE (Bluetooth Low Energy) と呼んで区別する．なお両者に共通する機能については Bluetooth と記述する．

### 11.1.1　クラシック Bluetooth

クラシック Bluetooth は，スマートフォン，タブレット，音楽プレーヤなどの携帯端末と周辺機器との間の接続に一般的に使われている（図 11.1）．通信方式の主要諸元を表 11.1 に示す．無線 LAN 等の他の方式と比較すると以下の特徴がある．

- ペアリングと呼ばれる認証処理をあらかじめ行った端末間での 1 対 1 通信が基本である．
- オーディオ伝送，ファイル転送，シリアル通信など各サービスごとにその仕様がプロファイルとして定義されており，同じプロファイルを備えた端末間でそのサービスによる通信を行うことができる．

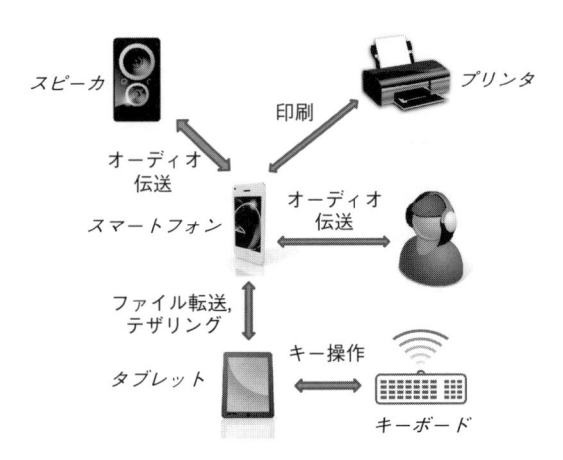

図 11.1　クラシック Bluetooth の主なアプリケーション

表 11.1　クラシック Bluetooth の主要諸元 (Bluetooth3.0+HS)

| 周波数 | 2.402〜2.480 GHz |
|---|---|
| チャネル数 | 79 |
| 変調方式 | 1 次：GFSK (Gaussian FSK)<br>2 次：FHSS (Frequency Hopping Spread Spectrum) |
| 送信電力 | 100 mW (Class 1)<br>2.5 mW (Class 2, 標準)<br>1 mW (Class 3) |
| 通信速度 | 1〜3 Mbps<br>24 Mbps (802.11PAL 適用時) |
| 通信距離 | 100 m (Class 1)<br>15 m (Class 2)<br>10 m (Class 3) |

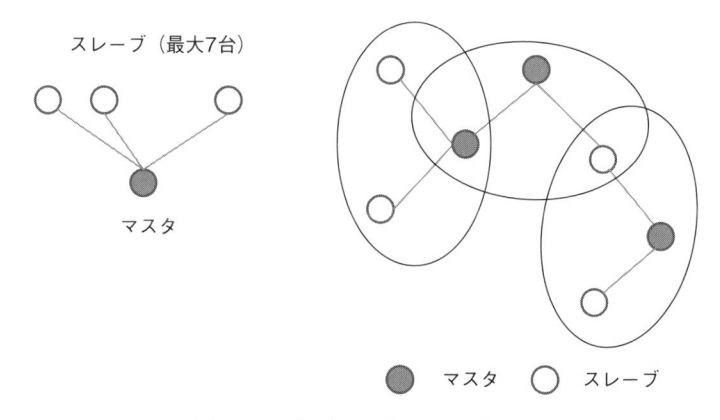

図 11.2　ピコネットとスキャタネット

**(1) ネットワーク構成**

Bluetoothのネットワークはピコネットと呼ばれる．端末はマスタとスレーブのどちらかの役割を持ち，図11.2のようにマスタがスレーブをスター型に接続する．マスタは中継機能を持っており，スレーブ間の通信は必ずマスタを介して行われる．1台のマスタに接続できるスレーブは最大7台である．各端末はマスタの異なる2つ以上のピコネットに同時に所属することもでき，この場合は時分割で各ピコネットの端末との送受信を行う．この構成はスキャタネットと呼ばれるが，スキャタネットには異なるピコネット間でデータを中継する機能はない．

**(2) MAC層**

BluetoothのMAC層では，耐干渉性を持たせるために2次変調で周波数ホッピングが用いられる．周波数ホッピングは図11.3のように使用するチャネルを短い周期で切り替えていくことによって，自らが他から受ける干渉，および自らが他に与える干渉の影響を低く抑えるもの

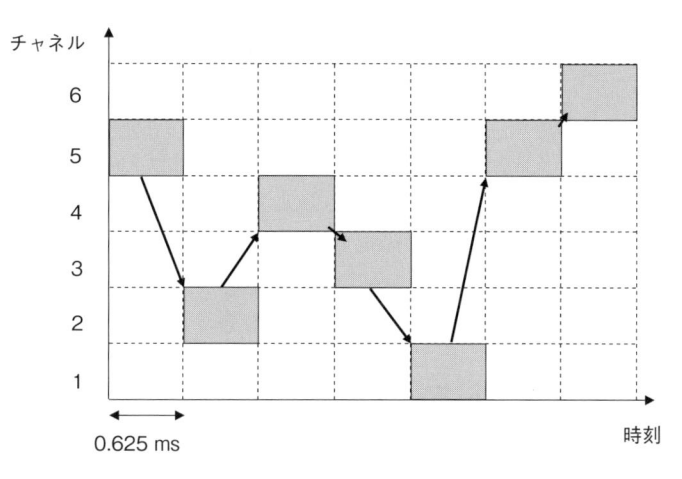

図 11.3　周波数ホッピング

である．元来は軍事用途で開発された技術で，切り替えパターンを秘匿することで通信の傍受がされにくくなるという特徴も持っている．クラシック Bluetooth では 2.402～2.480 GHz の帯域を 79 チャネルに分割し，各チャネルを 625 $\mu$s の周期 (タイムスロットとも呼ばれる) でランダムにホッピングする．2.4 GHz は ISM (Industrial Science and Medial) バンドと呼ばれる免許の不要な周波数帯であり，冒頭で述べた無線 LAN の他，リモコンなどの家電製品もこの周波数を使用する．この中で Bluetooth に大きな干渉を与えるのは送信電力の大きい無線 LAN であり，両者が混在する場合 Bluetooth の側が通信継続不可能になることも多い．このため，あらかじめ周波数の混み具合を受信電波強度により推定し，高い頻度で利用されていると推定されるチャネルをホッピングチャネルから外す AFH (Adaptive Frequency Hopping) が用いられている．

**(3) 通信コネクションの設定**

クラシック Bluetooth の通信の開始は近隣ノードの探索，ペアリング (初回接続時のみ)，コネクション確立の順序で行われる．前述の 79 チャネルのうち 32 チャネルが新規参加用チャネルに割り当てられており，通信を開始したい端末の一方がマスタとなってこれらのチャネルに inquiry パケットを送信する．もう片方のノードも新規参加用チャネルをホッピングしながら受信し，inquiry を受信するとマスタへ応答して接続処理を開始する．初回の接続の場合にはペアリングと呼ばれる認証処理を行う．クラシック Bluetooth では以下の 4 種類のペアリングがある．

- Just Works　　　　　　認証なし
- Numeric Comparison　6 桁の認証コードを表示しての一致確認
- Passkey Entry　　　　6 桁の認証コードを打ち込むことによる確認
- Out-Of-Band　　　　　Bluetooth 以外の手段 (USB など) による確認

Just Works は画面を持たない機器の接続や，短時間での接続に使われる．

**(4) プロファイル**

一般に音声・音楽の伝送では到着時間の揺らぎを調整し，ファイルなどのデータ送信では再送や FEC によりデータの信頼性を確保するといったように，送る情報の種類によって異なるプロトコル処理が必要である．Bluetooth ではこれらの処理仕様をプロファイルとして定義している．アプリケーションは送受信の際にプロファイルが用意する関数 (API と呼ばれる) を呼び出せば，プロトコル処理が Bluetooth 内部で行われアプリケーション側でこれらを意識する必要がない．無線 LAN ではサービスプロファイルが提供されないことに比べるとこれは大きな利点である．クラシック Bluetooth で提供される代表的なプロファイルを表 11.2 に示す．

### 11.1.2 BLE (Bluetooth Low Energy)

BLE は 2010 年に策定された Bluetooth 4.0 とそれ以降の規格で定められている物理層と MAC 層の 1 つである．クラシック Bluetooth と比較して消費電力を大幅に低減することによ

表 11.2 Bluetooth の主なプロファイル

| プロファイル名 | 内容 | 用途 |
|---|---|---|
| A2DP (Advanced Audio Distribution Profile) | ステレオ音声伝送 | ヘッドセット，マイク |
| AVRCP (Audio/Video Remote Control Profile) | AV 機器のリモコン | — |
| BIP (Basic Imaging Profile) | 静止画伝送 | — |
| BPP (Basic Print Profile) | プリンタへの転送・印刷 | — |
| DUN (DialUp Networking profile) | ダイアルアップ接続 | 端末間接続（テザリング等） |
| GAP (Generic Access Profile) | 機器の接続・認証・暗号化 | |
| HID (Human Interface Device profile) | 入力機器接続 | キーボード，マウス |
| HSP (HeadSet Profile) HFP (Hands-Free Profile) | ヘッドセット，マイクとの通信，ハンズフリー通話 | — |
| SPP (Serial Port Profile) | シリアル通信 (RS232C) | キーボード，マウス |

りボタン電池などで動作する機器への搭載を可能にしている．クラシック Bluetooth が機器間の 1 対 1 通信を基本としているのに対し，BLE ではビーコンと呼ばれる固定設置された機器やモバイル端末が親機となって周囲の機器へ一斉に情報を通知する，あるいは逆に人が常時身に付けるセンサ端末など小型機器などからビーコンやモバイル端末へ情報をアップロードするといった形の通信が主体である．

BLE とクラシック Bluetooth との仕様の一部比較を表 11.3 に示す．クラシック Bluetooth と共通する仕様も多いが，データレートと送信電力を低く抑えているほか，主に以下に挙げる仕様を通して電力消費の低減を図っている．

● **周波数ホッピング周期の長時間化**

周波数ホッピングでは機器間で時刻に関するパケットを定期的に送受信して同期を取る必要がある．ホッピング周期が短いほど電波干渉への耐性が向上する一方で同期のためのパケッ

表 11.3 BLE の主な諸元

| | BLE | クラシック Bluetooth |
|---|---|---|
| 周波数 | 2.400〜2.480 GHz | 2.402〜2.480 GHz |
| チャネル帯域幅 | 2 MHz | 1 MHz |
| チャネル数 | 40 | 79 |
| 通信速度 | 1 Mbps | 1〜24 Mbps |
| 送信電力（一般的な値） | 10μW〜10 mW (1 mW) | 1〜100 mW (2.5 mW) |
| 通信距離 | 10 m | 15 m |
| 周波数ホッピング周期 | 数 ms | 625 μs |
| 接続時間 | 数 ms 以上 | 数百 ms 以上 |
| ペアリング | オプション | 必須 |
| ピコネットのスレーブ数 | 最大約 2 億台 | 最大 7 台 |
| 平均消費電流 | 3 mA | 30 mA |

ト送信頻度が増加して消費電力が増える．BLE のホッピング周期はクラシック Bluetooth の数倍に設定されており，消費電力の面で有利である．なおクラシック Bluetooth ではデータは複数の周期に分割して送られることが多いが，BLE では 1 つのパケット送信と ACK の受信は 1 つの周期の中で行われる．

- ネットワーク発見・参加電力の削減

 クラシック Bluetooth では 32 チャネルある新規参加用チャネルが 3 チャネルとなり，近隣ノード探索の際の周波数ホッピングに伴う消費電力が大きく低減されている．この他，ペアリングがオプションとなり，接続時間の高速化も図られている．

 BLE の想定用途は従来の RF タグと一部重なるが，Apple の iOS 7 以降の端末が iBeacon という名称で BLE をサポートするなどモバイル端末でより利用しやすい環境になっている．ボタン電池で動作する BLE タグによる「モノ」の場所管理，ウェアラブル生体センサとモバイル端末を組み合わせたヘルスケア・フィットネス，ビーコンを店舗に設置してユーザのモバイル端末との間で通信を行い商品購入の際にハンズフリーで決済するといった用途の製品があり，今後のさらなる普及が期待されている．

## 11.2 無線センサネットワークの通信方式

 無線センサネットワークはセンシング技術と無線 PAN とを連携させた小型通信ノードを対象地域に数多く設置してネットワークを構成し，センサが収集した情報をサーバに送信したり，あるいはサーバからセンサを制御したりする．広い意味でのセンサネットワークは有線，無線の両方のネットワークが用いられるが，屋外で展開されるネットワークあるいは屋内でも有線の敷設が困難な条件では無線が用いられる．広域に展開する公共的なアプリケーションの例としては大気状況の計測，気象計測（自然災害の予測を含む）などがあり，産業面で重要なアプリケーションの例としては物流の管理，電力/ガスメータの計測と制御，家電の状態監視と制御，安全・安心のための建物あるいは人の見守り，ビルや橋などの建造物の状態監視，農産物の生育状態監視などがある．これらをサポートする無線 PAN の通信方式に求められる代表的な性能として以下がある．

- 省電力性

 管理コストの面から一度敷設した通信ノードは可能な限りメンテナンスフリーであることが求められ，冒頭でも述べたように例えば乾電池で数年動作することが目標となる．

- マルチホップ中継機能およびネットワークの耐障害性

 中継機能はアプリケーションが対象とするエリアを柔軟にカバーできるようにするために特に重要である．また一部のノードが故障しても他のノードが中継機能を担当できるよう，あらかじめ冗長な数のノードでネットワークを構成し，故障の検知と中継機能の交代を自律分散制御で行える機構が必要となる．すなわち，アドホックネットワークと同等の機能が求められる．

## 11.3 ZigBee

ZigBeeは前述した無線センサネットワークの要件を満たす低消費電力な無線通信規格として，2002年に設立され約400社（2014年12月現在）の企業から構成される非営利団体のZigBeeアライアンスにおいて仕様策定や普及活動が行われている[1]．通信速度は最大約250 kbps，通信距離は10～100 m程度である．2004年にバージョン1.0 (ZigBee 2004) が策定されて以降，2006年にバージョン2.0 (ZigBee 2006)，2007年にはZigBee PRO (ZigBee 2007) と，機能追加や改訂が頻繁に行われている．2015年度第4四半期には，最新バージョンであるZigBee 3.0が策定される見通しである．余談であるが，ZigBeeという名称は，ミツバチが情報伝達を行う際にとる行動をもとに作られた造語である．ミツバチは，蜜が取れる花を見つけた場合，巣に戻って尻をジグザグに振る動きをとることで，蜜が取れる場所の方向と距離を仲間に知らせている．このような情報伝達の手段が，センサネットワークの挙動と類似していることから，ジグザグ (Zigzag) とミツバチ (Bee) を掛けあわせ，ZigBeeという名称が付けられた．

ZigBeeのプロトコル構造を図11.4に示す．物理層とMAC層は後述するIEEE 802.15.4を使用し，その上で動作するネットワーク層，アプリケーション層，セキュリティサービスを規定している．本書ではIEEE 802.15.4の動作を次の11.4節で，ネットワーク層の動作を12.5節でそれぞれ詳しく述べる．

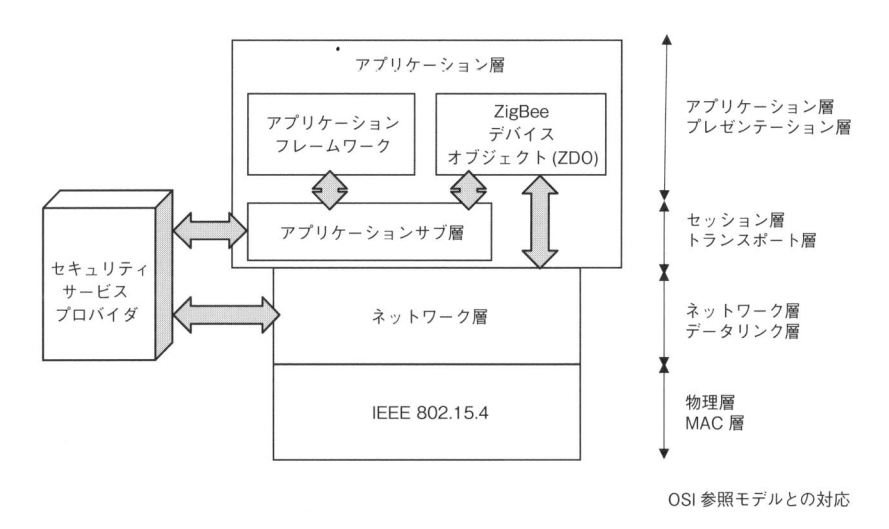

図 11.4 ZigBeeのプロトコル構造

---

[1] 国内においても，13社（2014年12月現在）の企業からなるZigBee SIGジャパンが活動を行っていたが，当初の目的を達成したとして，2014年12月に解散した．

## 11.4 IEEE 802.15.4-2011

IEEE 802.15.4 は LR (LowRate)-無線 PAN とも呼ばれ，当初は主に家電制御を目的として規格化された MAC 層，物理層プロトコルであるが現在では無線センサネットワークの標準的なプロトコルとして製品に幅広く使われている．また前述のように ZigBee の MAC 層，物理層プロトコルでもある．2003 年に最初の規格 IEEE 802.15.4-2003 が策定された後，各国で利用できる様々な周波数帯域での動作を定めた別の規格を統合する形で 2011 年に IEEE 802.15.4-2011 が策定され現在に至っている．本節ではこの IEEE 802.15.4-2011 の動作を述べる．

**11.4.1 利用可能な周波数帯域とチャネル**

IEEE 802.15.4-2011 の物理層で規定されている代表的な周波数帯域とチャネルは表 11.4 のとおりである．日本で利用可能な周波数帯は 2.4 GHz 帯のみである．

**11.4.2 MAC 層プロトコル**

IEEE 802.15.4-2011 のノードはデバイス，コーディネータ，PAN コーディネータの 3 つに分類される．一般にセンサノードがデバイスとなり，センサノードから送られるデータを受信し制御するコントローラはコーディネータまたは PAN コーディネータとなる（図 11.5）．

ノードは，機能を限定する代わりに低消費電力で動作する RFD (Reduced Function Device) と十分な処理能力を持ち全ての機能をサポートする FFD (Full Function Device) に分類されることもある．RFD はデバイスとしてのみ動作するが，FFD はコーディネータまたは PAN

表 11.4 IEEE 802.14.5-2011 の周波数帯域とチャネル（UWB は除く）

|  | 無線 PAN | | 無線 LAN |
| --- | --- | --- | --- |
|  | Bluetooth (Bluetooth 3.0) | ZigBee |  |
| MAC 層規格 | IEEE 802.15.1 | IEEE 802.15.4-2011 | IEEE 802.11g |
| 周波数 | 2.4 GHz | 2.4 GHz | 2.4 GHz |
| データレート | 1〜3 Mbps | 250 kbps | 54 Mbps |
| 通信距離 | 15 m (Class 2) | 10 m | 50 m |
| 送信電力 | 2.5 mW (Class 2) | 1 mW | 30 mW |

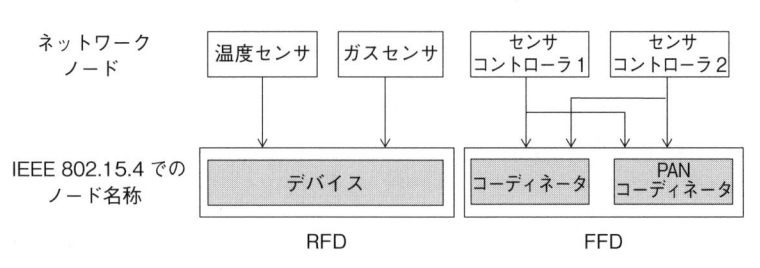

図 11.5 IEEE 802.15.4 のノード名称

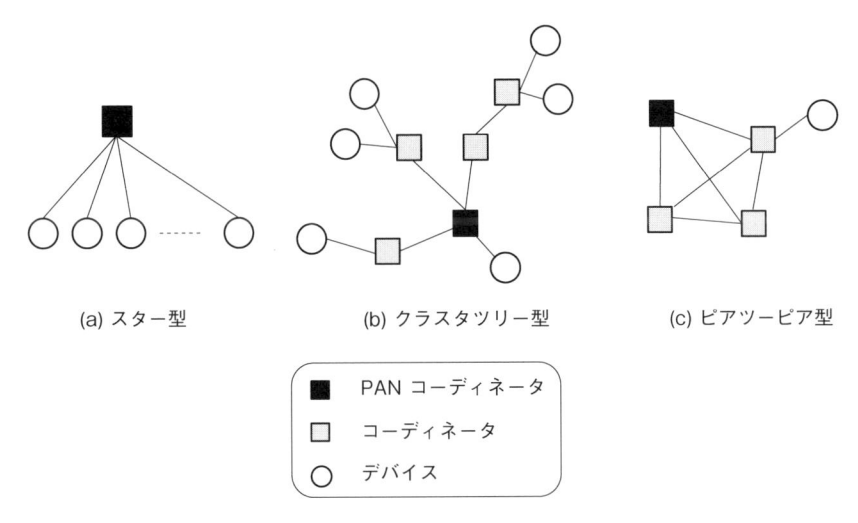

図 11.6　IEEE 802.15.4 のトポロジー

(a) スター型　(b) クラスタツリー型　(c) ピアツーピア型

■ PAN コーディネータ
□ コーディネータ
○ デバイス

コーディネータとしてデバイスを接続することもできるし，デバイスになることもできる．

サポートするトポロジーは図 11.6 に示すスター型，ピアツーピア型，クラスタツリー型の 3 種類である．いずれの形態でもデバイス同士は直接通信できず必ずコーディネータまたは PAN コーディネータを介して通信する．1 つのネットワークには PAN ID と呼ばれる識別子が付され，PAN コーディネータは 1 台のみ存在する．デバイスはセンサノードに対応し，常にネットワークの末端に位置しており，必要なときにだけコーディネータまたは PAN コーディネータと通信して他の時間はスリープ状態でいられるため，消費電力を大幅に低減できる．

データ送信方法にはノンビーコンモードとビーコンモードが定義されている．以下ではスター型のコーディネータ，およびクラスタツリー型の各無線リンクでよりツリーの中心に近いコーディネータを親ノードと呼び，その他を子ノードと呼んで動作を解説する．

**(1) ビーコンモード**

ビーコンモードでは親ノードが一定周期で送信するビーコンに子ノードが同期し，タイム

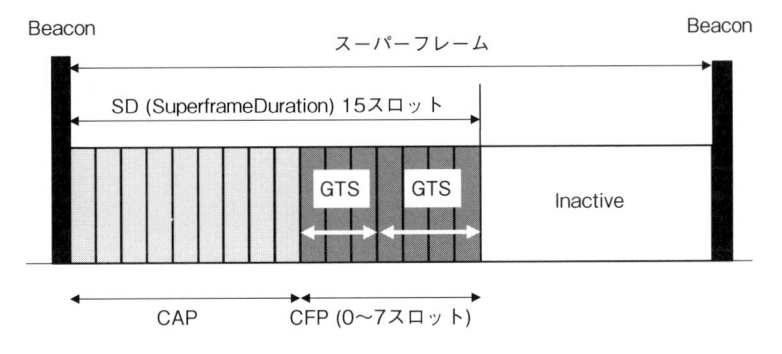

図 11.7　IEEE 802.15.4-2011 のスーパーフレーム

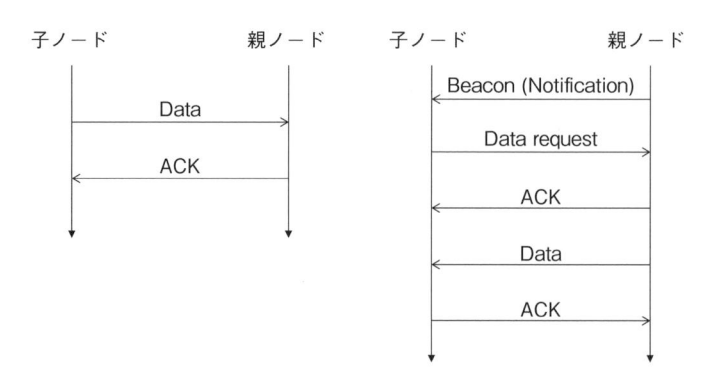

図 11.8 データ送信の制御シーケンス

スロットを単位としてデータの送受信を行う．タイムスロットは図 11.7 に示す，スーパーフレームと呼ばれる構造を持つ．フレームはビーコンとビーコンで区切られ，CAP (Contention Access Period)，CFP (Contention Free Period)，Inactive period により構成されている．Inactive period は子ノードが全てスリープする期間であり，この期間が設定されない場合もある．CAP では各タイムスロットごとに子ノードから親ノードへ CSMA/CA でデータが送られる．CFP では各タイムスロットがあらかじめ特定のノードによるデータ送信のために割り当てられており，それぞれパケット衝突なしに送信が可能である．連続する複数のタイムスロットを1つのノードに一括して割り当てることもでき，その一区間を GTS (Guaranteed Time Slot) と呼ぶ．GTS には transmit GTS と receive GTS の2種類があり，transmit GTS は特定の子ノードから親ノードへの送信に割り当てられるスロット，receive GTS は親ノードから各子ノードへのデータ送信に割り当てられるスロットである．

データ送信の制御シーケンスは図 11.8 のとおりである．子ノードが親ノードへ送信すべきデータを持つ場合には直ちに送信する．一方，親ノードが子ノードへ送信すべきデータが生じた場合には子ノードがその時点でスリープかアクティブのどちらの状態かがわからないため，親ノード内にデータを蓄積し，以降の各スーパーフレームの冒頭ビーコンでそのノード宛のデータがあることを通知する．子ノードはスリープから復帰してビーコンを受信し，自分宛のデータがあることを知ると親ノードへリクエスト (Data request) を送る．親ノードは確認応答 (Acknowledgment) を返した後，その子ノード宛に蓄積されているデータがあれば送信する．

(2) ノンビーコンモード

ノンビーコンモードでは各端末は同期を確立せず，データの送信は CSMA/CA により行われる．図 11.6 のどのトポロジーでもこのモードは使われるが特にピアツーピア型ではこのモードが標準である．ノンビーコンモードのデータ送信制御シーケンスはビーコンモードと基本的には同じであるが，ノンビーコンモードではコーディネータからデバイスに対してそのノード宛ての蓄積データが存在することを通知する手段がないため，デバイスは定期的にコーディネータへ Data request を送信し，コーディネータはその時点で蓄積データがあれば ACK の送信後，データ送信を行うという手続きを踏むことになる．

## 11.5 IEEE 802.15.4 の拡張規格

### 11.5.1 IEEE 802.15.4e

IEEE 802.15.4e は主に工業用センサネットワーク (ファクトリーオートメーション,プロセスオートメーションなど) での利用を目的として従来の IEEE 802.15.4-2011 の MAC 層に機能を追加する形で規格化されている.新たなプロトコルとして TSCH (Time Slotted Channel Hopping), LLDN (Low Latency Deterministic Networks), DSME (Dynamic and Synchronous Multichannel Extension), AMCA (Asynchronous multi-channel adaptation) が規定されているが以下ではこの中で TSCH と LLDN を説明する.

**(1) TSCH**

IEEE 802.15.4-2011 では各無線リンクは周波数チャネルを固定して運用されるが,免許不要の周波数帯では他からの干渉によるエラーの発生が避けられない.TSCH は Bluetooth と同様にタイムスロットを単位として周波数ホッピングを行うことで工業用途に求められる高い信頼性の実現を図る.このため,TSCH は PAN コーディネータを管理ノードとしてコーディネータをメッシュ状に接続するピアツーピア型トポロジーに適用され,ノード間で同期をとりタイムスロットによる通信を行う.同期処理では図 11.9 に示すように PAN コーディネータが時刻情報を定期的に送信し,隣接ノードはこれをもとに同期する.PAN コーディネータから 2 ホップ以上離れたノードは自分より PAN コーディネータに近い位置にある隣接ノードから時刻情報を受信して同期する.図にあるように複数のノードを時刻源として同期することもできる.

TSCH のタイムスロットはスロットフレームと呼ばれる構造を持つ.図 11.10 はある 1 つの

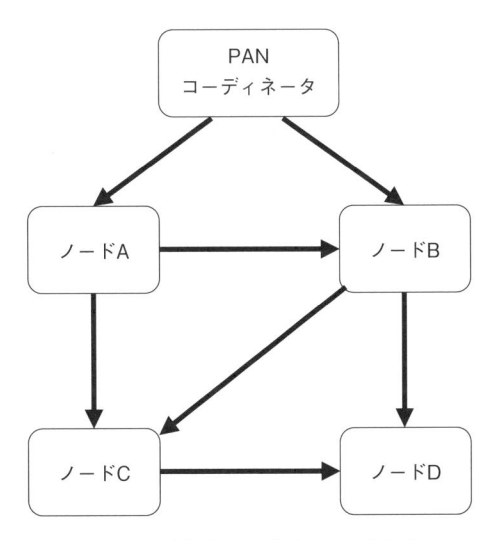

図 11.9 TSCH のノード同期 (矢印の終点ノードが始点ノードに同期する)

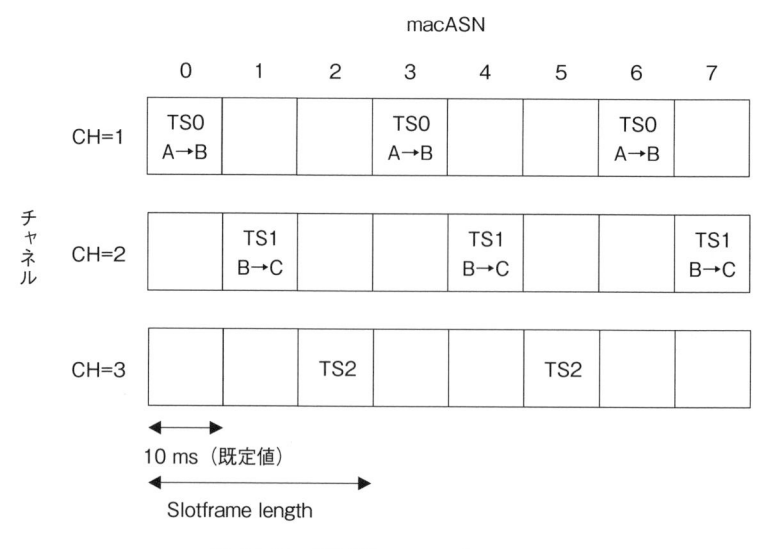

```
                          macASN
              0    1    2    3    4    5    6    7
            ┌────┬────┬────┬────┬────┬────┬────┬────┐
       CH=1 │TS0 │    │    │TS0 │    │    │TS0 │    │
            │A→B │    │    │A→B │    │    │A→B │    │
            └────┴────┴────┴────┴────┴────┴────┴────┘
            ┌────┬────┬────┬────┬────┬────┬────┬────┐
  チャネル  CH=2 │    │TS1 │    │    │TS1 │    │    │TS1 │
            │    │B→C │    │    │B→C │    │    │B→C │
            └────┴────┴────┴────┴────┴────┴────┴────┘
            ┌────┬────┬────┬────┬────┬────┬────┬────┐
       CH=3 │    │    │TS2 │    │    │TS2 │    │    │
            └────┴────┴────┴────┴────┴────┴────┴────┘
                       ←→
                      10 ms（既定値）
                 ←─────────────→
                  Slotframe length
```

図 11.10 TSCH のスロットフレーム

ネットワークにおいて周期 3 でホッピングする例である．TS は周期内でのタイムスロット番号，macASN はネットワーク開始時刻からの経過時間で決まる「通し」でのタイムスロット番号をそれぞれ表す．A から B への通信が TS0 へ，B から C への通信が TS1 に固定的に割り当てられている例である．使用するチャネルが重ならないような形で 1 つのネットワーク内に複数のスロットフレームを設定することも可能である．タイムスロット長は既定値で 10 ms となっており，1 つのパケットの送信と ACK 受信はそのタイムスロットの中で完結する．

各スロットでのデータ送信は IEEE 802.15.4-2011 と同様，CSMA/CA による非予約型送信と GTS による予約型送信がサポートされている．

**(2) LLDN**

LLDN はその名のとおり，遅延時間を低く抑えることを重視としたプロトコルである．

PAN コーディネータとデバイスからなるスター型トポロジーのみをサポートし，中継機能やピアツーピア型トポロジーはサポートしない．通信はタイムスロットベースで行われる．特徴として，(1) 多くのタイムスロットは事前にどのノードが使用するかが決められているためアクセス制御の遅延が抑えられる，(2) タイムスロットが競合アクセスになる場合もノードアドレス長を 8 ビットに抑えているため（IEEE 802.15.4-2011 は 64 ビット）データ送信時間が短い，などが挙げられる．

LLDN のスーパーフレームは図 11.11 のとおりで，管理タイムスロット，上りリンクタイムスロットと双方向タイムスロットから構成される．双方向タイムスロットは各スーパーフレームごとに上りリンクのみで使用するか下りリンクのみで使用するかが決められ，PAN コーディネータがビーコンで指定する．上りリンクタイムスロットで送られるデータに対する PAN コーディネータからの ACK は次のビーコンでまとめて返され，ACK が帰らなかったデータについては次のスーパーフレームの再送タイムスロットを使用して再送される．

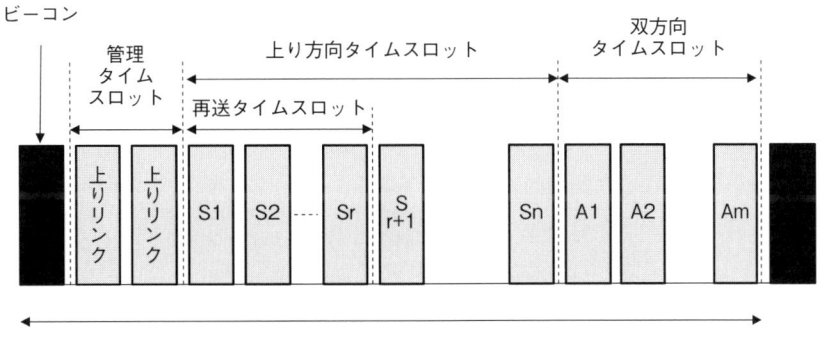

図 11.11 LLDN のスーパーフレーム

### 11.5.2 IEEE 802.15.4g

IEEE 802.15.4g はスマートメータ用のネットワークである SUN (Smart metering Utility Networks) の物理層規格である．IEEE 802.15.4g では MR-FSK（マルチレート FSK），MR-O-QPSK，MR-OFDM の 3 つの変調方式が規定されている．MR はマルチレートの意味で，1 次変調の変調指数，2 次変調の DSSS の拡散率，誤り訂正符号の符号化率などを変化させることで様々な通信速度をサポートする．IEEE 802.15.4g で使用される周波数帯，通信速度等について，特に日本で利用可能なものを表 11.5 に示す．日本では 2.4 GHz の他，916〜917 MHz，920〜930 MHz でも利用できる．

この規格では，3 つの変調方式で利用可能な周波数チャネルが互いに重なっており，異なる変調方式で動作するネットワークが同じチャネルに混在することになる．そこでこの規格では，全てのコーディネータがスーパーフレーム内で一定時間同じ変調方式 (MR-FSK) で信号を送受信する期間を設け，既にそのチャネルを使用しているコーディネータはこの期間で自分の変調方式の情報等をエンハンストビーコン (EB) と呼ばれる新たなビーコンで周囲に周知する．新たにそのチャネルを利用しようとするネットワークのコーディネータは，受信した EB の情報から，共存できる変調方式を選択する，あるいは他のチャネルに移るなどの判断を行う．この機能は MPM (Multi-PHY layer Management) と呼ばれている．

表 11.5 IEEE 802.15.4g が使用する周波数帯とチャネル

| 周波数帯 | 変調方式 1 次変調 | 変調方式 2 次変調 | 通信速度 | チャネル帯域幅 |
|---|---|---|---|---|
| 902〜928 MHz | 2FSK | — | 50〜250 kbps | 200〜800 kHz |
| | O-QPSK | DSSS | 6〜500 kbps | 200 kHz, 2 MHz |
| | OFDM | | 50〜800 kbps | 200 kHz〜1.2 MHz |
| 2.4〜2.483 GHz | 2FSK | — | 50〜250 kbps | 200〜400 kHz |
| | O-QPSK | DSSS | 30〜500 kbps | 5 MHz |
| | OFDM | | 50〜800 kbps | 200 kHz〜1.2 MHz |

## 演習問題

**設問1** クラシック Bluetooth ではペアリングの認証方式に4種類あるが，この中で (1) Numeric Comparison あるいは Passkey Entry による認証が有効であると考えられる利用シーン (2) Just Works による認証で不都合がないと考えられる利用シーンをそれぞれ具体的に1つずつ挙げよ．(1) については Just Works を使用するとどのような不都合が生じるかを述べよ．

**設問2** Bluetooth の端末は同時に複数のピコネットに所属することができるが，同時に複数のピコネットのマスターノードになることはできない．この理由を述べよ．

**設問3** 通信速度 250 kbps の IEEE 802.15.4-2011 のビーコンモードにおいて，スーパーフレームの長さ（フレームの周期）を 10 ms，スロットの長さを 10 us と設定する．この設定で，あるデバイスが GTS スロットのみを用いて毎秒 1000 ビット（すなわち 1 kbps）のデータをコーディネータに送信する場合，各スーパーフレームでこのデバイスに対していくつの GTS スロットを割り当てればよいか．

**設問4** Bluetooth の周波数ホッピング方式の1つである AFH (Adaptive Frequency Hopping) について調査しその動作を述べよ．パケットの衝突回避方式としては周波数ホッピングの他に CSMA/CA が代表的であるが，音声・音楽などの遅延要求の厳しい情報を送る上では AFH と CSMA/CA のどちらが有利であるか．

**設問5** IEEE 802.15.4-2011 において，ノンビーコンモードと比較したビーコンモードの利点を述べ，その利点が活かされる具体的な用途を挙げよ．

**設問6** IEEE 802.15.4-2011 では，ピアツーピア型トポロジーの MAC プロトコルはノンビーコンモードのみで，ビーコンモードは使用されない．この理由を述べよ．

## 文献

- 参考文献
  [1] 鄭立：『Bluetooth 入門』，秀和システム (2014).
  [2] Bluetooth 仕様採択済み文書．
  https://www.bluetooth.org/ja-jp/specification/adopted-specifications
- 推薦図書
  [3] 阪田史郎 編：『ユビキタス技術 センサネットワーク』，オーム社 (2006).
  [4] 鄭立：『Bluetooth 入門』，秀和システム (2014).
  [5] 鄭立：『スマートセンサ無線ネットワーク』，リックテレコム (2014).

# 第12章
# センサネットワークと省電力

## 学習のポイント

センサネットワークとは，実世界の現象・事象を観測可能なセンサをネットワークでつないだものであり，多数のセンサが取得したセンサデータを利活用することで，様々なサービスの実現が期待されている技術である．センサネットワークを構築する際，最も重要となる課題は，センサノードの省電力化によるネットワークの長寿命化であり，数多くの技術開発が進められている．また，11.3節で述べた ZigBee は，センサネットワーク向けに策定された世界標準規格であり，ZigBee に準拠したデバイスも数多く開発されている．

この章では，センサネットワークの基礎であるセンシングとネットワークについて概説した後，省電力に関する技術について，特に MAC 層・ネットワーク層における代表的なプロトコルを紹介する．さらに，センサネットワーク向けの通信規格である ZigBee について，ネットワーク層における通信規定を中心に詳説する．

- センシングとネットワーク，およびセンサネットワークの概念について理解する．
- センサネットワークにおける省電力の重要性について理解する．
- 省電力のためのセンサネットワーク向けプロトコルについて理解する．
- センサネットワーク向け通信規格である ZigBee について理解する．

## キーワード

センサノード，センサネットワーク，省電力，スリープ，S-MAC，LEACH，データセントリック，SPIN，Directed Diffusion，ZigBee

## 12.1 センシングとネットワーク

センシングとは，実世界における物理的あるいは化学的な現象・事象を観測して電子的な信号に変換することであり，このような機能を有したデバイスをセンサと呼ぶ．システムやアプリケーションの観点からは，実世界の情報を取得するためのインタフェースであり，しばしば人間の目や耳といった感覚器官に例えられる．センシングの対象となる事象としては，温度，湿度，音，光，圧力，加速度，位置，さらには化学物質や放射線など多岐に渡り，それぞれを観測可能な多種多様なセンサが開発されている．

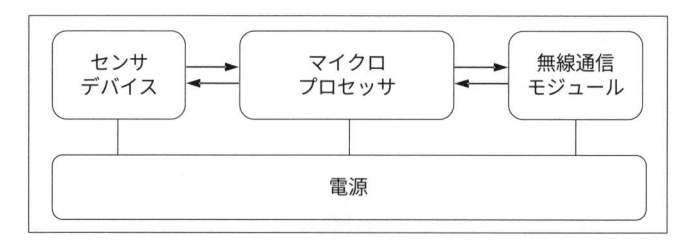

図 12.1　センサノードの構成

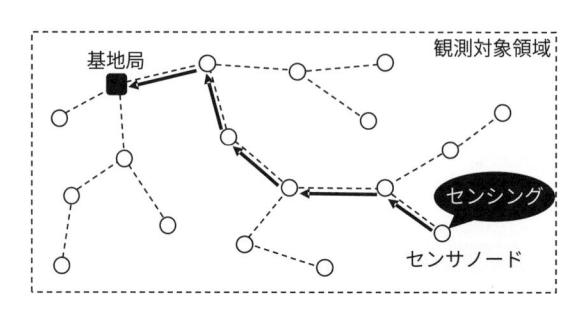

図 12.2　センサネットワーク

　個々のセンサが観測できる事象は限られているが，数百あるいは数千といったセンサを設置し，さらに各センサがネットワークでつながると，より高度なセンシングが可能となる．例えば，温度センサを1つ設置しても，設置した場所の温度しか計測できないが，広い範囲に大量の温度センサを設置し，各センサが計測した温度情報をネットワークを介して1箇所に集めることができれば，範囲全体の温度分布が観測できるようになり，気象予測などへの活用が可能となる．センサネットワークは，このような発想のもとで，センシングを行う各センサに，情報を処理・蓄積する機能や無線通信機能を付与し，これらを用いて構築したネットワークであり，11.2節で述べたように，様々なアプリケーションへの応用が期待されている．センサネットワークでは，図12.1のように，センサデバイス，マイクロプロセッサ，無線通信モジュールを有した端末をセンサノードと呼び，センサノードがセンシングによって取得した情報をセンサデータと呼ぶ．センサネットワークでは，各センサノードが取得したセンサデータを集約管理する基地局を設置し，情報の集約には10章で述べた無線マルチホップネットワークを用いることが一般的である．観測対象となる領域に設置された各センサノードは，基地局だけでなく，他のセンサノードとも通信することで，図12.2のように，無線マルチホップ通信を用いてセンサデータを基地局に収集する．

## 12.2　省電力 〜センサネットワークの重要課題〜

　センサネットワークでは，各センサノードは電池駆動となることが一般的である．そのため，電池を使い果たしたセンサノードは，センシングも通信も行えなくなってしまう．このような状況で，センサノードが設置された地点におけるセンシングを継続するためには，センサノー

ドの電池を交換・再充電するか，新たなセンサノードに交換する必要があるが，一般にセンサネットワークでは数百から数千といった大量のセンサノードを設置することが想定されるため，電池やセンサノードの交換を個々のセンサノードに対して行うことは現実的ではない．また，大量に設置するという特性から，センサノードは小型化・低コスト化されることが望ましく，各センサノードに大容量の電池を搭載することも困難となる．以上のような理由から，センサネットワークにおいては，各センサノードの消費電力をいかに小さく抑えるかが非常に重要であり，省電力化のための技術開発が盛んに行われている．

センサノードを省電力化するためには，起動する必要がないセンサノードや各モジュールへの電力共有を停止するスリープ（休止）状態とし，必要最小限のセンサノードをアクティブ（起動）状態とすることが有効である．例えば，非常に近い位置に複数のセンサノードが設置されている場合，それらのうち1つだけがセンシングを行えば十分であるし，1日に1回情報収集を行う必要がある場合は，情報収集のタイミングだけアクティブ状態となれば十分である．特に，無線通信モジュールの消費電力は他のモジュールとくらべて大きく，実際にデータを送受信するときだけでなく，アイドル（受信待機）状態においても多くの電力を消費するため，省電力化のためには「まったく通信が行えない」スリープ状態にどれだけ移行させられるかが重要となる．ただし，センサノードをスリープ状態としたことで通信が行えず，センサネットワークとしての機能が停止してはならないため，必要なデータは収集できる信頼性を確保しながら，センサノードの省電力化を行う必要がある．

無線通信モジュールによる電力消費を抑えるという点では，そもそもの通信量を小さく抑えることも省電力化に有効である．例えば，無線マルチホップ通信を行うためのルーティングにおけるメッセージの交換量や，ネットワーク上でやり取りされるセンサデータ自体の量を抑えることで，ネットワーク全体の通信量を抑えることができる．もちろん，通信量を抑えることで，通信経路が構築できなくなる，あるいは必要なセンサデータの収集に失敗する，などといった状況が発生してはならないため，ここでも信頼性を確保しながらの省電力化が重要となる．

このような背景のもと，センサノードを省電力化し，センサネットワークを長寿命化させる技術として，ネットワークの各階層において様々なプロトコルが設計されている．以下では，センサネットワークの省電力化を実現する技術として，特にMAC層・ネットワーク層における代表的なプロトコルを紹介する．また，センサネットワーク向けの通信規格として世界標準の1つとなっているZigBeeについて，ネットワーク層における通信規定を中心に解説する．

## 12.3 MAC層プロトコル

省電力なMAC層プロトコルとしては，Bluetooth Low Energy（11.1.2項参照）やIEEE 802.15.4（11.4, 11.5節参照）など，標準化が進められているものがいくつか存在しており，これらの通信機能を有するセンサノードも数多く開発されている．特にIEEE 802.15.4は，12.5節で解説するZigBeeにおいて物理・MAC層に採用されている．これらのプロトコルだけでなく，センサネットワークの長寿命化を目指した試みが数多く成されている．

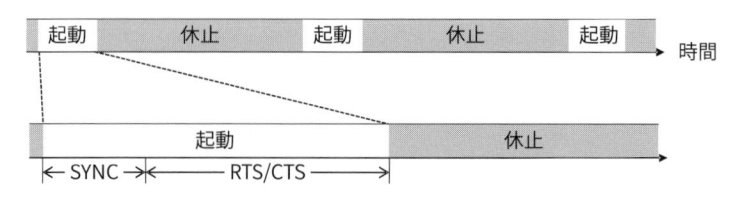

図 12.3 S-MAC における起動・休止スケジュール

### 12.3.1 S-MAC (Sensor MAC)

S-MAC [5] は，コンテンション方式プロトコルをセンサネットワーク向けに設計した手法である．各センサノードはアクティブ状態とスリープ状態を繰り返し，このスケジュールを隣接するセンサノード間で同期することによって，アクティブ状態でのみ相互に通信を行う．スケジュールを同期するため，図 12.3 のようにアクティブ状態となる期間の最初に同期のための SYNC 期間を設け，この期間中にスケジュールに関する情報を送信する．隣接ノードは，この情報を受信することで，アクティブ状態となる期間が一致するよう，スケジュールを調整する．

通信を行う場合，送信側ノードは，SYNC 期間の後にある RTS/CTS 期間中に RTS を送信する．これを受信した受信側ノードは CTS を返送し，その後データ転送が行われる．なお，データ転送が開始されると，送受信ノードは，転送が完了するまではスリープ状態に移行しない．

また，S-MAC では，マルチホップ通信を効率的に行うための仕組みも備わっている．上記送受信が行われる際，RTS/CTS を受信した（聞こえた）他のセンサノードは，送受信が終了する時点で一時的に起動する．こうすることで，送受信終了後に受信側ノードが即座に RTS を送信すれば，次の転送先となるノードが CTS を返送でき，マルチホップ通信が効率的に行える．

### 12.3.2 LEACH (Low Energy Adaptive Clustering Hierarchy)

LEACH [3] は，コンテンション方式と異なり，各センサノードが送受信を行う時間をあらかじめ割り当てる TDMA (Time Division Multiple Access) 方式をセンサネットワーク向けに設計した手法である．TDMA 方式では，送受信ができる時間をセンサノードごとに割り当て，各センサノードは，自身に割り当てられた時間のみ通信を行う．LEACH では，図 12.4 のように，1 つのクラスタヘッドと複数のセンサノードからなるクラスタを作成し，各センサノードは，クラスタヘッドから自身に割り当てられた時間に，クラスタヘッドへセンサデータを送信する．クラスタヘッドは，クラスタ内の全てのセンサノードからセンサデータを収集し，基地局にまとめて送信する．

LEACH では，各センサノードがクラスタヘッドまでの近距離通信でセンサデータを送るだけでよいため，送信にかかる消費電力を抑えることができる．一方のクラスタヘッドは，センサノードからのデータ受信と，遠方の基地局へのデータ送信のために，多くの電力を消費する．LEACH では，電力消費が特定のセンサノードに集中しないように，全てのセンサノードが均一にクラスタヘッドとなるよう，データ収集のタイミングごとにクラスタヘッドを交代し，ク

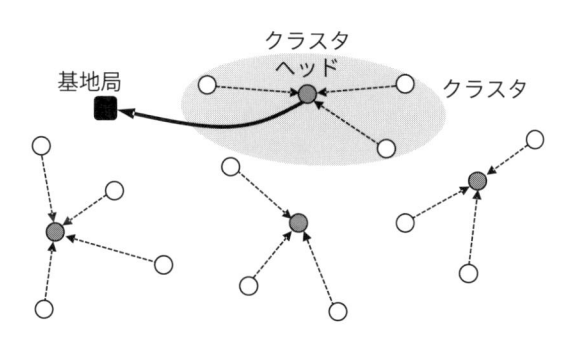

図 **12.4** LEACH におけるクラスタの生成例

ラスタを構築しなおしている．また，クラスタヘッド選出の際にセンサノードの残り電力を考慮する HEED (Hybrid Energy-Efficient Distributed clustering) [6] や，クラスタヘッド間の通信をマルチホップで行う HIT (Hybrid Indirect Transmission) [1] をはじめとして，省電力性能を高めるための拡張が数多く行われている．

## 12.4 ネットワーク層プロトコル

ネットワーク層プロトコルでは，各センサノードから基地局までの通信経路を構築する．ここで，一般的なネットワークでは，「どの端末からどの端末に送るか」が重要であるが，センサネットワークでは，個々の端末（センサノード）が「何であるか」ではなく，「どのようなデータを扱っているか」が重要となる．そのためセンサネットワークでは，端末中心ではなく，データ中心での通信経路構築が行われる．このような考え方をデータセントリックと呼び，必要なデータを少ない通信量で配信・取得するデータセントリックルーティングプロトコルの設計が盛んに行われている．

### 12.4.1 SPIN (Sensor Protocols for Information via Negotiation)

SPIN [2] は，不要なデータの転送を最小限に抑えるために設計されたプロトコルである．センシングやデータ受信によって新たなセンサデータを取得したセンサノードは，センサデータを送信する前に，図 12.5 のように，そのデータがどのようなものであるかを知らせるサイズの小さい情報（メタデータ）を隣接端末に向けて送信（広告）する．広告を受信したセンサノードは，そのデータを受信する必要があると判断した場合にのみ，広告の送信元に対して要求を返信する．センサデータを持つセンサノードは，要求を送信してきたセンサノードにのみデータを送信することで，不要なデータ送信を防いでいる．

### 12.4.2 Directed Diffusion

Directed Diffusion [4] は，センサデータを必要とする端末（シンク）が，データの種類やセンシング間隔など，「どのようなセンサデータが欲しいか」という情報をネットワーク全体に配

(a) 広告　　(b) 要求　　(c) データ送信

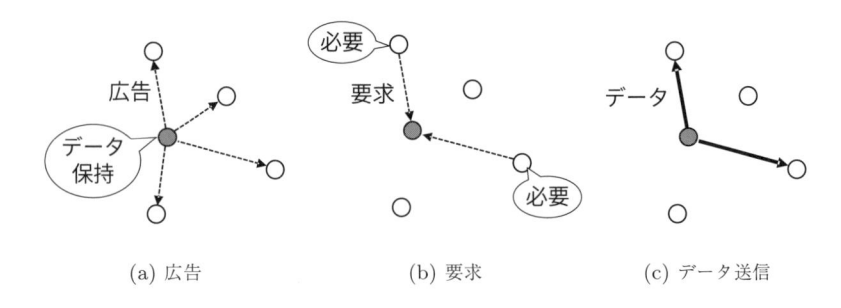

**図 12.5**　SPIN におけるデータ送信

(a) interest の配布　　(b) gradient の記録とデータ送信　　(c) reinforce による強化

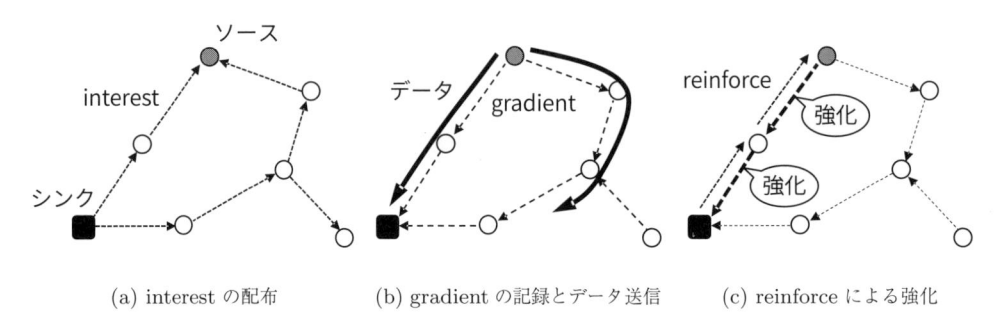

**図 12.6**　Directed Diffusion における経路構築

布し，この要求に応じることができるセンサノード（ソース）からシンクまでのセンサデータ送信を行う手法である．この動作を図 12.6 に示す．まずシンクは，欲しいデータに関する情報を interest というメッセージを用いてネットワーク全体に配布する．interest を受信した各センサノードは，どの隣接ノードから受信したかを，gradient と呼ばれる情報として記録しておく．ソースとなるセンサノードは，要求に従ってセンシングを行い，gradient に記録された隣接ノードにセンサデータを送信する．センサデータは各センサノードの gradient に従って転送され，最終的にはシンクに到達する．このとき，gradient によるシンクまでの転送経路は複数存在するため，不要なデータ転送が行われてしまう．これを抑制するため，シンクは，最初にデータが送られてきた経路に向けて，reinforce と呼ばれるメッセージを送信し，その経路を「強化」する．reinforce を受信した各センサノードは，以降のデータ転送で強化された経路を用いることで，最終的に効率のよい転送経路が構築される．

　上記の手順では，最終的な経路が構築されるまでに多くの手続きが必要であり，環境によっては通信効率が悪くなってしまう場合がある．そこで Directed Diffusion では，上記の手順の一部を行わない方法として，ソースが先にデータを送信する方法や，reinforce 処理を省略した方法も利用可能となっている．

## 12.5 ZigBee

最後に紹介する ZigBee は，11.3 節でも述べたとおり，センサネットワーク向けの通信規格として策定された無線 PAN における世界標準規格の 1 つである．ZigBee は，主に下記の機能を備えることにより，センサネットワークにおいて重要な低消費電力を実現している．

- **IEEE 802.15.4 の採用**
  物理層／MAC 層に省電力な IEEE 802.15.4（11.4, 11.5 節参照）を採用．
- **エンドデバイスの間欠動作**
  エンドデバイス（12.5.1 項参照）のスリープをサポート．
- **マルチホップ通信**
  マルチホップ通信をサポートしており，消費電力を抑えた近距離通信が可能．
- **一対多／多対一通信（ZigBee PRO のみ）**
  ルーティングにおいて一対多／多対一通信をサポートしており，複数のデバイスを対象としたルーティングに要する負荷を低減．

11.3 節でも述べたとおり，ZigBee では物理層／MAC 層プロトコルとして IEEE 802.15.4 を採用しており，ZigBee 自体が規定しているのはネットワーク層以上となる．ここでは，主にネットワーク層における ZigBee の通信規定について解説する．

### 12.5.1 ZigBee デバイスとネットワークトポロジ

ZigBee では，以下の 3 種類のデバイスを用いてネットワークを構築する．

- **ZigBee コーディネータ (ZigBee Coordinator: ZC)**
  ZigBee ネットワーク内に 1 つだけ存在し，ネットワークの構築や参加デバイスの管理といった役割を担う．
- **ZigBee ルータ (ZigBee Router: ZR)**
  ルータ機能を備えたデバイスであり，ZigBee エンドデバイスのネットワークへの参加受付や，デバイス間通信の中継を行う．
- **ZigBee エンドデバイス (ZigBee End Device: ZED)**
  ルータ機能を備えておらず，ZigBee コーディネータまたはルータとの間で直接的なデータ送受信のみを行う．スリープ機能を備えており，センサなどを接続して間欠的に動作させることが可能である．

これらのデバイスのうち，ZigBee コーディネータと ZigBee ルータは，IEEE 802.15.4（11.4 節参照）において親機の機能と中継機能を持つ FFD (Full Functional Device) であり，ZigBee エンドデバイスは，これらの機能を持たない RFD (Reduced Function Device) である．特に FFD については，PAN コーディネータが ZigBee コーディネータ，コーディネータが ZigBee

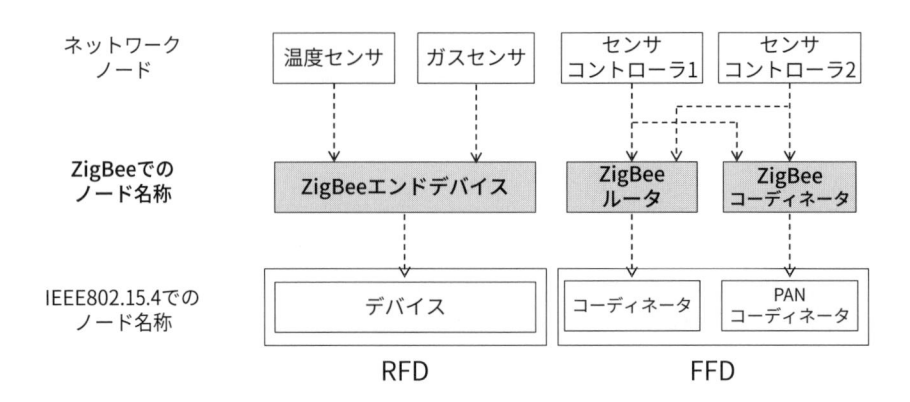

図 12.7 ZigBee のノード名称

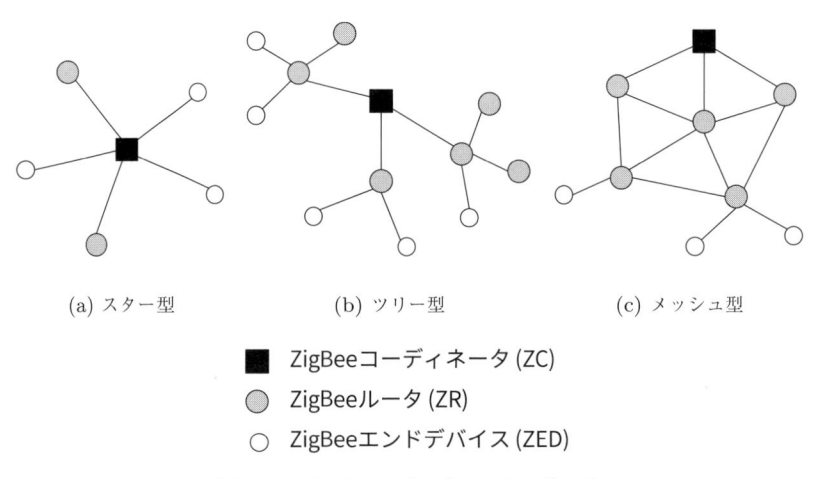

図 12.8 ZigBee のネットワークトポロジ

ルータとして動作する．一般にセンサノードが ZigBee エンドデバイスとなり，センサノードから送られるデータを受信し制御するコントローラは ZigBee ルータまたは ZigBee コントローラとなる．図 12.7 は，図 11.5 に ZigBee デバイスを加え，それぞれの関係をまとめたものである．

これらのデバイスを用いたネットワークトポロジとして，図 12.8 に示すようなスター型，ツリー型，メッシュ型の 3 種類が構築できる．スター型は，コーディネータが他の全てのデバイス（ルータまたはエンドデバイス）と直接通信する形態である．ツリー型は，ルータに対しさらにルータまたはエンドデバイスが接続した形態であり，後述するネットワーク構築時にできた親子関係に沿ってデータの転送を行う．最後にメッシュ型は，ツリー型における親子関係に限らず，無線による直接通信が可能なルータ間をつないだネットワーク形態である．

### 12.5.2 ZigBee ネットワークの生成

ZigBee では，まず ZigBee コーディネータがネットワークを生成する．繰り返しになるが，ZigBee コーディネータとなり，ネットワークの生成が行えるのは，FFD（PAN コーディネータ）のみであり，RFD にはこの動作は行えない．ネットワークを生成する際，ZigBee コーディネータは，物理層におけるチャネル干渉や，MAC 層におけるアドレスの衝突を避けるために，以下の処理を行う．

1. 電波強度の測定に基づく使用チャネルの選定
   使用可能なチャネルに対し，電波強度の測定を繰り返し行う．これにより，他の通信（2.4 GHz 帯であれば Bluetooth，無線 LAN など）などによって使用されていない，空いているチャネルを探し，物理層におけるチャネル干渉を回避する．
2. アクティブスキャンによる PAN 環境の設定
   使用するチャネルの候補を選定した後，候補となった各チャネルにおいて，ビーコン要求 (Beacon Request) を送信し，別のネットワークにおいて使用されている PAN ID（ネットワーク識別子）や論理アドレスの情報 (PAN Descriptor) を収集する．これにより，複数の ZigBee ネットワークにおけるアドレスの衝突を回避している．なお，PAN ID や論理アドレスの選定はアプリケーションに委ねられており，ネットワーク生成前に特定の PAN ID を指定することも可能である．

### 12.5.3 ZigBee ネットワークへの参加

ZigBee ルータまたはエンドデバイスがネットワークに参加する際は，図 12.9 に示す手順に従って動作する．

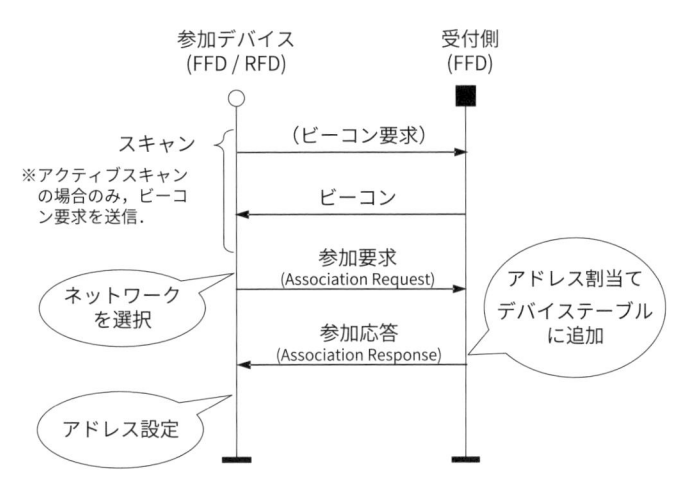

図 12.9 ネットワークへの参加

1. ネットワークの発見

    参加するデバイスが，ビーコン要求を行うアクティブスキャン，またはビーコンが送信されてくるまで待つパッシブスキャンによって，現在動作中のネットワークを発見する．

2. 参加要求の送信

    参加するデバイスが，現在動作中のネットワークのうち適切なものを選択し，ネットワーク参加要求 (Association Request) を送信する．

3. 参加要求の受付

    参加要求を受信したコーディネータは，参加デバイスに対しアドレスを割り当て，参加応答 (Association Response) として返送すると同時に，自身の持つデバイステーブルにアドレス情報を追加する．参加応答を受信したデバイスは，応答に含まれるアドレスを自身に設定し，ネットワークへの参加を完了する．

上記の参加処理を行った後，新たに参加したデバイスは，参加応答を返信したデバイスの子となり，ネットワークに参加する．これにより，ネットワークに参加した順に，デバイス間に親子関係ができ，図 12.8(b) のようなツリー型のネットワークトポロジが構築される．

### 12.5.4 ルーティング

ZigBee では，以下のルーティングを規定している．

- ユニキャスト（ツリールーティング，メッシュルーティング）
- ブロードキャスト
- マルチキャスト（ZigBee PRO のみ）
- Many-to-one（多対一）ルーティング（ZigBee PRO のみ）
- ソースルーティング（ZigBee PRO のみ）

上記のうち，ユニキャストについては，10.4 節で述べた AODV に基づいて経路制御を行う．ブロードキャストについては，ネットワーク内の全デバイスを対象としたものに加え，宛先を限定する以下 2 種類の方法も規定されている．

- ZigBee コーディネータ，ZigBee ルータのみが対象（ZigBee エンドデバイスは対象外）
- ZigBee コーディネータ，ZigBee ルータ，スリープを行わない ZigBee エンドデバイスが対象（スリープするエンドデバイスは対象外）

また，ZigBee PRO において追加された Many-to-one ルーティングは，センサネットワークにおける基地局へのデータ収集に適したルーティングを行う．Many-to-one ルーティングでは，多数のデバイスからコンセントレータと呼ばれる単一のデバイス（ZigBee コーディネータまたはルータ）までの経路を構築する．まず，コンセントレータは，Many-to-one 経路要求 (Many-to-one RREQ) をブロードキャストする．これを受信した各デバイスは，AODV と同様，コンセントレータを宛先とした次ホップアドレスを登録し，Many-to-one 経路要求を再ブ

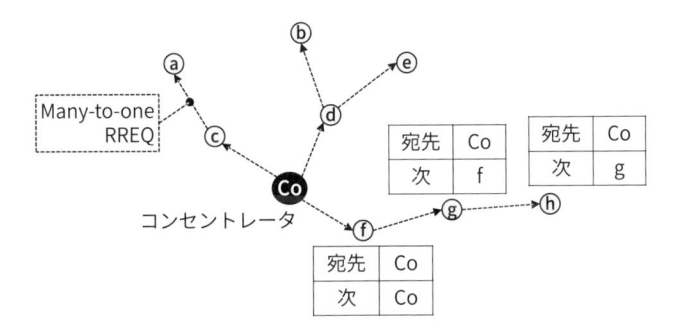

図 12.10 Many-to-one ルーティング

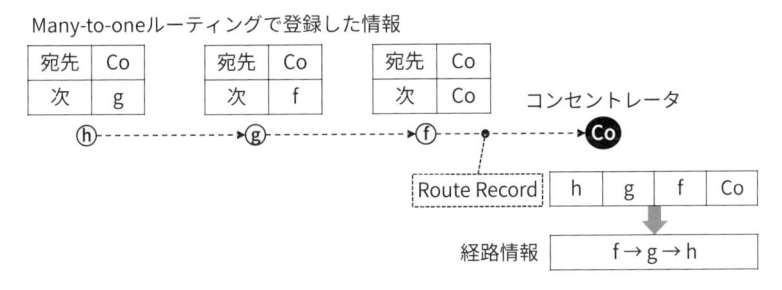

図 12.11 ソースルーティング

ロードキャストする．これを繰り返すことにより，図 12.10 に示すように，AODV における RREQ メッセージの伝播を 1 回行うだけで，全デバイスがコーディネータを宛先に設定した次ホップアドレスを登録できる．Many-to-one ルーティングにおいて，センサネットワーク上の基地局がコンセントレータとして動作することで，全てのセンサノードから基地局までのルーティングが一度に行えるため，各センサノードから個別にルーティングを行うより，ルーティングにかかる通信量が少なく，消費電力を抑えられる．

同じく ZigBee PRO において追加されたソースルーティングは，Many-to-one ルーティングを行った後，コンセントレータから末端デバイスへの（Many-to-one ルーティングで構築したものとは逆向きの）経路を構築する．まず，末端デバイスは，自身のアドレスを送信元としたルートレコード (Route Record) を，Many-to-one ルーティングによって構築した経路を用いて，コンセントレータに向けて送信する．これを受信したデバイスは，自身のアドレスをヘッダに追加して，次のデバイスに転送する．これを繰り返すことで，コンセントレータは，図 12.11 のように，ルートレコードが自身に到達するまでに経由したデバイスの情報を得ることができる．コンセントレータは，この情報を逆向きにソートして記録することで，自身から末端デバイスまでの経路情報を得ることができる．コンセントレータから末端デバイスへのデータ転送は，この経路情報をヘッダに付与することで実現する．

### 12.5.5 データ転送

あるデバイスへデータを送信する場合，基本的には 10.4 節で述べた AODV と同様の処理を

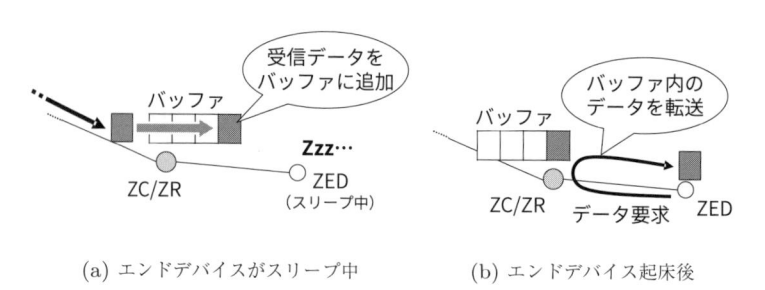

(a) エンドデバイスがスリープ中　　(b) エンドデバイス起床後

図 12.12　エンドデバイスへのデータ転送

行い，宛先デバイスに対応した次ホップに向けて転送する処理を繰り返す．ただし，宛先がエンドデバイスである場合，スリープしていてデータを受信できない可能性があるので，図 12.12 に示すように，その親となるデバイス（コーディネータまたはルータ）がデータを持っておき，エンドデバイスからの要求があったときにのみデータを転送する．すなわち，エンドデバイスが行う通信は，全てエンドデバイス主導のもとで行う．これにより，エンドデバイスは任意のタイミングでデータの送受信を行い，それ以外の時間はスリープしておくことで，消費電力を低く抑えることができる．

---

**演習問題**

**設問1**　センサネットワークにおいて省電力が重要視される理由を説明せよ．

**設問2**　センサノードのスリープ状態とアイドル状態の違いについて説明せよ．

**設問3**　S-MAC の特徴について，IEEE 802.11 MAC との違いを中心に説明せよ．

**設問4**　データセントリックの概念について説明せよ．

**設問5**　ZigBee ネットワーク構成するデバイスについて，IEEE 802.15.4 におけるデバイスとの関連性を交えて説明せよ．

**設問6**　ZigBee がどのように省電力を実現しているか説明せよ．

---

# 文　献

● 参考文献

[1] B. Culpepper, L. Dung and M. Moh: Design and analysis of Hybrid Indirect Transmission (HIT) for data gathering in wireless micro sensor networks, *ACM SIGMO-*

*BILE Mobile Computing and Communications Review*, vol.8, no.1, pp.61–83 (2004).

[2] W. Heinzelman, J. Kulik and H. Balakrishnan: Adaptive protocols for information dissemination in wireless sensor networks, *Proc. ACM MobiCom 1999*, pp.174–185 (1999).

[3] W. Heinzelman, A. Chandrakasan, and H. Balakrishnan: Energy–efficient communication protocol for wireless microsensor networks, *Proc. Hawaii Intl. Conf. on System Sciences (HICSS 2000)* (2000).

[4] C. Intanagonwiwat, R. Govindan and D. Estrin: Directed diffusion: A scalable and robust communication paradigm for sensor networks, *Proc. ACM MobiCom 2000*, pp.56–67 (2000).

[5] W. Ye, H. Heidemann and D. Estrin: An energy-efficient MAC Protocol for wireless sensor networks, *Proc. IEEE INFOCOM 2002*, pp.1567–1576 (2002).

[6] O. Younis and S. Fahmy: HEED: A hybrid, energy-efficient, distributed clustering approach for ad hoc sensor networks, *IEEE Trans. Mobile Computing*, vol.3, no.4, pp.1536–1233 (2004).

- 推薦図書

[7] 安藤繁ほか:『センサネットワーク技術——ユビキタス情報環境の構築に向けて』, 東京電機大学出版局 (2005).

[8] W. Dargie and C. Poellabauer: "Fundamentals of Wireless Sensor Networks, Theory and Practice", WILEY (2010).

[9] 阪田史郎:『ユビキタス技術センサネットワーク』, オーム社 (2006).

[10] The ZigBee Alliance. http://zigbee.org/

# 第13章 RFID

> **□ 学習のポイント**
>
> RFIDとはRadio Frequency Identificationの略称であり，無線を利用した個体識別技術の総称である．RFIDシステムでは，リーダ・ライタがRFタグに対し電波や電磁波を送受信することにより，情報のやり取りを行う．また，リーダ・ライタはホストシステムと協調することで各種サービスを提供しており，近年では，生産プロセス管理や商品管理，流通・運送，セキュリティ，OA，アミューズメント・レジャー，決済などの様々な応用サービスが展開されている．なおRFIDには，電波や電磁波により動作するパッシブ型と電池などの電源により動作するアクティブ型が存在するが，本章では，国際標準化が進められているパッシブ型RFタグに着目し，基本的な動作原理とシステム概要，関連する標準規格について説明する．
>
> - RFIDシステムで用いられる一般的なシステム構成とその特徴を理解する．
> - RFIDで利用される周波数と動作原理を理解する．
> - RFIDに関連した国際標準規格に関する理解を深める．

> **□ キーワード**
>
> RFID，RFタグ，リーダ・ライタ，パッシブタグ，アクティブタグ，NFC，非接触型ICカード

## 13.1 RFIDのアプリケーション

初期のRFタグでは，個体識別番号など小容量データしか保存することができなかったが，半導体技術の進歩に伴い，近年のRFタグでは大容量データの保存が可能になり，様々なシステムへの展開が行われている．また，RFIDシステムでは，ホストシステムがRFタグの情報をリーダ・ライタを経由し読み書きするシステムが主体であり，既存システムと連動した様々なサービスが比較的容易に実現可能となる．そこで本節では，RFIDを利用して実現されているシステムについて紹介するものとする．

### 13.1.1 交通系システム

公共交通機関の乗車チケットには，長らく紙をベースとした磁気券が利用されていたが，磁気

券を処理する自動改札機は機械構造的に複雑であり，メンテナンスコストなどが課題となっていた．一方，RFID では RF タグとリーダ・ライタが非接触であるため，情報読み書きに伴う機械的な劣化を防ぐことができるメリットは大きく，磁気券と比べて多量のデータ処理を行うことも可能なため，世界的に RFID を利用した交通系システムの導入が進んだと考えられる．

　日本で広く利用される Suica は，JR 東日本が開発した交通系システムであり，2001 年より JR 東日本管内で順次サービスが開始された．Suica では，図 13.1 に示す RF タグとしてソニー（株）が開発した FeliCa (JIS X 6319-4) を採用しており，短波 (High Frequency: HF) 帯である 13.56 MHz を利用したシステムとなっている．なお，日本国内では PASMO などの多数の交通系 IC カードサービスが展開されているが，その多くのサービスでも FeliCa が採用されており，交通系 IC カードの相互利用が比較的容易に実現可能となっている．一方，海外に目を向けると，周波数としては同一の HF 帯が利用されているものの，Felica とは異なった規格の RF タグが採用されることがほとんどで，現状では諸外国と日本での相互利用は難しい．

**13.1.2　決済系システム**

　クレジットカードをはじめとした決済系システムでは，近年，不正利用による被害額が増加しており，よりセキュアな決済方法が模索されている．そこで，Europay, Master International, Visa International が設立したカード業界団体である EMVCo では，従来の磁気ストライプベースのカードから，接触型 IC カードへの移行を促すとともに，店舗にある決済端末を接触型 IC カードに対応させる施策を進めている．また，payWave/PayPass などのコンタクトレス決済サービスでは，非接触型 IC カードやスマートフォンに内蔵される近距離通信技術（Near Field Communication: NFC 機能）の利用を想定しており，米国を中心に接触型 IC カードへの対応とともに，非接触型 IC カードつまり NFC(ISO/IEC 14443) への対応を並行して進めている．

　Apple 社が 2014 年にサービス提供を始めた Apple Pay は，RF タグ（非接触型 IC カード）とスマートフォンを連携させることにより，決済時の本人確認による不正利用などを防ぐ枠組みが導入されており，決済時には取引時にのみ有効な支払い専用の動的セキュリティコードと端末アカウント番号のみが送信される．そのため，販売店にクレジットカード番号が伝わることがなく，近年問題となっている，クレジットカード番号の盗難を防ぐことが可能となっている．また，この仕組みは payWave/PayPass などと同様，EMVCo の標準化仕様に準拠しているため，米国を中心とした EMV 化済みの多数の決済端末において利用が可能など，新規設備投資への負担が少ないなどメリットも大きい．なお，動的セキュリティコードは，セキュアエレメント (Secure Element: SE) と呼ばれる暗号化されたメモリ領域に保存されるが，Google が展開する決済系システムである Google Wallet では，NFC におけるホストカードエミュレーション (Host Card Emulation: HCE) を活用し，SE を IC カードではなく上位のネットワークで処理することで，多種多様に存在する Android 端末において，特定端末に依存しない決済システムの構築を模索している．

### 13.1.3 流通系システム

多数の商品を管理する必要がある流通系システムでは，配送状況や在庫状況を容易に確認可能な手段が必要とされてきた．これまでは，バーコードなどを利用することにより，在庫管理や商品決済を実現してきたが，在庫管理などでは大量の商品のスキャニングが必要など，システム運用における大きな課題となっていた．

そこで，2000年初頭よりアメリカの大手小売業であるウォルマートを中心に，数メートルの通信距離がとれる極超短波 (Ultra High Frequency: UHF) 帯 (860〜920 MHz) RF タグを利用した在庫管理システムの効率化に関する検討がはじまり，2015年現在，世界各国においてその運用が始まっている．特にアパレルの流通では，商品の保管場所管理，商品の入出庫管理，商品の展示場所管理，販売管理，防犯対策，棚卸作業など，様々な業務の簡略化を実現することが期待されており，国際的なアパレルブランドである ZARA では，2014年より商品に付けるセキュリティタグ中に UHF 帯 RF タグを組み込みはじめている．また，日本でも 2015 年よりファーストリテイリングが展開するアパレルブランドである「ジーユー」において，UHF 帯 RF タグを活用した無人レジによる決済サービスが開始されるなど，RFID システムの導入が進みはじめている．

### 13.1.4 アミューズメント系システム

アミューズメント施設などの入場管理などでは，紙のチケットによる管理が長らく行われてきたが，より高いユーザ体験を目指した RFID システムの利用が模索されている．2005年に開催された愛・地球博では，RF タグが組み込まれた入場券が利用されており，2,200万人以上の来場者の入場と施設予約を実現した．

また，2014年には米国ディズニー社が運営するウォルト・ディズニー・ワールドにおいて，図 13.2 に示す RFID が組み込まれたリストバンド型の Magic band の提供が開始されている．Magic Band には，13.56 MHz 帯のパッシブ型 RF タグと，2.4 GHz 帯のアクティブ型 RF タ

図 13.1 Suica

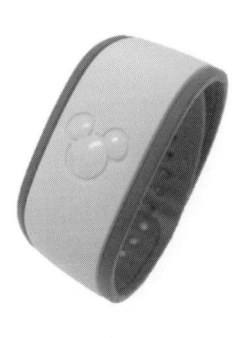

図 13.2 Magic Band

図 13.3 amiibo

グが内蔵されており，13.56 MHz 帯のパッシブ型の RF タグを利用し，テーマパークへの入退場管理，アトラクションの優先予約管理，直営ホテルの鍵機能，テーマパーク内での決済処理などを行っている．また，2.4 GHz 帯のアクティブ型 RF タグを利用し，アトラクション内で撮影された写真のオンラインシステムへの自動紐付けなどが実現されている．

その他，図 13.3 に示す amiibo は，任天堂 WiiU/3DS において活用されている RF タグであり，RF タグが実装されたフィギュアを通して，バーチャルとリアル空間のシームレスな連携を可能としている．

## 13.2 RFID システム

RFID システムは，RF タグ，リーダ・ライタ（インタロゲータ），ホストシステムにより構成される．

### 13.2.1 RF タグ

RF タグ (他にも，RFID タグ，無線 IC タグ，無線タグ，電子タグ，IC タグ，非接触型 IC カード，トランスポンダーなど様々な名称が存在) は，「識別される側」の機器として利用される．RF タグは，適切なトリガ信号に対する応答として，自動的に信号を返信する無線送受信機であり，RF タグ内に情報を保管する仕組みを持つ．またその大きさは小さいことが多く，通常は目的物に貼り付けられたり組み込まれているため，外部から認識することは難しい．なお本書では，電源を必要としないパッシブ型について解説するが，パッシブ型であっても利用する周波数により様々な RF タグが存在するため，注意する必要がある．

### 13.2.2 リーダ・ライタ

リーダ・ライタはインタロゲータ (Interrogator) とも呼ばれ，RF タグの情報を読み書きする「識別する側」の機器である．パッシブ型 RF タグでは，自身を稼働させる電源を持ち合わせていないため，リーダ・ライタから送信されるエネルギーのみで動作する必要がある．そのため，リーダ・ライタは電磁界を利用し交信領域内にある RF タグを励起・起動することで，RF タグからの変調データを受信する．なお，リーダ・ライタはホストシステムと連携して動作するのが一般的であり，ホストシステムからの制御命令に応じて，RF タグとの通信を試みる．リーダ・ライタは国際標準化機構 (International Organization for Standardization: ISO) と国際電気標準会議 (International Electrotechnical Commission: IEC) の合同技術委員会 (Joint Technical Committee) である ISO/IEC JTC1 において標準化された各種規格に準拠した物がほとんどだが，同一の周波数であっても複数の規格が存在しているため，例えば，NFC を内蔵している iPhone では国内で普及している電子決済サービスを利用することはできない．これは，iPhone で対応している規格は ISO/IEC 14443 Type A 準拠である一方で，国内の電子決済サービスで多く利用されている FeliCa は JIS X 6319-4 準拠であり，相互互換性がないためである．

**13.2.3 ホストシステム**

リーダ・ライタと連携することにより，RFタグの情報を用いてサービスを提供する機能を持つ．例えば，独立型の電子錠機器などは，リーダ・ライタとホストシステム部をドア一体化することで施錠サービスを提供している．また，交通系や決済系などの大規模なシステムの場合，ホストシステムがネットワークなどを利用し企業間で情報交換をすることにより，様々なサービスを実現している．なお，多くの企業においては，何らかの既存システムが存在しているため，RFIDの導入にあたって，新規システムを構築することはまれである．

## 13.3 RFIDシステムの特徴

これまでの情報管理には，バーコードが長年に渡り利用されてきたが，RFIDシステムにはバーコードとは異なる多くの特徴を持つため，その特徴を活かしたシステム構築が重要となる．

- 非接触通信
  RFタグとリーダ・ライタは，1cm以下〜数メートルの通信を非接触で実現可能．接触による機械的な磨耗なども発生しないため，メンテナンスが容易．

- メモリ
  ランダムアクセスメモリ (Random Access Memory: RAM) を持つため，任意の情報にいつでも書き換えることが可能．特に，近年のRFタグはメモリ容量が増加しており，様々な情報を保管することが可能．

- 高速読み書き
  1秒以内の極めて短い時間で，RFタグを識別し必要な情報の読み書きが可能．また，低速であれば，RFタグが若干移動していても通信が可能．

- 複数タグの同時処理
  同時に多数のRFタグを読み込むことを想定し，応答が衝突しないように防ぐ衝突防止 (Anti Collision) 機能を実装．そのため，商品の在庫管理などにおいて数百個単位での同時処理が実現可能．

- 被覆性
  金属などの電磁波を通さない物質を除けば，様々な物質の中に組み込むことが可能．そのため，シール，カード，ホルダー，フィギュアなど，様々な形態で利用可能．

- 耐久性
  機械的稼働部がなく，パッシブ型RFタグには電源さえ実装されないため，経年変化による劣化が少なく長期にわたっての機能維持が可能．また，利用環境に応じて，様々な物質の中に組み込むことにより，汚れ，振動，衝撃などの外部要因への耐久性も向上可能．

- 小型・薄型
  アンテナと電子回路のみで構成されており，多くの場合，フィルム状で小型かつ薄型に実装．そのため，組み込みの自由度が極めて高く，バーコードなどと同様のシール状の取り扱

いも可能.

RFIDは上記のとおり様々なメリットがあるが，RFIDはバーコードを完全にリプレースするための技術ではなく，バーコードと併用する形で利用されることを想定して開発された経緯もあるため，データ構造など，両者の整合性を確保した上でシステム構築されるのがほとんどである.

## 13.4 RFIDの通信原理

RFタグでは，利用する通信周波数や想定される通信距離に応じて，様々な動作原理が提案されている.

### 13.4.1 伝送方式

周波数帯により異なった伝送方式を採用しており，HF帯までは電磁誘導を，それ以上の周波数帯では電波を利用した伝送を行う．また，パッシブ型RFタグは電源を持たないため，共振（電磁誘導）や整流（電波）など，搬送波を利用しICを駆動するための電力を確保している．他にも，静電誘導，電磁結合などを利用したRFタグもあるが，以下本書では，RFタグで主に利用される電磁誘導方式と電波方式に着目する.

**(1) 電磁誘導方式**

長波 (Low Frequency: LF) 帯である 135 kHz, 短波 (High Frequency: HF) 帯である 13.56 MHz を利用するRFタグで利用されており，ループコイルやコア入りコイルに対向してRFタグを配置し，リーダ・ライタのコイル近傍に発生する誘導電磁界を電力・情報伝送媒体として利用する．比較的，水分などにも強いため，使用環境が悪い場所でも高い信頼性でデータ伝送が可能である.

**(2) 電波方式**

極超短波 (Ultra High Frequency: UHF) 帯である 860 MHz 以上を利用するRFタグで利用されており，リーダ・ライタからの照射電波によりRFタグ上のICチップを励起・起動さ

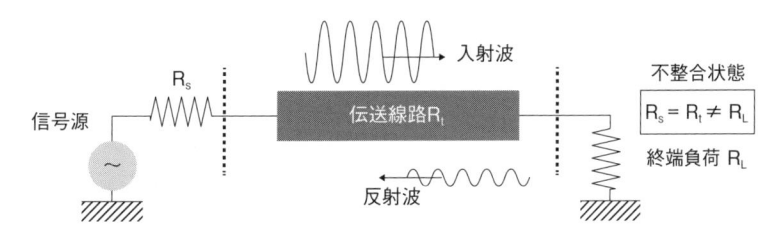

反射波あり：終端負荷で吸収されない分が入力側へ戻る
（内部抵抗 $R_s$ の信号源，特性インピーダンス $R_t$ の伝送路，インピーダンス $R_L$ の負荷）

図 13.4 負荷変調 (Backscatter) の動作原理

せ，ICチップ内の情報を負荷変調 (Backscatter) 等で送信する方式である．図13.4は負荷変調の基本動作原理を示しており，負荷変調では，リーダ・ライタからの搬送波に対し，RFタグのインピーダンスを意図的に不整合させることで生まれる反射波を利用し，RFタグからリーダ・ライタへの通信を行う．

### 13.4.2 周波数と特性

現在，最も利用されているRFタグの周波数はHF帯 (13.6 MHz) であり，公共交通機関や決済，入退室カードで利用されているカード型RFタグは，ほぼ全てこの周波数帯を利用している．その他，動物・家畜向けのLF帯 (125 kHz)，物流管理 (Supply Chain Management: SCM) に利用されるUHF帯 (860〜920 MHz) など，対象物の特性やシステムの要求に合わせ，様々な周波数が利用されている．表13.1に，各周波数帯のRFタグの特性をまとめてみる．

### 13.4.3 変調方式

RFIDシステムで利用される変調方式は，リーダ・ライタからRFタグへの変調方式と，RFタグからリーダ・ライタへの変調方式が異なることが多い．これはRFタグのハードウェアリソースが制限されることに起因しており，ASKなどハードウェア構成が簡素な方式が採用されるのがほとんどである．

### (1) ASK：Amplitude-Shift Keying

振幅偏移変調 (Amplitude-Shift Keying: ASK) は，搬送波の振幅に情報を重畳させる変調方式である．RFIDシステムでは，リーダ・ライタからRFタグへの変調方式として利用され

表 13.1 周波数と特性

| 周波数 | LF: 135 kHz | HF: 13.56 MHz | UHF: 860〜920 MHz | 2.4 GHz |
|---|---|---|---|---|
| 最大通信距離 | 数十センチ | 数十センチ | 数メートル (3 m ほど) | 数メートル (1 m ほど) |
| 通信速度 | 数 kbps | 数十 kbps | 数百 kbps | 数百 kbps |
| 伝送方式 | 電磁誘導 | 電磁誘導 | 電波 | 電波 |
| 変調方式 | ASK, FSK | ASK | ASK, PSK | ASK, PSK |
| 規格 | ISO/IEC 18000-2 | ISO/IEC 14443 ISO/IEC 15693 | ISO/IEC 18000-6 | ISO/IEC 18000-4 |

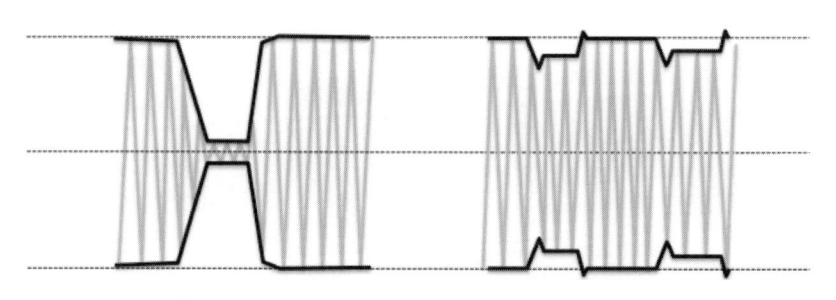

図 13.5 ASK100%（左）と数十%（右）の概略図

表 13.2 HF 帯 RF タグにおける変調と符号化

| 規格 | 14443 Type A | 14443 Type B | JIS X 6319-4 |
|---|---|---|---|
| 変調方式（リーダ・ライタ） | ASK 100%（変動あり） | ASK 10% | ASK 8〜30% |
| 符号化 | Modified Miller | NRZ | Manchester |
| 変調方式（タグ） | BPSK | BPSK | Back Scatter |

表 13.3 衝突防止アルゴリズム

| 決定論 | 確率論 | | |
|---|---|---|---|
| ビットコリジョン | タイムスロット | スロットマーカー | Aloha |
| ISO/IEC 14443 Type A | ISO/IEC 14443 Type B | JIS X 6319-4 | ISO/IEC 18000-63 |

ていることが多い．また，RF タグにより変調度が異なるため注意が必要となる．図 13.5 に，ASK の変調度を変化させた搬送波信号例を，表 13.2 に HF 帯 RF タグにおける変調と符号化方式を示す．

なお電波方式で通信を行う UHF 帯 RF タグでは，変調度の変化だけでなく両側波帯振幅偏移変調 (Double-Sideband-ASK: DSB-ASK)，単側波帯振幅偏移変調 (Single-Sideband-ASK: SSB-ASK)，バイポーラ ASK (Phase-Reversal-ASK: PR-ASK) など様々な形態の ASK が，リーダ・ライタから RF タグへの通信に利用される．

#### 13.4.4 衝突防止

RFID システムでは，サービスで想定する利用方法に応じて，様々なアクセス制御方式が採用されている．特に，物流・物品管理向け RF タグでは，一度に多数の RF タグの読み取りが必要となるため，RF タグ間の衝突防止 (anti-collision) 機能の実装が必須となる．

なお，衝突防止機能には大きくわけて 2 つの手法，1 つはビットコリジョンに代表される決定論的手法，もう 1 つはタイムスロットや Aloha などの確率論的手法が存在し，RF タグの規格ごとに採用されるアルゴリズムは異なっている．表 13.3 に衝突防止アルゴリズムの分類を示す．

## 13.5 RFID のデータ管理・制御

RFID システムでは，個別の RF タグを識別するためのキーとして個体識別番号・シリアルコード（固有番号）が必要となる．一般的なシステムでは，IC チップのチップベンダーが発行したベンダーコードをベースとしたシリアルコードが利用されるが，物流用 RF タグである ISO/IEC 18000-63 では，ユーザ企業がそれぞれ独自に発行するシリアルコードが利用可能など，RF タグごとに異なったコード体系が利用されている．

#### 13.5.1 ベンダーコード

IC 製造者の識別を行うための番号体系が ISO/IEC7816-6 として定められており，ISO/IEC

表 13.4 企業コードの例 (ISO/IEC 7816-6)

| 企業コード (8 bit) | 企業名 | 国 |
|---|---|---|
| 01 | Motorola | UK |
| 02 | STMicroelectronics SA | France |
| 03 | Hitachi,Ltd | Japan |
| 04 | Philips Semiconductors | Germany |
| 05 | Infineon Technologies AG | Germany |
| 07 | Texas Instrument | France |
| 08 | Fujitsu Limited | Japan |
| 09 | Matsushita Electronics Corporation, Semiconductor Co. | Japan |
| 0A | NEC | Japan |
| 0B | Oki Electric Industry Co. Ltd | Japan |
| 0C | Toshiba Corp. | Japan |
| 0D | Mitsubishi Electric Corp. | Japan |
| 0E | Samsung Electronics Co. Ltd | Korea |

表 13.5 シリアルコードのビット構成

| Allocation Class | 企業コード | シリアル番号 |
|---|---|---|
| 8 bits | 8 bits | 48 bits |
| 11100000 | 企業コード | 重複しないよう |
| 0xE0 | ISO/IEC 7816-6 | 各企業が管理 |

14443 Type A では UID (7 byte) として，ISO/IEC 18000-3・ISO/IEC 15693 では TID (Tag Identifier) として，この番号体系に基づいて発行されたシリアルコードが，通信制御に利用されている．表 13.4 に企業コードの例を示す．

一方，ISO/IEC 14443 Type B や ISO/IEC 18000-63 では，このような IC チップ固有のシリアルコードを通信制御には利用せず，PUPI (Pseudo-Unique PICC Identifier：ISO/IEC 14443 Type B) や RN16 (16 bit pseudo-random number：ISO/IEC 18000-63) という仮想番号が通信セッションごとに発行され，リーダ・ライタとの通信制御に利用される．

- シリアルコード

物流・物品管理向け RF タグ (ISO/IEC 18000 シリーズ) では，上記チップベンダーコードをベースとした，64 bit のシリアルコードがリードオンリーメモリ (Read Only Memory: ROM) としてメモリ上に書き込まれている．表 13.5 はシリアルコードのビット構成を示す．

なお，Allocation Class「11100010 (16 進数では「E2」)」として，バーコードで利用される JAN コードにおける企業コードを用いることとも可能であり，UHF 帯 RF タグである ISO/IEC 18000-63 では，IC チップの識別にこの Allocation Class が利用されている．

### 13.5.2 カテゴリーコード

RF タグには，アプリケーション群識別子 (Application Family Identifier: AFI) として，その RF タグがどのようなカテゴリーに所属するのかを示すための 8 bit のカテゴリーコード

表 13.6 AFI

| ビット構成 | カテゴリー |
|---|---|
| 0001xxxx | 交通 |
| 0002xxxx | 金融 |
| 0004xxxx | 電信 |
| 0005xxxx | 医療 |
| 0006xxxx | マルチメディア |
| 0007xxxx | ゲーム |

が存在する．表 13.6 は AFI のカテゴリーコードを示し，この AFI を利用することで，特定の AFI を持つ RF タグ「のみ」が，リーダ・ライタに対し反応・返信するという一種のフィルタリング処理を行うことが可能となっている．例えば，交通系システムや病院などにおいて，図書館で借りた RF タグ付き書籍を物理的に反応させないことで，上位システムにおける処理負担を軽減させることが可能となる．

### 13.5.3 データフォーマット

RF タグのメモリ領域におけるデータ構造は多種多様であり，実装システムにおいて異なることがほとんどである．例えば，日本の交通系システムでは日本鉄道サイバネティクス協議会が定める CJRC 規格（通称，サイバネ規格）に基づいたものとなっており，金融系システムでは，前出の EMV 仕様に基づいたものがほとんどである．

一方，実装システムに依存しない標準的なデータフォーマットとして，NDEF (NFC Data Exchange Format) や ISO/IEC 15962 などが存在する．

### (1) NDEF

NFC Data Exchange Format の略称であり，NFC フォーラムにより規格化されたデータフォーマットである．NDEF Message と NDEF Record から構成されており，図 13.6 に示すように，1 つの Message に対して複数の Record を含むことが可能である．Message に含まれる最初の Record は，メモリ内の先頭にある MB (Message Begin) flag を 1 に，最後の Record は 2 bit 目にある ME (Message End) flag を 1 にする必要がある．また，Message では Record の並び順に関するデータを保持しないため，Record の並び順に意味がある場合，上位アプリケーションが適切に処理する必要がある．

なお，Record 内には 3 bit の TNF (Type Name Format) 領域があり，以降のデータの種類を表 13.7 のように規定する．

図 13.6 NDEF Message の構成

| NDEF Message |||||
|---|---|---|---|---|
| NDEF Record MB(Message Begin)=1 | ... | NDEF Record | ... | NDEF Record ME(Message End)=1 |

表 13.7　TNF の例

| フォーマット | 値 |
|---|---|
| Empty | 0x00 |
| NFC Forum well-known type | 0x01 |
| RFC 2046 | 0x02 |
| RFC 3986 | 0x03 |
| NFC Forum external type | 0x04 |

**(2) ISO/IEC 15962**

物流・物品管理向け RF タグにおける基本データ構造として，OID (Object Identifier) の階層構造を基準としたエンコーディング方式を規定している．OID とは，SNMP (Simple Network Management Protocol) などにも利用されている識別子体系であり，階層構造によって情報を一意に識別する．

ISO/IEC 15962 では，データ記憶様式識別子 (Data Storage Format Identifier: DSFID) と呼ばれる 8 bit 単位の可変長のコードで，データフォーマットとアクセス方式を規定しており，OID の階層構造に従って，文字列をメモリ内にエンコードする．また，RF タグのメモリサイズは必ずしも潤沢とはいえないため，メモリへのデータ格納にあたっては，7 bit の US-ASCII から通常利用しない制御コードなどを除きデータ量を少なくする，コンパクションと呼ばれる処理が行われる．なお，ISO/IEC 15962 では，Integer compaction・Numeric compaction・5-bit compaction・6-bit compaction・7-bit compaction・Octet encoding などのコンパクション（エンコーディング）方式が規定されており，RF タグ向けの効率的なメモリ利用を可能としている．

**(3) APDU**

金融系サービスでは，応用プロトコルデータ単位 (Application Protocol Data Unit: APDU) と呼ばれるバイナリメッセージフォーマットに基づきデータ制御が行われる．APDU では，CLA (Class Byte) や INS (Instruction Byte)，パラメータ (P1, P2) などの構造が規定されており，CLA において制御コマンドのクラスが，INS によって実際の制御コマンドが決定される．なお，IC カード制御用標準 API である PC/SC (Personal Computer/Smart Card) は，この APDU 形式のコマンドをベースに構成されており，APDU に対応していない Felica (JIS X 6319-4) には対応していない．

なお，金融系サービスではこれら共通のメッセージを利用することで，特定の機器に依存することを防いでおり，日本の金融機関においても例外なくこの仕様が採用されている．

## 13.6　RFID の主要標準規格

過渡期において独自仕様の製品が多数存在した RF タグだが，現在では ISO 規格に準拠したものがほとんどとなっている．そこで，本章では標準規格に準拠した RF タグとして，現在最

も身近に利用されているHF帯および，近年急激に普及が進むUHF帯に関する解説を行う．

### 13.6.1 ISO/IEC 14443

ISO/IEC 14443は，HF帯を利用する非接触型ICカードとして世界中で利用されている規格であり，通信方式の違いによりType A/Bの2種類が存在する．

#### (1) ISO/IEC 14443 Type A

世界でもっと普及している規格であり，日本では2006年までNTTのICタイプのテレホンカードで採用されていた．また現在でも，ICカード方式成人式別自動販売機 (taspo) において利用されている．

諸外国の交通系システムで最も採用されている規格であり，Oyster（ロンドン）やOV-chipkaart（オランダ），一通（北京）など採用例が多数存在する．なお，ICチップの価格低下にともない，オランダ (OV-chipkaart) では，使い捨てタイプの乗車券においても，磁気券ではなく非接触型ICカードを採用している．

#### (2) ISO/IEC 14443 Type B

住民基本台帳カード，運転免許証，パスポートなど行政関連の非接触型ICカードに多く採用されている規格である．パスポートに関しては国際民間航空機関 (International Civil Aviation Organization: ICAO) がISO/IEC JTC1 SC17と連携し仕様を共通化しており，氏名や国籍，生年月日，旅券番号などの情報に加え，生体情報データとして顔写真などを記録している．

#### (3) 仕様

ISO/IEC 14443では，リーダ・ライタからRFタグへの通信にあたっては，Type A/Bとも振幅偏移変調 (Amplitude Shift Keying: ASK) を利用しているものの，両者の変調度は異なり，Type AではASK 100%，Type BではASK 10%が採用されている．ただし，Type Aでは通信速度によってASKの変調度が異なり，最低速度である106 kbps (fc/128 = 13.56 MHz/128) ではASK100%であるものの，最高速度の848 kbpsでは，ASK 40%程度で通信を行っている．

またリーダ・ライタからRFタグへの通信に関し，Type Aでは変形ミラー (Modified Miller)，Type BではNRZ (Non-return-to-Zero) と異なった符号化方式が利用されているため，両者に互換性はない．

### 13.6.2 ISO/IEC 18092

一般的にはNFCとして知られており，数cmでの機器間の双方向コミュニケーションを行うための規格として標準化されている．物理的にはISO/IEC 14443 Type Aを踏襲した上で，SuicaやPasmoなど日本で広く利用される交通系システム向け非接触型ICカードであるFeliCa (JIS X 6319-4) を取り込んでいるが，具体的な変調や符号化に関する規定は行っていない．

当初，FeliCaはISO/IEC 14443 Type Cとしての標準化を目指していたが，その規格化を

断念し，別途，ISO/IEC 18092 として双方向コミュニケーションを行うための規格として策定された．そのため，厳密な意味においては，ISO/IEC 18092 は非接触型 IC カードの規格ではないということに注意する必要がある．

### 13.6.3　ISO/IEC 18000-3 MODE 1：ISO/IEC 15693

ISO/IEC 18000-3 MODE 1 (ISO/IEC 15693) は ISO/IEC 14443 と同様 HF 帯を利用する規格である．物流・物品管理向けに規格化されており，ISO/IEC 14443 と比べ通信速度が遅い一方，通信距離が長い（数十センチ）という特徴がある．符号化にはパルス位置変調を，変調方式は ASK10％もしくは ASK100％を利用しており，リーダ・ライタから RF タグへの通信速度は 1.65 kbps (fc/8192) もしくは 26.48 kbps (fc/512) となっている．

### 13.6.4　ISO/IEC 18000-63

ISO/IEC 18000-63 は UHF 帯を利用する規格であり，数メートルの距離において数百個の RF タグを一括で読み取ることが可能となる，比較的新しい世代の RF タグである．現在，物流・物品管理用途などでの導入が進みつつあり，特に，アパレルなどにおける在庫管理向けの採用が進んでいる．

**(1)　符号化・変調方式**

リーダ・ライタから RF タグへの通信には，パルスインターバルエンコード (Pulse-Interval Encoding: PIE) により符号化した上で，DSB-ASK もしくは SSB-ASK，PR-ASK 等の変調方式を利用し通信する．

一方，タグからリーダ・ライタへの通信は，FM0 (bi-phase space) もしくは Miller modulation で符号化し，ASK もしくは PSK（Phase Shift Keying: 位相偏移変調）を利用し負荷変調 (Backscatter) で送信・反射される．なお，Tari と呼ばれる PIE におけるパルス幅がデータ転送における基準単位時間（6.25〜25 $\mu$ 秒）となっており，転送速度の基準となっている．図 13.7 にスペクトラムアナライザによる負荷変調の観測例を示す．

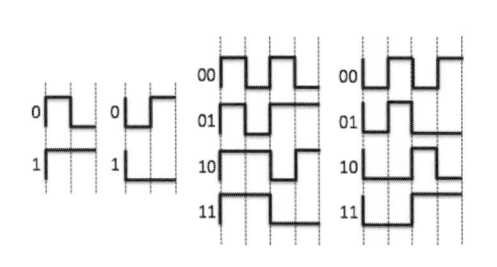

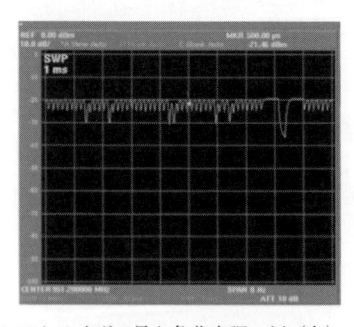

図 13.7　FM0 (bi-phase space)（左）とスペクトラムアナライザで見た負荷変調の例（右）

**(2) フィルタリング**

ISO/IEC 18000-63 では「SELECT」と呼ばれる機能により，指定した特定のタグ以外はレスポンス（負荷変調）を返さない，ハードウェアフィルタリング機能が実装されている．なお，このフィルタリングでは，特定のメモリアドレスにおけるビットパターンを指定することが可能など，前出の AFI を利用したフィルタリングよりも，より柔軟性の高い制御が可能である．

**(3) セッション**

一度読み込まれたタグに対し，電力（無変調の搬送波）が供給される限り読取りコマンドに反応させないなど，簡易的なセッション管理機能（スリープ機構）が実装されており，数百個の RF タグ読み取り時における相互衝突 (collision) を避けることが可能となっている．

## 13.7 RFID とホストシステムとの連携

RFID の利用にあたっては，RF タグだけでなく，上位ホストシステムとの綿密な連携が必要不可欠となる．そこで，以下 RFID を活用したシステムとして，公共交通機関で利用される Suica と決済系サービスである ApplePay におけるホストシステムとの連携について説明する．

### 13.7.1 Suica

「Suica：Super Urban Intelligent CArd」は，「電子切符システム」としてキャッシュレス時代における乗車券および関連業務の改善のため，1983〜84 年に提案されたシステムが原型となっている．Suica では，改札をぬける 0.2 秒程度で全ての処理を行う必要があるため，センターサーバなどのネットワークに完全に依存するのではなく，IC カードのメモリ領域を有効に活用した自律分散型システムとして構築されている．IC カードと改札 (DF1)，改札と駅内サーバ (DF2)，駅内サーバとセンターサーバ (DF3) 間はそれぞれ非同期でデータ連携を行っており，一部システムが故障しても IC カードなどのローカルにキャッシュされている情報を利用し自律運用が可能となっている．

また，IC カードと改札間の処理時間が短いため，データ処理そのものが終わらない「処理未了」やデータ処理は終わっているにもかかわらず完了処理が改札に通知されない「通信未了」などが発生し，センターサーバと IC カードメモリ内のデータが異なる状況が発生する場合がある．また，図 13.8 に示すように，IC カードメモリへの書込回数が保証回数を超えた場合，急遽 IC カードが利用できなくなることもある．そのため，Suica ではサーバ側でデータ整合化作業を行っており，データの不整合や IC カード破損においても，ある程度のデータリカバリーが可能となっている．

このような，IC カードのメモリ領域を有効活用した自律分散システムである Suica は，RFID システムとして現状考え得る理想的なシステムであり，2001 年の段階で，実運用に耐えるこのようなシステムを構築できたことは大変興味深い．

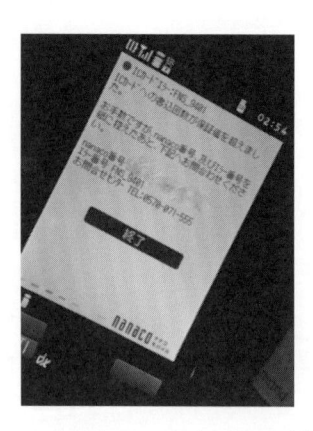

図 13.8　おサイフケータイ内蔵 IC 破損の例

**13.7.2　Apple Pay**

Apple Pay は，NFC で規定されるカードエミュレーション機能を利用して実現される決算系サービスだが，システムそのものは EMVco による統一規格である EMV コンタクトレス仕様に基づいている．

そのため，上位システムは既存のクレジットカード向け決済システムそのものであり，Suica のような特徴的な上位システムが見られるわけではない．一方，カードエミュレーションにおけるデータ保護のために必須となる暗号化モジュールであるセキュアエレメント (Secure Element: SE) に関し，Apple では iPhone 内に組み込むことで，既存システムとの互換性を確保している．他方，Android では Google Wallet V2 として，この SE を端末内ではなく上位のネットワークを利用し処理することで，特定の端末や IC チップ・SE に依存しない，ホストカードエミュレーション (Host Card Emulation: HCE) の実装を開始している．図 13.9 に iPhone と Android HCE における SE の実装差を示す．

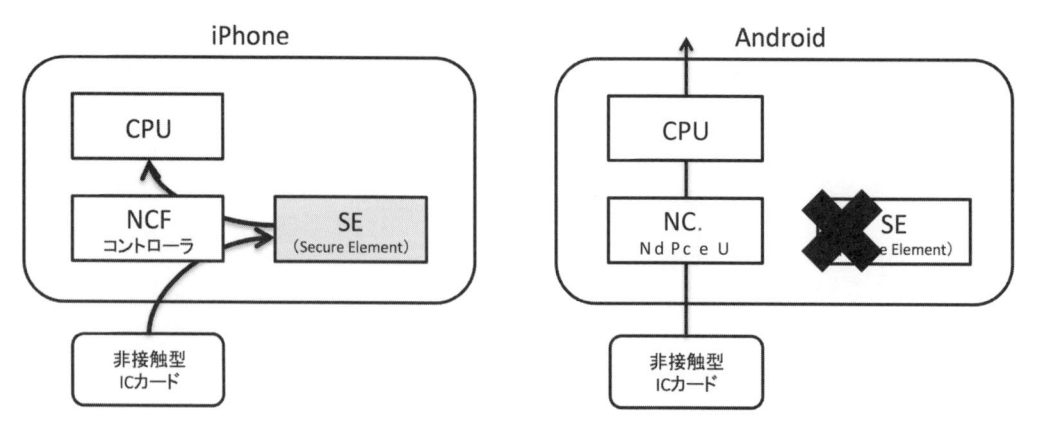

図 13.9　SE の位置づけ（左：iPhone，右：Android HCE）

HCE では,暗号関連処理をネットワーク経由で行うため,自動改札機のような高速処理が必要となる環境での利用は難しいが,POS での支払いのように,比較的処理時間に余裕がある場合においては有効であるともいえるだろう.

---

**演習問題**

設問 1 アパレルなど物品管理向け RF タグに必要となる特徴を述べよ.

設問 2 UHF 帯 RF タグの動作原理を述べよ.

設問 3 NFC で利用される共通データフォーマットの特長を述べよ.

設問 4 Suica がなぜ RF タグのメモリ領域を活用するのかについて述べよ.

設問 5 ApplePay と Google Wallet V2 のアーキテクチャの違いを述べよ.

設問 6 iPhone などの NFC が国内の電子決済サービスに対応できない理由を述べよ.

---

# 文　献

● 参考文献

[1] IC カードの国際相互運用性に係る調査事業報告書.
http://www.meti.go.jp/policy/it_policy/report/ic_kokusai_sougo_unyousei_report.pdf

[2] 関栄四郎:キャッシュレス時代における新型乗車券, *JREA*, vol.27, no.11, pp.15801–15803, (1984).

[3] 椎橋章夫:交通インフラから社会インフラへの発展 自律分散型 IC カード乗車券システム "Suica" の開発・導入と社会インフラ化, デジタルプラクティス, vo.1, no.3, pp.114–120 (2010).

[4] 初瀬雄一, 真野明子, 永瀬秀彦:高性能, 高信頼の Suica システムの実現, デジタルプラクティス, vol.1, no.3, pp.121–128 (2010).

[5] 独立行政法人情報処理推進機構:組込みシステムの脅威と対策に関するセキュリティ技術マップの調査 (2007). https://www.ipa.go.jp/les/000013814.pdf

[6] ANDROID 公式開発者サイト.
http://developer.android.com/guide/topics/connectivity/nfc/hce.html

● 推薦図書

[7] GS1 "Case Studies and White Papers".
http://www.gs1us.org/industries/apparel-general-merchandise/tools-and-resources/case-studies-and-white-papers

[8] K. Finkenzeller 著，ソフト工学研究所 訳：『RFID ハンドブック（第 2 版)』，日刊工業新聞社 (2004).

[9] 伊賀武，苅部浩：『UHF 対応 RFID 技術入門』，日刊工業新聞社 (2011).

[10] RFID テクノロジ編集部：『無線 IC タグのすべて』，日経 BP 社 (2004).

[11] 日経 RFID テクノロジ，日経システム構築 共編：『無線 IC タグ活用のすべて』，日経 BP 社 (2005).

[12] 立石泰則：『フェリカの真実』，草思社 (2010).

# 第14章
# 位置推定

## □ 学習のポイント

　測位衛星の充実に伴い，屋外の多くの場所ではGPSによる測位が可能になっている．携帯端末のマップサービスと連携することで，自身の現在位置や目的地までの方向・経路を容易に把握できる．しかし，屋内にはGPSの電波が届かないため，それ以外の方法で携帯端末の現在位置を知る必要がある．

　屋内における現在位置を推定する手法として，無線LAN等の電波情報を用いるものや，携帯端末に内蔵されている加速度センサ等を用いるもの等，複数の手法が提案されている．それらは絶対測位と相対測位のいずれかに分類できる．

　電波情報を用いる手法では，複数の無線基地局から出力される電波を携帯端末で受信し，その際の電波強度や，送信から受信までにかかった時間，受信方向といった情報を用い，現在位置を推定する．

　携帯端末に内蔵されたセンサを用いる手法では，初期位置からの相対的な移動を推定できる．加速度の値から歩行を検出し，歩数と歩幅から移動距離を推定する．また角速度の値から進行方向を求める．移動距離と進行方向を用いて現在位置を推定する．

- 全地球航法衛星システムGNSSとその代表例であるGPSの概要について学習する
- 無線を用いた位置推定手法として，Proximity, Triangulation, Fingerprinting方式について学習する．
- 加速度等のセンサを用いて相対的な移動を推定するPedestrian Dead-Reckoningについて学習する．
- カメラによる位置推定手法について学習する．
- 推定位置の補正手法であるマップマッチングについて学習する．

## □ キーワード

　絶対測位, 相対測位, GNSS, GPS, 無線位置推定, BSSID, TDOA, AOA, RSSI, Triangulation, Proximity, Fingerprinting, PDR, 累積誤差, ランドマーク, オプティカルフロー, マップマッチング

## 14.1 位置推定の概要と応用例

### 14.1.1 位置推定の概要

モバイルコンピューティングやネットワークの高度化と普及により，環境内に埋め込まれた計算機やネットワークによっていつでもどこでも適切なサービスを享受できるユビキタス環境が整いつつある．人やモノの位置情報は，それらをとりまく状況（コンテキスト）を正確に理解する上で重要な情報である．そのためモバイル機器の位置推定はユビキタス環境を支える基盤技術の1つといえる．

屋外では，全世界で利用可能な位置推定技術であるGPSによって，ほとんどの場所で位置推定を利用できる．GPSによる測位では，複数のGPS衛星から送信された電波信号をGPS受信機で受信し，各GPS衛星の位置と信号の到達時間差の情報から緯度，経度，高度を求める．

一方屋内では，GPS衛星の電波が受信できない場合が多いため，GPSによる正確な位置推定が困難である．そこで，通信用の無線電波を用いた位置推定，モバイル端末に搭載された加速度・角速度等のセンサを用いた位置推定，カメラを用いた位置推定などが提案されている．屋内位置推定システムは，既に美術館や駅構内など一部の施設で運用されているものもある．

位置推定手法は，建物内の絶対的な座標を推定可能な絶対測位，移動開始点を原点として相対的な移動軌跡を推定する相対測位に大別される．

### 14.1.2 応用例

モバイル端末の位置推定技術は，既に多くの位置情報サービスで利用されている．

記憶容量の増大と低価格化に伴い，個人の生活や体験をデジタル情報として保存し，ライフログ化することが可能になってきている．ライフログにおける重要な情報の1つが位置情報である．例えばスマートフォン用のアプリケーションである「僕の来た道」や「Moves」は，自動的に位置情報をロギングし，訪れた施設，移動経路，移動距離等をライフログとして保存でき，いつでも過去の行動を振り返ることができる．

Foursquare/SwarmやFacebookでは，SNS (Social Networking Service) の機能を用いて，ユーザ同士で滞在中の施設等へのチェックイン情報を友人と共有できる．チェックイン情報の共有の際には位置推定技術が利用され，現在位置から近い店舗や駅，学校といったPOI (Point of Interest) をリストアップしたり，最も近いものを提示したりしてユーザ自身がチェックインするPOIを容易に選択可能にしている．

位置推定技術に基づき，現実世界をフィールドにしたゲームも数多く展開されている．Ingressは，Googleの社内スタートアップであるNiantic Labs（現在はGoogleから独立）が開発・運営するゲームで，いわゆる陣取りゲームである．世界各地に存在するポータルを自陣の勢力にし，ポータル同士にリンクを張り三角形を作って自陣とする．現実世界の史跡や記念碑などがポータルになっており，ポータルの奪取やリンク作成のためには実際に現実世界でその地点まで移動する必要がある．また，コロプラの「コロニーな生活」では，位置情報の履歴から移

動距離を算出し，移動距離に応じて得られる仮想通貨を利用してスペースコロニーを発展させていく．Geocaching は GPS を用いた現実世界の宝探しゲームである．世界中に実際に隠されている宝箱を，公開されている宝箱の座標情報とモバイル端末の位置推定を頼りに探索する．ユーザは宝を探すだけでなく，宝を隠す側にもなれる．

## 14.2 位置推定手法

### 14.2.1 GPS

現在最も普及している位置推定手法は GPS (Global Positioning System) である．位置推定のための人工衛星を用いて GPS 受信機の現在位置を推定する．各 GPS 衛星は自身の衛星軌道情報と時刻情報を合わせて電波信号として発信する．GPS 受信機は，衛星からの電波を受信し，送信から受信までにかかった時間を求める．電波伝搬速度（光速と等しい）を用いれば，衛星と受信機間の相対距離を算出できる．つまり，衛星を中心とし，半径を相対距離とした球の表面上のどこかに存在することがわかる．さらに 3 基以上の衛星からの信号が受信できれば，それぞれの球が求められ，それらの球の交点が受信機の位置であると推定でき，緯度経度を算出できる．現在では約 30 の GPS 衛星が地球上空に存在しており，測位精度は 10 m 程度である．

GPS は全地球航法衛星システム GNSS (Global Navigation Satellite System) の一種であり，アメリカが運用している．日本，中国，ロシアなどでも GNSS の運用を検討・準備中である．日本では，宇宙航空研究開発機構 (JAXA) によって準天頂衛星システムの構築が進行中である．日本上空での滞在時間が長くなる準天頂軌道上に 4 基以上の衛星を配置し，常に 1 基以上の衛星が日本上空に存在するように衛星の準備が進められている．これにより，日本における測位精度は 1 m 程度，さらに数センチ単位まで向上する見込みである．ただし，GNSS による測位は，屋内では利用できない場合が多い．衛星から送信される電波が建物の壁などに遮られるため，屋内では衛星からの電波を受信できず，位置推定精度が低下してしまう．また，屋外であれば常に高精度の測位結果が得られるとは限らない．高層ビルの多いエリアでは，マルチパス（電波が複数の経路を経由して到来する現象）の影響を受け，衛星と受信機間の相対距離を正確に求められず，位置推定精度が低下してしまう．

### 14.2.2 無線電波を用いた位置推定

現在，PC をはじめスマートフォンや組み込み機器，一部の家電に至るまで，無線電波による通信機能を備えている．これらの通信用無線電波を位置推定に利用する手法が提案されている．

PC やスマートフォンで無線 LAN を ON にすると，自身が通信に使用している基地局の他にも複数の基地局が検出される．通信の有無にかかわらず，基地局の名前や電波強度といった情報を取得できる．無線位置推定では，環境内を飛び交う複数機器からの電波情報を用いて現在位置を推定可能である．

通信用無線電波には様々な種類が存在する．我々が使用している携帯電話は，音声通話やイン

ターネット接続のために携帯電話回線 (3G, LTE) を使用しており，数キロメートル先まで電波を届けることが可能である．IEEE 802.11 で規格されている無線 LAN は，ほとんどのノート PC やスマートフォン等で利用可能である．通信距離は数十〜数百メートルである．Bluetooth は，近距離（〜数十メートル）で機器間を無線接続して通信するための規格であり，PC と周辺機器を接続する際に利用されている．また，ZigBee も近距離通信用の無線規格である．通信速度は低速であるが，低消費電力であり多くの組み込み機器が採用している．その他にも，WiMAX や超広域無線 (UWB: Ultra Wide Band) などの通信規格がある．

電波を受信した際に得られる無線情報として，基地局 ID，受信電波強度 (RSSI: Received Signal Strength Indicator)，到来時間 (TOA：Time of Arrival)，到来時間差 (TDOA: Time Difference of Arrival)，到来方向 (AOA: Angle of Arrival) などがある．

対象となる端末の種類，要求される位置推定精度，距離のスケール，インフラ設置コストなど様々な要素によって，位置推定に使用する無線規格は異なる．また，あらゆる受信機で前述した全ての情報が獲得できるわけではない．しかしどの無線規格と無線情報を用いたとしても，位置推定の原理はおおむね共通している．以下では環境内に複数設置されている無線 LAN 基地局 (AP: Access Point) の電波を用いてスマートフォン等の携帯端末の絶対位置を推定するシーンを想定する．使用する無線情報として受信電波強度 RSSI を用い，代表的な 3 つの位置推定手法を説明する．

### (1) Proximity

Proximity は最も単純な無線位置推定手法である．本手法を適用するには，AP の設置された位置をあらかじめ知っておく必要がある．受信電波強度 RSSI は，一般に AP と端末の距離が近いほど大きな値となる．よって，複数の電波のうち最も強い RSSI を監視し，その電波の発信機の近くに受信機が存在すると推定する（図 14.1）．

Proximity はアルゴリズムが非常に単純であり容易に実装可能である．しかしその反面，位置推定精度は他の手法と比較して低い．ジオフェンシングには本手法が用いられる．

観測された無線 LAN 電波強度

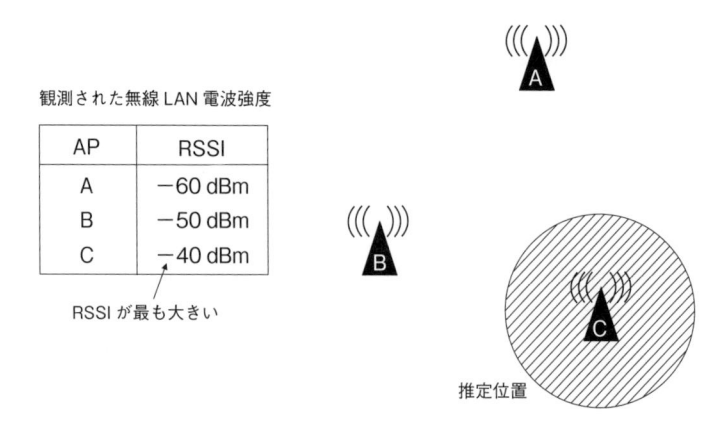

| AP | RSSI |
|---|---|
| A | −60 dBm |
| B | −50 dBm |
| C | −40 dBm |

RSSI が最も大きい

推定位置

図 14.1　Proximity による位置推定

## (2) Triangulation

Triangulationは，端末と複数AP間の距離関係を組み合わせて現在位置を推定する手法である．本手法も，Proximityと同様，あらかじめAPの設置された位置が既知でなければならない．RSSIは，APと端末間の距離が近いほど大きく，離れるほど小さくなる．この関係を数式としてモデル化したものが距離減衰モデルである．距離減衰モデルにRSSIの値を当てはめれば，APと端末間の距離を算出できる．APと端末間の相対距離が算出できれば，端末はAPの位置を中心とし，相対距離を半径とした円周上のどこかに存在することがわかる．3つ以上のAP間との距離を求め，円を描画していけば，それらの交点の位置に端末が存在しているとわかる（図14.2）．

距離減衰モデルに基づくAP-端末間距離推定は，障害物のない見通しの良い場所ではうまくいくことが多い．しかし屋内のように壁や障害物が多く存在する環境では，障害物への反射や減衰，マルチパスなどの影響によって，距離とRSSIの関係は距離減衰モデルを適用できないことがある．そのためTriangulationは屋内においては精度が低くなってしまう．

GPSも原理としてはTriangulationを用いて位置推定を行っているが，RSSIではなくTOAを用いて3次元的な測位を実現している．

## (3) Fingerprinting

Fingerprinting（Scene Analysisとも呼ばれる）は屋内において，前述のProximityやTriangulationより高精度な位置推定が期待できる手法である．本手法では各APの位置を必要としない．ただし，事前に位置推定を行う領域内の無線LAN情報をデータ収集する必要がある．

図14.3にFingerprintingによる位置推定の概要を示す．まず事前観測フェーズにおいて，無線LAN位置情報データベースを用意する．○の地点において，一定時間無線LAN環境を

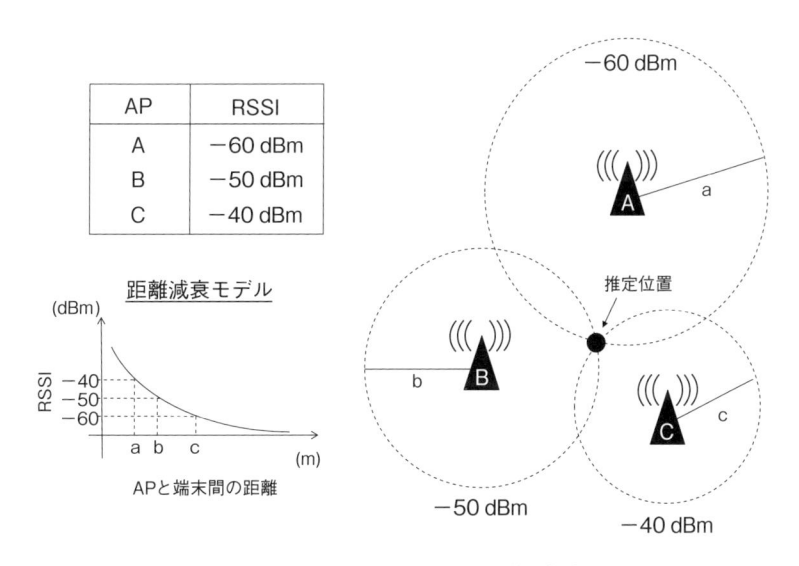

図 14.2 Triangulationによる位置推定

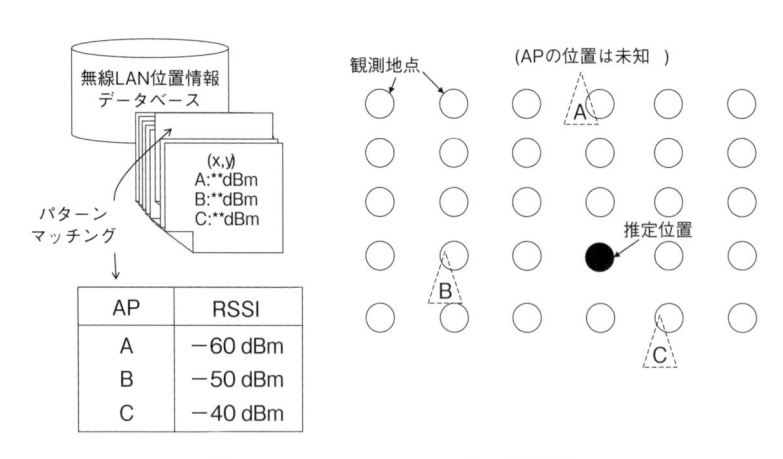

図 14.3　Fingerprinting による位置推定

観測し，各 AP の ID と RSSI を得る．無線 LAN 環境の情報は，観測を行った地点の座標情報とともに記録する．この処理を位置推定対象となる領域内で行い，データベースを構築する．位置推定のフェーズでは，現在観測された無線 LAN 環境とデータベース内の各地点における無線 LAN 環境のパターンマッチングにより現在位置を推定する．

　Fingerprinting による位置推定精度は，AP の数や配置の分散度合い，事前観測における観測地点の間隔等に依存する．環境内に存在する AP が少なすぎたり，配置が一部に偏っていたりする場合，それらの AP からの電波が届きにくい場所の位置を正確に推定できない．位置推定精度の低下を避けるためには，AP の少ない場所に意図的に位置推定用 AP を設置する必要がある．観測地点の間隔が広い場合，距離減衰モデルなどを用いて観測地点間を補完する必要がある．

　屋外においても，Fingerprint に基づく無線 LAN 位置推定は有効であり，iPhone や Android 端末のようなスマートフォンの位置推定モジュールにもこの手法が適用されている．GPS 単体では，高層ビルなどの障害物の多い地域での位置推定精度が低下してしまうため，無線 LAN 位置推定を併用して位置推定精度の低下を防いでいる．現在では，Skyhook 社の Loki や Koozyt 社の PlaceEngine の他，Apple や Google なども独自に緯度経度と無線 LAN 環境を対応付けたデータベースを構築している．このデータベースの構築を実現するためには，GPS から得られる緯度経度と無線 LAN 観測情報の組を網羅的な地域で収集する必要があるが，この問題はクラウドソーシングによって解決している．スマートフォン OS に組み込まれた機能や専用アプリケーションを通じて，多くのユーザによって（無意識に）収集されているデータが随時アップロードされ，それに基づいてデータベースが構築される．

### 14.2.3　PDR

　物体がどこにいるのかを，その物体に備えられた加速度や角速度などのセンサ群を利用して，位置変化をトラッキングする手法を Dead-Reckoning という．移動開始地点を原点として，移動量を推定して現在位置を求められる相対測位手法である．特に人の歩行を対象とした場合には，

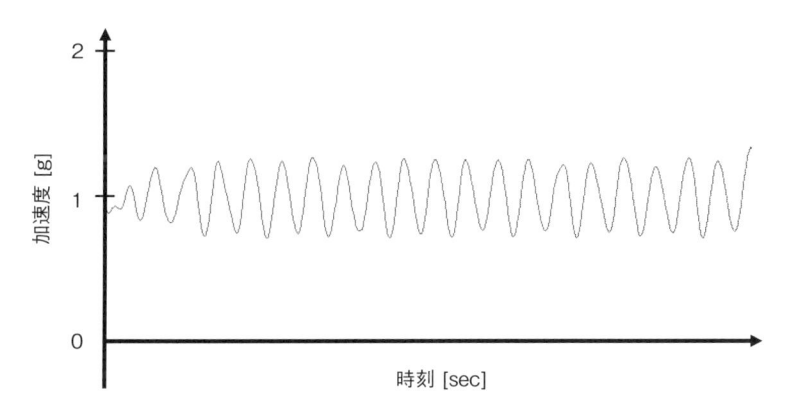

図 14.4 歩行時の加速度センサの値（重力方向の軸，ローパスフィルタによるノイズ除去済み）

PDR (Pedestrian Dead-Reckoning) と呼ばれる．ここでは PDR の手法について説明する．

センサにノイズが乗らない理想的な状況を想定した場合，歩行者の 3 次元的な移動軌跡は理論的には 3 軸加速度センサの値から算出できる．X，Y，Z の各軸について加速度の積分値をとれば，各時刻における速度が算出でき，さらにもう一度積分すれば移動距離が求められる．そのため初期位置からの相対的な歩行軌跡を算出可能である．しかし，実際にはセンサノイズの影響により，この手法では歩行軌跡の推定が困難である．

一般的な PDR では，加速度の値から歩行者のステップを検出し，歩数を用いて歩行軌跡を推定する．人の歩行時，加速度センサ（重力方向の軸）の値は図 14.4 のように周期的な形状となる．ステップごとに加速度の上昇と下降が発生するため，1 周期を 1 ステップと見なせる．よって各周期を検出すれば歩数がわかる．一般的な万歩計も同様の方法で歩数をカウントしている．また，各ステップの歩幅を，人の身長や加速度の極大値／極小値を用いて算出すれば，各時刻における移動速度が推定できる．

進行方向の推定には，角速度センサの積分値を用いる．多くのモバイル端末は絶対方位推定の可能な磁気センサを搭載しているが，屋内では建物内の鉄筋の帯電や電気機器の磁気作用など，様々な原因により絶対的な進行方向を得られないことが多い．

各時刻における移動速度と進行方向から，図 14.5 のように推定移動軌跡が求められる．

階段昇降やエレベータ・エスカレータ等による高さ方向の移動については，機械学習・パターンマッチングによる行動認識や，高さ方向の移動を検知できる気圧センサに基づいて昇降推定される．

スマートフォンのような携帯端末を用いる PDR の他に，慣性計測ユニット (IMU: Inertial Measurement Unit) も有効である．IMU には加速度や角速度などのセンサ群が搭載されており，靴の足先に装着されることが多い．その場合，「足が地面に着地して次に離れるまでの間は移動しない」という制約を利用できるため，スマートフォンを用いた場合よりも高精度な PDR が実現できる．

PDR は短い距離の間は高精度な位置推定が可能であるが，センサ誤差の影響を常に受ける

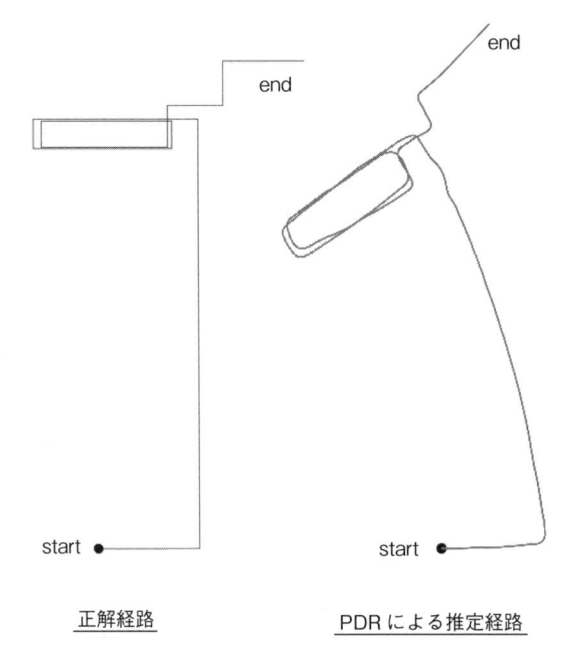

図 14.5　正解歩行軌跡（左）と PDR による推定移動軌跡（右）

ため，距離が長くなるに従って誤差が増大してしまうという問題がある．図 14.5 の例では，直線的な移動をしている場合でも，角速度にノイズとしてオフセット値が乗り，その累積によって徐々に左側に曲がってしまっているのがわかる．このような現象はドリフトと呼ばれる．そこで，無線位置推定など，他の絶対位置推定手法と組み合わせて，随時累積した誤差の修正を行う必要がある．

### 14.2.4　画像による位置推定

モバイル携帯端末に搭載されたカメラを用いた絶対・相対測位手法も存在する．

カメラを用いた絶対測位は，ランドマークの検出によって行われる．あらかじめ環境内のランドマーク画像を位置情報とともにデータベースに保存しておく（図 14.6 左）．位置推定時には，撮影された画像の中にデータベース内のランドマークが含まれているかを，オブジェクト認識技術を用いて推定する．ランドマークが検出されれば，そのランドマークが存在する位置にいると推定する（図 14.6 右）．

カメラを用いた相対測位手法では，カメラで環境内を連続撮影し，前後 2 つのフレーム画像を用いて相対的な移動を推定できる．一般に相対的な移動の推定にはオプティカルフローが用いられる．オプティカルフローとは，ある画像で検出される特徴点（エッジや輝度変化の高い部分など）が，もう 1 枚の画像においてどこに移動したかを推定するものである．図 14.7 では，廊下を移動しながら撮影した 2 つの画像間でオプティカルフローを求め，可視化している．全体的な矢印の向きから，フレーム 1 で検出された特徴点がフレーム 2 においてカメラ側に接

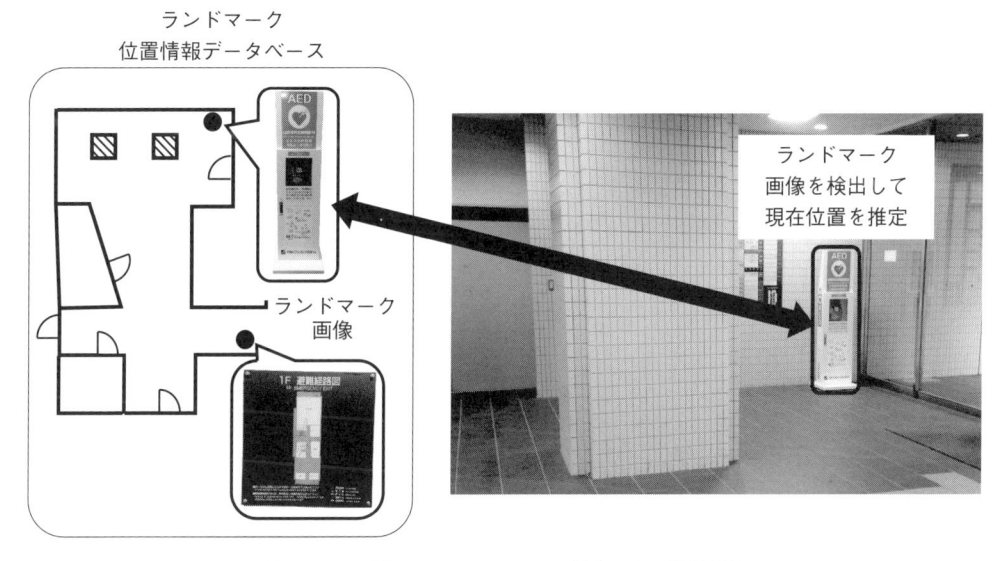

図 14.6 画像からのランドマーク検出による位置推定

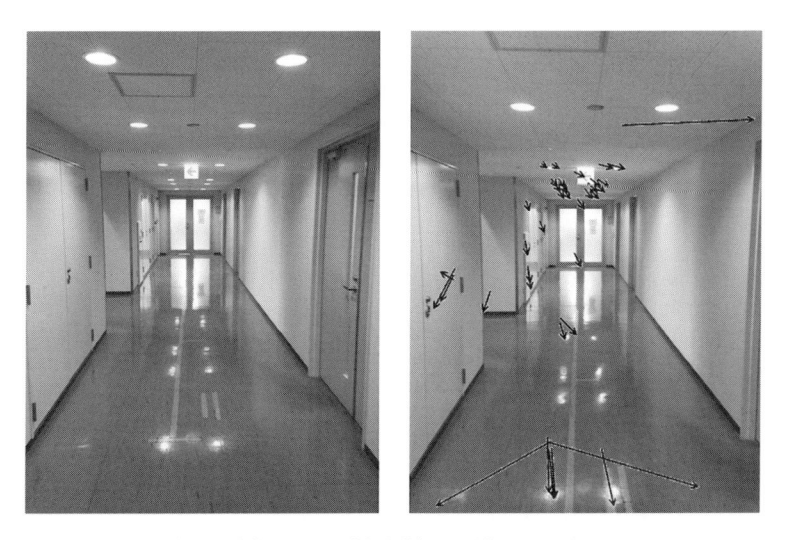

図 14.7 廊下を前進しながら連続撮影した画像間のオプティカルフロー

近しているため，撮影者が前進していることがわかる．また特徴点の移動量から，移動距離も推定できる．

## 14.3 マップマッチングによる推定位置の補正

建物構造に関する情報がある場合，マップマッチングによって推定位置の補正が可能である．マップマッチングは，カーナビゲーションシステムにおいても広く採用されている技術である．道路を車で走行している際，GPS の誤差により，必ずしも推定位置が走行中の道路上にあると

は限らない．そこで，過去数秒の位置情報の履歴と道路ネットワーク情報を比較して現在進行中の道路を特定し，現在位置を道路内にいるように補正する．

カーナビでのマップマッチングにおいて道路ネットワーク情報が必要なように，屋内位置推定におけるマップマッチングでは，建物構造情報が必要である．建物構造情報の種類としては，部屋，通路，ドア，階段，壁，進入不可領域などで表現されるフロアマップ（図 14.8 上）や，そのフロアの通行可能な箇所を線で結んだ歩行空間ネットワーク構造（図 14.8 下）が用いられる．

フロアマップを用いた屋内マップマッチング手法の例を挙げる．例えば推定位置が存在不可領域壁になってしまった場合，その近くの廊下など，推定位置としてふさわしい箇所に補正する（図 14.9 左）．また，通路と部屋のようなエリア間遷移の場合，位置推定の履歴を利用し，前の位置から今の位置がドアを通じてのみ通過できるようにする．図 14.7 右の例では，推定位置が廊下から部屋に遷移しているが，遷移箇所がドア付近ではないため，まだ廊下にいるものとして現在位置を補正している．

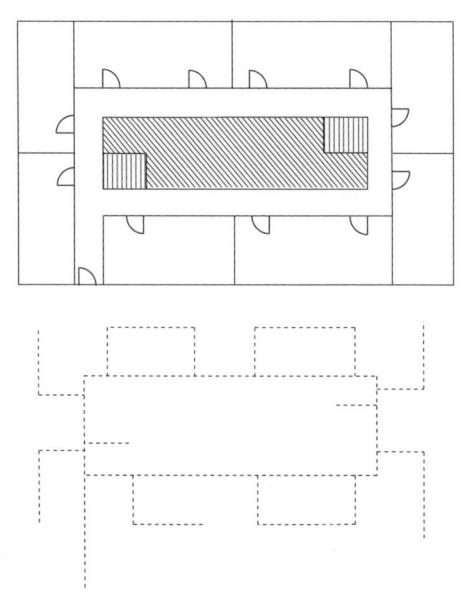

**図 14.8** 建物構造情報（上：フロアマップ，下：歩行空間ネットワーク構造）

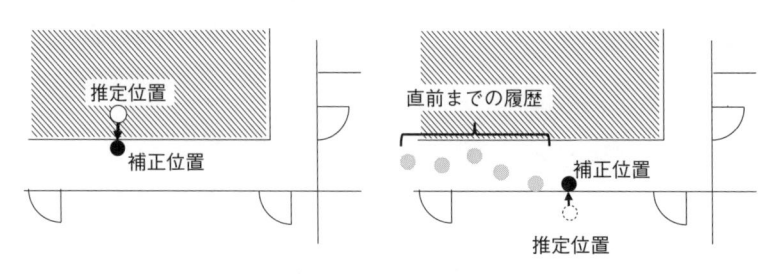

**図 14.9** フロアマップに基づくマップマッチング

## 14.4 その他の方式

IMES (Indoor MEssaging System) は，宇宙航空研究開発機構 (JAXA) が考案した屋内における位置推定技術の1つである．GPS 衛星と同じ電波形式の IMES 送信器を屋内に設置し，その電波によって位置推定を行う．GPS の電波には時刻情報が含まれているが，IMES ではその領域に位置情報（IMES 送信器が設置された位置）を書き込んで発信する．既存の GPS 受信機と同一ハードウェアが利用できるため，屋内外をシームレスに繋ぐ位置推定が可能となる．

SUICA・PASMO などの非接触型 IC カードやスマートフォンの一部に搭載されている近距離無線通信 (NFC: Near Field Communication) は，支払い・認証の他に位置推定にも利用可能な技術である．環境側に設置されたリーダ・ライタに IC カードや NFC 端末をかざせば，その瞬間には人がリーダ・ライタのゲートを通過したことがわかる．低頻度であるが絶対位置を得られるため，PDR による推定位置の累積誤差を修正したり，軌跡をさかのぼって修正できる（図 14.10）．

環境側に設置される位置推定インフラにとって，電力供給は非常に大きな問題である．そこで近年では，低電力で位置推定を行う仕組みが複数提案されている．Place Sticker は屋内測位に特化した無線インフラである．一般の無線 LAN 基地局と異なり，発信する無線信号は位置推定に利用されるビーコンに限定している．無線信号は低出力で発信され，使用電力は蛍光灯や LED の光によるエナジーハーベスティングで賄うことができるため，別途電源を必要としない．既に東京国立博物館等で運用されている．iBeacon は Apple によって提案された位置推定/近接検出技術である．近距離無線 Bluetooth の拡張仕様である BLE (Bluetooth Low Energy) を用いており，低電力で利用できる．環境側に設置する iBeacon タグの中には，電池寿命が 2 年程度のものも存在する．

その他，磁気，照度，音波などによる位置推定手法も提案されている．それらの手法についても，電波に基づく位置推定手法である Proximity，Triangulation，Fingerprinting の 3 種類のいずれかに類似する手法が用いられている．音波を用いた位置推定手法では，環境内に非可聴音を発生するスピーカを複数台設置し，携帯端末のマイクを用いてスピーカの音を受信する．音の周波数やパターンからどのスピーカから発信された音であるかを解析して Proximity

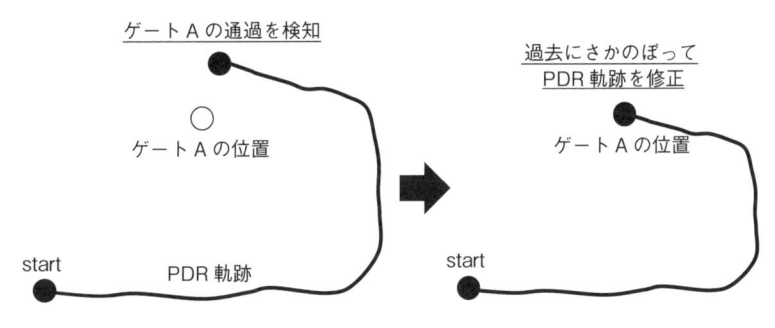

図 14.10 絶対測位による相対測位軌跡の修正

による位置推定を行ったり，複数の音の受信タイミングから TDOA を算出して Triangulation を適用したりする．磁気や照度は，屋内において一定でなく，様々な場所で特徴的な値となる．そのため，Fingerprinting によってあらかじめ環境内を観測して磁気や照度のデータベースを構築しておけば，位置推定が可能になる．

SLAM (Simultaneous Localization And Mapping) は測距センサ等を用いてフロアマップを作成しながら同時に自己位置を推定していく手法である．ロボット制御の分野で発展した技術であるが，近年ではこの技術の応用として，Fingerprinting で使用する無線 LAN 環境データベースを SLAM によって構築する手法が提案されている．Fingerprinting における大きな課題の 1 つである事前観測コストをゼロにできる手法として注目されている．また，Microsoft が提供する Kinect Fusion は，奥行きを撮影可能な 3 次元カメラである Kinect for Windows を用いて SLAM を行い，自己位置推定と同時に屋内の 3 次元モデルを生成できる．

## 演習問題

**設問 1** 基地局 A，B，C がそれぞれ座標 $(0,0)$，$(8,18)$，$(21,0)$ に存在しているとする．また，距離減衰モデルを適用した結果，端末と基地局までの推定距離がそれぞれ 20，10，13 であるとわかった．このときの端末の座標を求めよ．ただし理想環境であり距離減衰モデルで得られる推定距離は正確であるものとする．

**設問 2** Fingerprinting において事前観測の人的コストを低減させる手法の 1 つとして，まばらに観測した地点間の Fingerprint を補完する技術が必要になる．事前観測において表 14.1 のように座標 $(0,0)$ と $(3,0)$ の Fingerprint が得られたとき，座標 $(1,0)$ と $(2,0)$ における Fingerprint を補完せよ．ただしここでは距離減衰モデルは線形と見なしてよいものとする．

表 14.1 各座標における RSSI の Fingerprint [dBm]

| AP \ 座標 | $(0,0)$ | $(1,0)$ | $(2,0)$ | $(3,0)$ |
|---|---|---|---|---|
| A | −60 | | | −39 |
| B | −50 | | | −62 |
| C | −40 | | | −55 |

**設問 3** Fingerprinting による無線 LAN 位置情報データベースは，一度作成すればよいだけではなく，環境の変化に応じて随時更新しなければならない．無線 LAN 環境を変化させる原因として考えられるものを列挙せよ．

**設問 4** スマートフォンに搭載された 3 軸加速度センサを用いてステップ検出を行うアルゴリズムについて考察せよ．

**設問 5** PDR に使用する主な端末としてスマートフォンと IMU があるが，それぞれを用いる利点と欠点を述べよ．

**設問 6** 歩行空間ネットワーク構造を用いたマップマッチング手法を考察せよ．

# 文　献

- 参考文献

[1] P. Bahl and V. N. Padmanabhan : RADAR: An in-building RF-based user location and tracking system, *Proceedings of IEEE Infocom 2000*, pp.775–784 (2000).

[2] S. Thrun, W. Burgard, and D. Fox: "Probabilistic Robotics", The MIT Press (2005).

- 推薦図書

[3] P. D. Groves: "Principles of GNSS, Inertial, and Multisensor Integrated Navigation", Artech House (2013).

# 第15章
# モバイルアプリケーション

## 学習のポイント

これまでに紹介してきた各種モバイルネットワーク技術は現在，様々な分野で応用されている．また，通信技術を通信以外の目的で使用するなど，本来想定されている使用方法以外での応用もある．本章では紹介してきたモバイルネットワークにおける各種技術の応用を紹介する．本章では，以下の内容についての理解を目的とする．

- ネットワーキング技術の応用について理解する．
- センシング技術の応用について理解する．
- 無線通信技術の応用について理解する．

## キーワード

アドホックネットワーク，センサネットワーク，無線，測位，スマートフォン，センサ，センシング，モニタリング，通信，管理，追跡，サービス

## 15.1 モバイルアドホックネットワーク

アドホックネットワークの研究は米国のARPA助成によって軍事利用を目的として行われたのが始まりである．敵地，ジャングルなどの自国の通信インフラがない環境での部隊内・部隊間通信を想定していた．また，自国内での戦闘においても，基地局を介する通信のみに依存していると，基地局が標的として狙われた際には窮地に陥る．

このように，ネットワークインフラが破壊された環境，あるいはもともと存在しない環境では，基地局を介した機器同士の通信が不能になるため，図15.1に示すように無線アドホックネットワークを利用して，機器同士でネットワークを構築することで，現場の状況などを共有できるようになる．ネットワーク内にインターネットに接続可能な基地局と接続している端末がいる場合は，その端末を介してインターネットに接続することもできる．

また，過酷な環境として災害地や山間部，僻地においても通信インフラを設置することは地理的，コスト的に難しい．そのような環境でもアドホックネットワークは警察や消防などによる捜索や救助のための情報伝達，住人への避難情報の伝達，被災者同士の安否確認などへの応

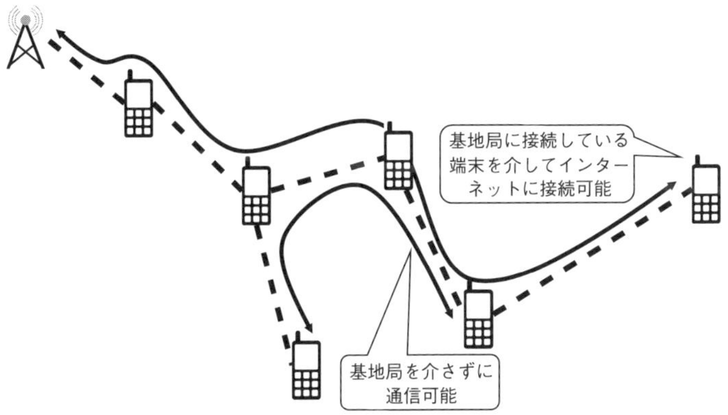

図 15.1 モバイルアドホックネットワーク

用ができる．2015年4月に首相官邸に落下したことで注目を集めた小型無人飛行機ドローンも，アドホックネットワークを構築することで，人が入れない急斜面でも映像撮影してリアルタイムで送信したり，通信経路を構築することができる．

現状の問題点として，通信可能端末同士が全て通信してトポロジを形成するのではなく効率的なトポロジ形成が求められる．また，ルーティングにおいても，通信遅延が小さい経路のみを使用して特定の端末を頻繁に経由していると，その端末の電力消費が激しくなり，すぐにバッテリーがなくなってしまう．さらには，端末の移動による参加，脱退が頻繁に起きるため，トポロジの動的な変化に対応する必要がある．

一方，環境は異なるが，身近に実用化されたアドホックネットワークを利用できるものがある．PSPやニンテンドーDSなどの携帯ゲーム機である．携帯ゲーム機を用いて複数人でプレイする場合，従来までは機器同士を直接ケーブルで接続するか，ルータやインターネットを経由して接続する必要があった．ルータを介する方式をインフラストラクチャモードと呼び，それに対してアドホックネットワーク技術を利用すると，インフラを必要とせず機器同士が互いに接続しあうことができる．全員がルータに接続する作業は手間であり，また全員が接続可能なルータが周囲にないことも多い．手軽にゲームを楽しむためにアドホックネットワークが活用されている．

## 15.2 環境モニタリング

アドホックネットワークやセンサネットワークの応用として，農場や牧場，工場，ビル群，都市の環境モニタリングが挙げられる．環境にセンサを配置してセンサ自身が自律的にネットワークを構築し，データベースにデータを集約し，データを解析する．データを解析することで，以下のようなサービスが提供できる．

- 可視化
- 警告の通知

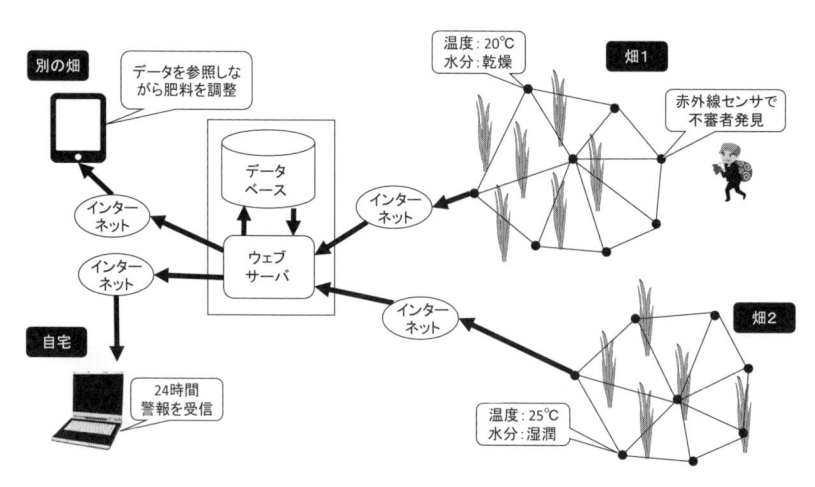

図 15.2 環境モニタリング

- 温度や湿度などの制御
- 暗黙知の抽出

　図 15.2 の農場を例に説明すると，畑やビニールハウスに設置されたセンサノードが互いにネットワークを構築し，センサデータをサーバに送信する．このときセンサ間のネットワークやセンサ・サーバ間のネットワークは通常は無線で，そのなかでも低消費電力な ZigBee や BLE を想定している．各センサノードがアドホック機能とルーティング機能を持つことが一般的である．屋外であるため各センサは太陽光発電を行う．最近では，無線で電力を供給する技術も活発に研究されている．しかし，遮蔽物が多い環境や電源が確保できない環境，データが大量に集まり消費電力が大きいノードの通信は有線でネットワークを構築することもある．

　風向き，風速，気温，湿度，照度，雨量，気圧などの環境情報を取得するセンサや土壌の水分，pH，温度を計測するセンサ，赤外線センサなど生物を検出するセンサを設置し，センサ同士が自律的に通信してデータベースにデータを集める．これにより，家などの遠隔地から農場や牧場の状況を把握したり，作業中にタブレットでセンサデータを参照しながら現在行っている作業内容に反映できる．

　具体的には，データベースに蓄積されたデータ処理して，各畑ごとに温度や水分の情報を数値としてウェブページに掲載することで，自宅にいながら一目で各畑の状態を把握できる．また，畑の図面上にメッシュで色分けして土壌の状態を可視化することで，水はけの悪い箇所を把握できたりする．

　ウェブサーバには各種警告通知に関するルールを記述することで，例えば「水分が乾燥状態である」場合や「侵入者を検知した」場合にメールで通知できる．さらに，各畑やビニールハウスに給水設備や空調設備があり，ネットワークに接続されている場合は，自動的に給水を行うこともできる．

　しかしながら，給水したり，温度を下げたりする制御ルールは単純なものではなく，農家の長年の経験と勘（暗黙知）に基づく場合があり，簡単にルール化できるものではない．そのた

め，センサ情報と農家の作業情報を統合して，水やりや空調，収穫のタイミングを自動的に抽出する研究も行われている．

農業においては近年，農業従事者の高齢化と後継者不足が原因で農業技術の衰退が問題となっており，このような環境モニタリングシステムによって解決できると期待されている．

また，人間がデータを見るだけでなく，記録したデータを時系列で解析することで異常に対応したり，予測的な対応が可能となる．作物などの生育状況が悪かったときにはデータをさかのぼることでその原因の追究にも役立つ．これにより，農家の負担軽減だけでなく，作物の品質向上や収穫量向上にもつながる．

さらには，流通後の消費者へ育成過程を紹介したり，作物のデータを見せることで安心して購入してもらうこともできる．加えて，蓄積したデータから育成のノウハウを抽出することで，これまで感覚的であった農作業を数値として具体的に提示でき，次世代の担い手の育成にも貢献する．このような第1次産業と情報通信技術が融合することで，国の主力産業となるのではないかと期待されている．

## 15.3 参加型センシング

スマートフォンの高性能化にともない，スマートフォンに内蔵されたセンサから情報を収集できるようになった．温度センサや気圧センサの情報は気象状況の把握に有効である．ほかにも，TwitterやFacebookなどのソーシャルネットワークサービス (SNS) に投稿された情報を解析することでセンサ情報として活用できる．このような人型のセンサやソーシャルなセンサと従来の固定のセンサノードを統合的に活用することで広範なエリアをきめ細やかにセンシングできる．

参加型センシングはParticipatory sensingとOpportunistic sensingに大別できる．Participatory sensingは端末を持ったユーザが何らかの目的を持って意図的にセンシングを行う手法である．例えば，金銭の授受を伴う仕事としてのタスクであったり，ゲーム内のタスクがある．一方，Opportunistic sensingはユーザが持っている端末が自動的にセンシングを行う手法である．最初にセンシングすることを承認すれば，後は本人の意思とは無関係にセンシングする．そのためプライバシーの問題が伴う．

例えば，ゲリラ豪雨のような局地的に短時間で大量の降雨がある場所の検出をセンサネットワークで行おうとすると，日本全国に高密度でセンサノードを設置しなければならず，現実的ではないが，参加型センシングでは端末を持ったユーザが日本全国に散らばっているため取得できる．

2015年には株式会社ウェザーニューズが「さくらプロジェクト」というプロジェクト [1] を行った．これは，ひとり1本，お気に入りの桜の木を登録し，開花状況をレポートすることで日本全国の桜前線をつくる参加型センシングのプロジェクトである．このようなきめ細かく，正確な情報を取得できるのが参加型センシングの特徴である．

## 15.4 高度道路通信システム

カーナビ向けに道路交通情報を提供するサービスである VICS (Vehicle Information and Communication System) が 1996 年より開始した．VICS では渋滞情報，交通規制情報，所要時間，駐車場情報，交通障害情報が提供され，通信メディアとして FM 多重放送，光ビーコン，電波ビーコン (2.4 GHz) が用いられている（図 15.3）．

このうち電波ビーコン (2.4 GHz) は主に高速道路において用いられているが，2011 年より

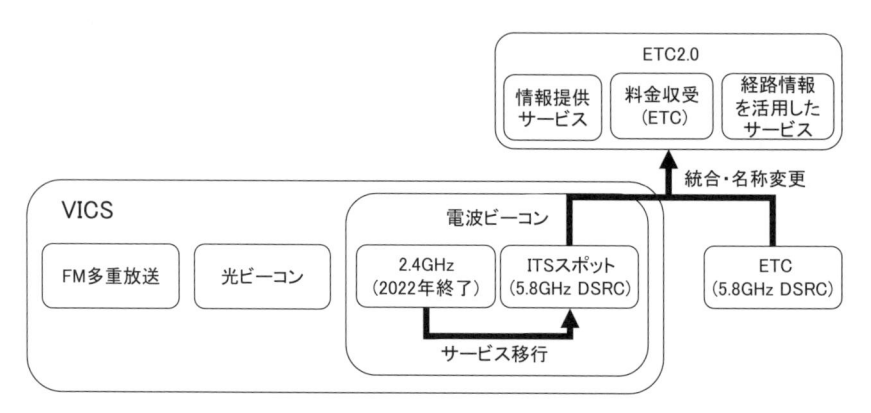

図 15.3　VICS と ETC2.0 サービス

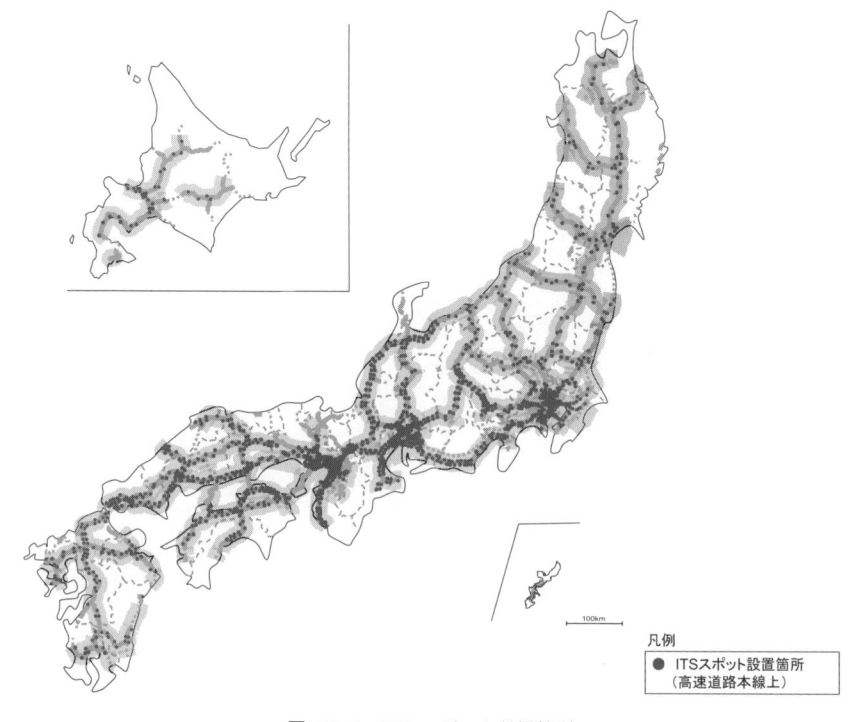

図 15.4　ITS スポット設置箇所

新サービスとして高速で大容量の双方向通信を可能とする 5.8 GHz DSRC 電波ビーコンを用いた ITS スポットが開始され，今後 2022 年までに 2.4 GHz 帯の電波ビーコンはサービスを停止する予定である．ITS スポットは図 15.4 に示すように既に高速道路上を中心に約 1,600 箇所に設置されている．使用している電波の周波数帯が異なるため，従来の 2.4 GHz の電波ビーコン対応の車載器は ITS スポットのサービスは利用できず，専用の車載器が必要である．

この ITS スポットは最大 1,000 km の高速道路の区間ごとの所要時間がカーナビに提供し（従来のビーコンは最大 200 km），最大 4 枚の簡易図形の情報提供を行う（従来のビーコンは 1 枚）．

また，これまで VICS と ETC は別々のシステムであったが，ITS スポットの道路情報提供サービスと ETC の料金収受，経路情報を活用したサービス，様々な民間サービスをあわせた ETC2.0 が開始している．これにより，ドライブスルーにおいて商品をキャッシュレスで受け取ることができたり，駐車場やガソリンスタンドもキャッシュレスになる民間サービスが実施または追加を検討されている．

## 15.5 拡張現実技術

カメラで撮影した現実世界の映像にコンピュータが生成した情報を重ね合わせて表示することで現実を拡張する拡張現実 (AR: Augmented Reality) 技術がある．拡張現実技術を用いると，図 15.5 に示すように，スマートフォンのカメラで撮影した目の前の風景に建物の名称を重畳表示できる．

映像に情報を表示するには，対象となる建物の情報が必要となる．画像解析によって建物などを特定するアプローチがあるが，特徴的でない建物であったり，視野内に含まれない物体の情報（例えば，「富士山まで 400 km」など）には対応できない．そこで，位置情報が活用できる．端末の情報と方位から表示する情報の候補を絞り込んだり，単純に現在位置に基づく情報を提示できる．

図 15.5 拡張現実技術

現在はサービスを終了しているが，セカイカメラというアプリケーションがある．スマートフォン内蔵のカメラで目の前の風景を画面上に映し出し，場所や物体に「エアタグ」と呼ばれる情報（文字，画像，音声）を重畳表示できる．エアタグはユーザが自由に付加できる．

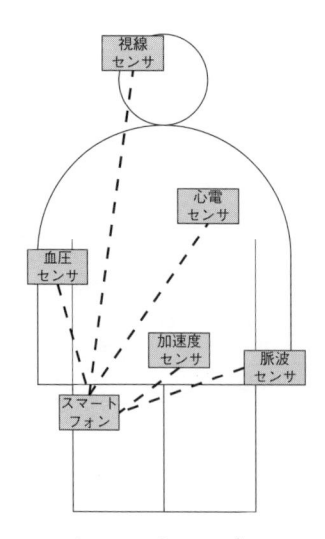

## 15.6 ウェアラブルコンピューティング

ウェアラブルコンピューティングとはデバイスを衣服や装飾品のように人間の身に付けて利用する，コンピュータの新しい利用形態であり，近年のデバイスの小型化・省電力化，無線通信技術の向上によって注目を集めている分野である．

小型のBluetoothモジュールの登場により，無線通信機能を備えた各種デバイスが小型化され，身体に容易に取り付けられるようになってきた．このような，装着可能なデバイスをウェアラブルデバイス (Wearable Device) と呼ぶ．ケーブルがないため，自由な位置に装着者の邪魔にならずに装着できる．

例えば，東芝のSilmeeは心電位，脈派，体動，皮膚温を測定する無線生体センサで，Bluetoothを介してスマートフォンやタブレットにリアルタイムで結果を表示できる．このほかにも無線機能を備えたウェアラブルデバイスは指輪型，腕輪型，眼鏡型，靴型など近年数多く登場してきている．

これらのセンサを図15.6に示すように体の適切な部位に装着することで，心臓付近に装着した心電センサで心電を取得し，指先に装着した脈波センサで心拍を取得する．ほかには，腰に装着した加速度センサで身体動作を取得したり，体温，血圧も取得できる．視線や脳波もデバイスの小型化により取得が容易になりつつある．これらのセンサがシンクノードであるスマートフォンにデータを蓄積したり，通信モジュールを介してクラウドサーバにアップロードする．蓄積したデータを解析することで運動不足の警告や疾病の早期発見が行える．

図 15.6 ウェアラブルコンピューティング

## 15.7 電子マネー，交通系ICカード

RFタグの応用例として13章ではEdyやnanacoなどの電子マネーカード，JR東日本のSuicaやJR西日本のICOCAなどの交通系カードを紹介した．本節では，RFタグを用いて電子マネーや交通系カードがどのように実現されているかを紹介する．

電子マネーは繰り返しチャージ可能な，プリペイド型の決済手段である．その仕組みは図15.7に示すように，まず店舗において現金（1,000円）を支払い，リーダ・ライタにカードをかざして1,000円相当のバリューをカードにチャージする．このとき，電子マネー事業者には支払った現金1,000円が格納される．そして，別の店舗で商品を購入する際はカードに格納されているバリューから商品相当額を支払い，同額を電子マネー事業者から店舗に移動することで店舗に金銭を支払うことができ，客は商品を受け取る．

電子マネーを導入するにあたり，電子マネー事業者，店舗，客のいずれに対しても利用するメリットがなければならない．事業者は店舗から手数料を得て収入としている．店舗は手数料を払ってまで電子マネーを導入する理由として，客の囲い込みが挙げられる．通常，電子マネーを利用すると1%程度のポイントが客に付与される．そのため，客は電子マネーが利用できる店舗を好んで利用する．客にとっては，ポイントが付与される点や，支払いの簡素化（小銭を出さなくてよい）というメリットがある．このように三者ともにメリットがあるため広く普及しているのである．

交通系ICカードは電子マネーよりも少々複雑である．その理由として，「どちらのカードも利用可能」というだけであればカードのタイプが同じであれば仕組みは単純であるが，運賃の精算が複雑である．

図15.8にPASMOやSuicaなど交通系ICカードのシステム構成を示す．ここではPASMOとSuicaのやり取りを例に説明するが，PASMOやSuicaはそれぞれ独立したセンターサーバを持っており，相互利用センターサーバが両グループのデータを集約してPASMOとSuica間

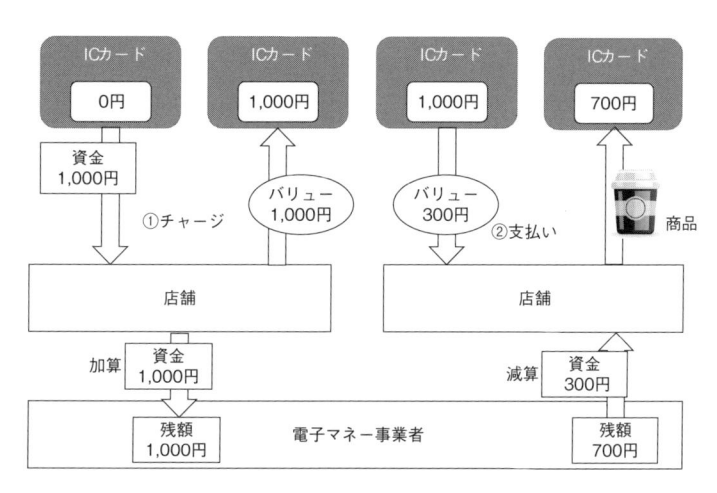

図 15.7 電子マネーの仕組み

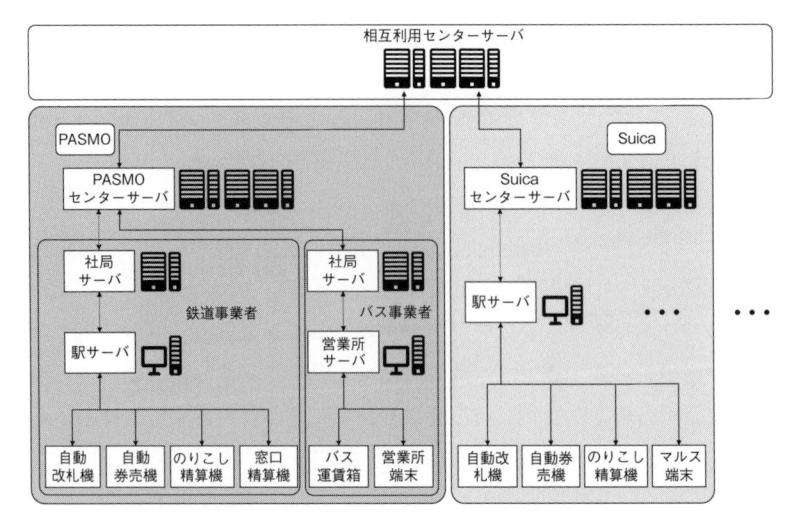

図 15.8 PASMO, Suica システムの構成

のデータのやり取りを行う．

　2008年3月29日より首都圏において PASMO と Suica の相互利用が開始しているが，JR の駅から乗車し，東京メトロの駅で降車した場合，降車駅で東京メトロに引き去られる SF（Stored Fare：カードにチャージされた，運賃に利用できる金額）利用データには JR の運賃が含まれている．そのため，東京メトロが引き去った運賃額の一部を JR に渡さなければならない．この作業は相互利用センターサーバが行う．相互利用センターに集約されたデータは PASMO と Suica に分けて精算され，精算額が両者に渡される．各社は渡された精算額に基づき SF 利用額を支払う（受け取る）．この精算業務は月1回行われている．

　また，これらのカードを使用することで利用履歴が自動で記録されるため，あとから行動を思い出すのにも役立つ．Suica の場合，直近50件がセンターサーバに記録されており，駅の自動券売機などで印字可能である．また直近20件の履歴はカードに記録されているため，自宅でリーダ・ライタを用いれば読み出すことができる．従来の紙や磁気の切符であれば，ある1人の乗客が何時にどの駅から乗って，何時にどの駅で降りたかの情報は得られるが，その乗客が降りた駅で別の路線に乗り換えたかまでは追跡できないため，ID を用いることで正確な乗降客数の把握が可能となる．

　交通系 IC カードに関する社会問題として，2013年の9月に JR 東日本が Suica 乗降履歴データの販売を当面見合わせると発表した．これは，JR 東日本が Suica の乗降履歴を日立製作所に販売して世間から大きな反発を受けたためである．販売されたデータはカード ID も匿名化されており利用者本人を特定することができない状態であったが，利用者には受け入れてもらえなかったようだ．大きな問題点としては2点あり，まず1つは事前に利用者に対する周知が行われていなかった点，もう1つは履歴の販売などの2次利用を利用者が拒否できる選択肢（オプトアウト）を告知していなかった点が挙げられる．

また，本来の使い方ではないが，電子マネーカードや交通系カードはほとんどの人が所持しているため，人物と情報を紐付けるツールとしても用いることができる．例えば，ショッピングモールの案内板でお店の検索を行うときに，併せてリーダ・ライタに自分の持っているカードをタッチすることで，その検索内容とカードのIDが紐付けられる．次に同じように検索を行った場合に前回の検索結果を考慮して違うものを提示したりできる．このように，個人情報を入力しなくても，「あるIDのカードを持った人」という「ゆるやかなID」として紐付けできることになる．

## 15.8 カードキー

電子マネーカードや交通系カードと同様に，企業の職員証や社員証にRFタグを埋め込んで，本人認証や鍵として利用し，入退室管理，アクセス制御を行っている例がある．これにより，社員の業務内容や職位ごとに部屋のアクセス権を制御できる．サーバ室に入室できるのは管理者だけに制限するなどの制御を，追加のカードキーの発行や，カードキーの情報の変更を行うことなく実現できる．

アクセス権を柔軟にかつ即座に変更できることがメリットであるため，災害時は全ての扉を通行可能にしたり，逆に内部の犯罪者が逃走できないように特定の人物のカードを無効にもできる．また，鍵のある箇所の通過時に必ずリーダ・ライタにタッチして解錠するため，その箇所を何時に誰が，どの方向へ通過したかがわかり，タッチした箇所を線で繋げていくことで，人物の追跡が可能であり，今誰が，どこに居るのかをリアルタイムで把握できる．さらに，各部屋に何人居るのかなどの情報もわかる．

## 15.9 物流・商品管理

RFタグの応用として最も注目を浴びているものの1つが物流や商品管理である．RFタグが貼り付けられた荷物の輸送経路，現在地をリアルタイムで把握できる．また，温度センサや加速度センサと合わせることで，適切な温度で運ばれているか，逆さまにされていないかなどの荷物の状態も併せて管理できる．

多くのスーパーでは現在はバーコードが用いられている．商品に印刷された，もしくは貼り付けられたバーコードをリーダにかざして，1つひとつ商品の情報を読み取る方法である．これに対してRFタグを用いると，商品をかごに入れたまま読み取り機に持ってくると，一度に全てのタグから情報を読み取り，自動で瞬時に会計処理ができる．タグが裏を向いていても，他の商品と重なっていてもよい．また，RFタグはバーコードと異なり，書き込みが可能であるため，精算が終了した商品には精算済みフラグを立てておき，店舗の出入口に設置しているリーダと組み合わせることで未精算の商品の持ち出しと区別できる．現実的にRFタグの回収は困難であるため，使い捨てが想定されており，コスト面の課題が残る．

似た原理で図書館の書籍にRFタグを埋め込んでおくと，スーパーのレジと同様に瞬時に貸

出処理が終わるだけでなく，リアルタイムの書籍検索が可能となる．ひとむかしの書籍検索システムでは，貸し出し状況や本棚の島単位での位置程度の情報しか検索できない．本棚まで行ってから，実際にどこにあるのか探すのに苦労したという人も多いであろう．本棚にリーダを設置しておけば，検索した本がどの本棚のどの位置にあるのかまでリアルタイムで取得できるため，返却された本を細かく分類わけして正確に本棚に戻さなくてもよくなる．このようなシステムは所沢市立所沢図書館や千代田区立日比谷図書館文化館，最近の大学の図書館など多くの図書館で導入されはじめている．

## 15.10 スポーツ

マラソンや自転車レースなどにおいて，競技者のポイント通過時間を計測するシステムにもRFタグが用いられている．マラソンで使用される日本陸上競技連盟の公認を受けたシステムは数多くあるが，それらでは競技者は小型のRFタグをゼッケンや靴に装着して走る．各ポイントではライン上で長波帯の電磁誘導でRFタグを起動し，起動したタグはUHF帯の電波などでID情報を送信する．これにより，リアルタイムで全ランナーの位置（区間）を把握できる．

また，これまではスタートの号砲が鳴った時点からの時間である「グロスタイム」しかわからなかった（公式タイムはグロスタイムである）が，タグを用いることでスタートラインを通過した時刻からの実際に走った時間「ネットタイム」を計測できる．ウェブ上からリアルタイムのレース状況を確認したり，完走証明書の印刷がスムーズに行えるというメリットがある．

## 15.11 人数計測，同行者推定，人物検出

スマートフォンなどの無線LANクライアントは周囲のアクセスポイント (AP) を知るために，定期的にProbe requestと呼ばれるパケットを送信している．周辺のAPのうちProbe requestを受信できたものはSSIDを知らせるためにProbe responseを送信する．Probe requestパケットにはクライアントのMACアドレスが含まれており，APは周囲に存在するクライアントのMACアドレスがわかるため，周辺にいるクライアントの数を把握できる．図15.9に示すように，ショッピングモールにAPを設置しておくと，全ての客が端末を持っているわけではないので正確な人数は計測できないが，繁盛店や繁盛する時間帯が一目でわかる．またAP同士が連携することでクライアントの移動経路も検出可能である．

同様にBluetoothにおいても周辺のBluetoothデバイスをスキャンすることで，周辺にいるBluetooth通信可能なデバイス一覧が取得できる．BluetoothでもMACアドレスが取得できるため，例えば，自分が移動しているのに，同じMACアドレスの端末がずっと周辺にいるのであれば，一緒に移動しているか尾行されているということがわかる．

最新の研究技術として，米国マサチューセッツ工科大学 (MIT) がWi-Fiの電波を利用して隣の部屋の人物を検出する技術「Wi-Vi」を開発した [2]．Wi-Viは2つのアンテナを用いており，アンテナから発せられた電波が壁を透過し，壁の向こうにいる人間などの物体に当たっ

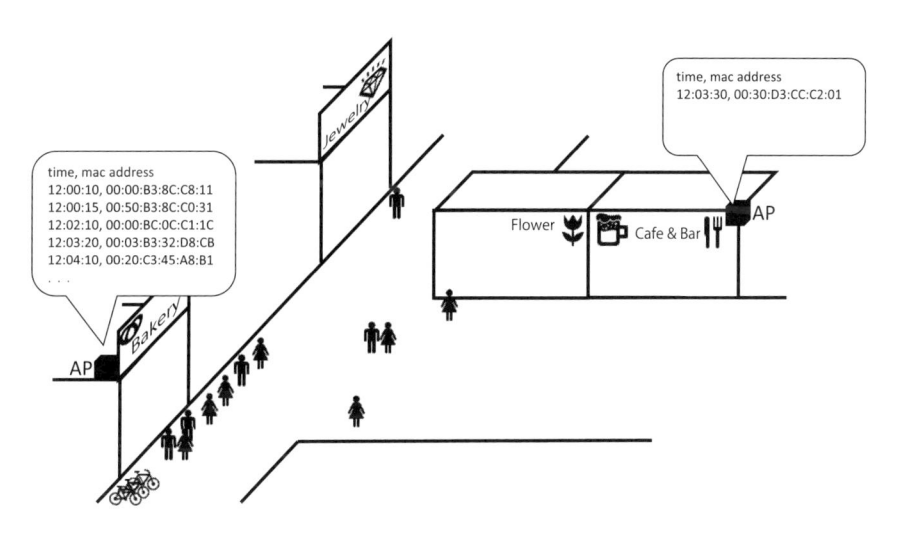

図 15.9　無線 LAN, Bluetooth による人数計測

て反射して戻ってくる電波を受信する．壁からの反射波と壁の向こうからの反射波を区別するために2つのアンテナからは逆位相の電波を発している．

　同様の機能のシステムはこれまでにも存在するが，機材が大型かつ高価で，使用している電磁波の周波数帯は米軍に利用が制限されている．Wi-Vi は Wi-Fi の電波を利用しており，機材も安価かつ小型である．カメラや X 線画像のように映像を鮮明に取得できる技術ではないが，地震などで倒壊した建物内に取り残された人の検出や隠し部屋に隠れたテロリストの発見などに利用可能である．

## 15.12　地図アプリケーション，ナビゲーション

　測位技術の応用として最も広く利用されているサービスが Google Maps などの地図アプリケーションであろう．GPS などから取得した位置情報と地磁気センサから取得した方位情報を地図上にプロットすることで，初めて訪れる土地でも迷子にならない．

　GPS の電波は屋内や地下では受信できないため，現状ではこのような地図サービスは基本的に屋外だけである．しかし，近年では建物内や地下街の地図を構築し，IMES や Wi-Fi 測位，BLE 測位などの屋内測位技術によって位置を取得し，店舗検索からのナビゲーションや災害時の避難誘導に利用されている．

　JR 東日本は車両に設置された装置から発せられる非可聴域（高周波域）の音波をスマートフォンのマイクで受信する（聴く）ことで，利用者の乗車位置や車両の走行している区間などをリアルタイムで受信し，それらの情報に応じた停車駅の情報を提供するアプリ [3] を配信している．また，各車両の温度や混雑度も確認できる．通信に使用する音波は人の耳には聞こえない領域を使用しており，NTT ドコモの AirStamp という技術を用いている．音を録音して別の場所で再生することで場所を偽装するなどの不正を防止するための技術も備えている．

また，位置情報の時系列である移動履歴情報と，過去の移動履歴情報から，次に行く場所を確率的に予測でき，目的地に関する有益な情報を事前に提示できる．カーナビゲーションシステムであれば，日常利用において目的地を入力しなくてもスーパーや病院，駅などの目的地を自動的に予測することで，予測経路上の渋滞情報や，駅に向かっているのであれば駅の時刻表をユーザの操作なく提示できる．

## 15.13 位置情報タグ

写真用のメタデータを含む画像ファイルフォーマットである EXIF (Exchangeable Image File Format) と呼ばれる形式が富士フィルムによって開発され，日本電子工業振興協会 (JEIDA) で規格化されている．EXIF にはカメラの機種や日時，F 値などに加えて位置情報（緯度，経度，高度）が記録される（記録しない設定にすれば記録されない）．

撮影した位置がわかるため，後から大量の写真の整理に役立つだけでなく，他人に公開する場合は場所を明示しなくてもどこの写真かわかるので便利である．しかしながら，自宅の写真のようにプライバシーに関わる写真を位置情報付きで公開してしまうと，自宅の位置が公になってしまう危険性を含んでいるため利用者は注意しなければならない．Facebook では EXIF 情報が付与された画像がアップロードされても，削除して公開される設定となっている．

位置情報をメタデータとして記録しておき，適切に管理することで，データの分類や検索に役立つ．

## 15.14 ジオフェンシング

特定のエリアへの進入やエリアからの退出を検出するジオフェンシングは，比較的低い位置推定精度でも有効な場面が多く，すでに様々なサービスで利用されている．例えば子供の見守り支援サービスでは，家や学校，通学路，普段遊ぶ公園などをエリア登録しておけば，それ以外の場所に子供が移動した際に，親の携帯端末に通知が送られる．NTT ドコモはモバイル空間統計 [4] というサービスを展開しており，基地局の設置間隔により最小 500 m メッシュ区切りで 1 時間ごとの年齢別人口統計を提供している．これにより，市区町村ごとの昼夜の人口分布や流入/流出人口分布が把握できる．

## 15.15 行動識別

GPS などの測位技術によって自分の位置を取得できることは説明した．しかし，位置や位置の変化からその人の移動手段を判定することは容易ではない．線路上を高速で移動し，駅で停止する移動体は電車であると推察されるが，道路上を移動する移動体がバスかタクシーか自転車かの判断は難しい．

そこで，加速度センサから車両乗車中の振動を取得し，マイクから環境音を取得することで

移動体を判別し，詳細な移動情報（パーソントリップ情報）を抽出できる．これにより，何時に家を出て，電車に何分間乗り，いつオフィスで作業を始めたかが自動的に記録できる．また，行動パターンを抽出することで，鉄道の駅に向かっていても，普段は駅のバスターミナルからバスに乗っているのであればバスの時刻表に基づく情報提示を行うなど，よりきめ細やかなサービスを提供できる．

さらには，ジョギングと遅い自転車も速度からの判別は困難であるため，加速度センサの振動などから判別でき，同じエクササイズでも消費カロリーが異なるためそれらを考慮した健康管理システムが構築できる．

## 15.16　インタフェース

加速度センサやジャイロセンサを用いて端末の動きを検出し，事前に登録された動作に近い動作を検索することで，図形や文字を描いたり，腕を振ったりする動作を識別できる．単純な例として，ジェスチャ識別結果に応じてアプリを起動したり，照明のON/OFFなど機器の操作に利用できる．

しかし，わざわざジェスチャ動作を行ってそれらの操作を行うメリットは小さい．実行したい機能と無関係のジェスチャを行わせるというのは正しい使い方ではなく，端末を取り出した動作を自動で認識して画面をONにするなど，本来行わなければならない動作を識別する使い方が望ましい．

ただし，ジェスチャ動作を行うことが面白い，ジェスチャ動作を他人に見せることに意味があるようなインタラクティブ性やエンタテインメント性がある場合にはジェスチャ認識は有効である．また，同じ動作でもダイナミックさによって発火する機能が異なるという使い方も，リッチな入力方式であるジェスチャ認識の使い方として有効である．

## 演習問題

設問 1　参加型センシングの形態として Participatory sensing と Opportunistic sensing があるが，それぞれ簡単に説明せよ．

設問 2　ETC2.0 とはどのようなものか述べよ．

設問 3　PASMO と Suica が相互利用できる仕組みを述べよ．

設問 4　電子マネーを導入する（利用する）メリットを事業者，店舗，客の立場からそれぞれ述べよ．

設問 5　無線 LAN や Bluetooth などの無線通信の応用例を 1 つ挙げ，現状の課題について解決方法を考えよ．

設問 6　スマートフォンに搭載されているセンサ単体もしくは併用した応用例を 1 つ挙げ，現状の課題について解決方法を考えよ．また，スマートフォンに今後搭載されると有益なセンサを挙げ，その応用を考えよ．

## 文　献

- 参考文献

[1] さくらプロジェクト. http://weathernews.jp/s/sakura/
[2] Wi–Vi. http://people.csail.mit.edu/fadel/wivi/
[3] JR 東日本アプリ. http://www.jreast-app.jp/
[4] NTT DOCOMO モバイル空間統計.
　　https://www.nttdocomo.co.jp/corporate/disclosure/mobile spatial statistics/

- 推薦図書

[5] 神武直彦ほか：『位置情報ビッグデータ』，インプレス R&D (2014).
[6] 塚本昌彦：『モバイルコンピューティング』，岩波書店 (2000).
[7] 徳田英幸，藤原洋 監修：『ユビキタステクノロジーのすべて―クルマ・ケータイ・IP 電話・RFID・Web 2.0 等を支える』，エヌティーエス (2007).
[8] リクナビ NEXT TECH 総研編集：『我らクレイジー☆エンジニア主義』，講談社 (2007).

# 索　引

## 数字

16QAM ........................... 77
16 値直交振幅変調 ................. 77
2 相位相シフトキーイング ......... 77
4 相位相シフトキーイング ......... 77
8 相位相シフトキーイング ......... 77

## A

AFH ............................. 182
AFI ............................. 214
AirStamp ........................ 247
Aloha ........................... 213
AM .............................. 75
AMC ............................. 77
amiibo .......................... 209
AODV ....................... 164, 176
APDU ............................ 216
Apple Pay .................. 207, 220
APSD ............................ 128
ARQ .......................... 36, 79
ASK ............. 75, 212, 217, 218

## B

Binding Update .................. 143
BPSK ............................ 77
BSS ............................. 118

## C

CAP ............................. 188
CDMA ............................ 92
CFP ............................. 188
CoA ............................. 142
CoMP ............................ 103
CP .............................. 95
CRC .......................... 35, 80
CSMA/CA ......................... 119
CTS と RTS ...................... 121

## D

DCF と PCF ...................... 120

DFS ............................. 114
DHCP ............................ 23
Directed Diffusion .............. 197
DLS ............................. 127
DS-CDMA ......................... 93
DSB-ASK ......................... 213
DSFID ........................... 216
DSR ............................. 176
DTN ........................ 157, 174
Dual Stack Mobile IPv6 .......... 148
DYMO ............................ 176

## E

EDCA ............................ 126
EMVCo ........................... 207
ETC ............................. 241
ETC2.0 .......................... 241
Ethernet ........................ 34
ETT ............................. 163
ETX ............................. 163
EXIF ............................ 248

## F

FA .............................. 142
FCS ............................. 119
FDD ............................. 97
FDMA ............................ 91
FEC .......................... 36, 79
FeliCa .......................... 207
FFD ............................. 186
FH-CDMA ......................... 93
Fingerprinting .................. 227
FM .............................. 75
FMC ............................. 139
FMIPv6 .......................... 151
FSK ............................. 75

## G

Gabriel Graph ................... 172
GBN ............................. 80
Google Wallet ................... 207

| | |
|---|---|
| GPS | 225 |
| GPSR | 170, 173 |
| GTS | 188 |

## H

| | |
|---|---|
| HA | 142 |
| HARQ | 81 |
| HCCA | 127 |
| HCE | 207, 220 |
| HEED | 197 |
| Hello メッセージ | 159 |
| HF 帯 RF タグ | 213 |
| HIT | 197 |
| HoA | 142 |
| HTTP | 23 |
| HWMP | 177 |

## I

| | |
|---|---|
| ICMP | 168 |
| IC タグ | 209 |
| IEC | 209 |
| IEEE 802.11 | 110, 159 |
| IEEE 802.11ai | 152 |
| IEEE 802.11s | 176 |
| IEEE 802.21 | 152 |
| IFS | 120 |
| IP | 31 |
| IPv6 アドレス | 20 |
| IP アドレス | 19 |
| ISO | 209 |
| ISO/IEC 14443 | 207, 217 |
| ISO/IEC 14443 Type B | 214 |
| ISO/IEC 15962 | 216 |
| ISO/IEC 18000-3 MODE 1 | 218 |
| ISO/IEC 18000-63 | 213, 218 |
| ISO/IEC 18092 | 217 |
| ITS スポット | 241 |

## J

| | |
|---|---|
| JIS X 6319-4 | 207 |

## L

| | |
|---|---|
| LAN | 16 |
| LEACH | 196 |
| LLC 副層 | 34, 111 |
| LMA | 149 |
| LOADng | 176 |

## M

| | |
|---|---|
| MAC アドレス | 19 |
| MAC 副層 | 34, 111 |
| MAG | 149 |
| Magic band | 208 |
| MAN | 16 |
| MANET | 156 |
| Many-to-one ルーティング | 202 |
| Massive MIMO | 102 |
| MC-CDMA | 93 |
| MIMO ダイバシティ | 86 |
| MIMO 多重 | 85 |
| Mobile IPv4 | 142 |
| Mobile IPv6 | 146 |
| MPR | 159 |
| MPR_COVERAGE | 160 |
| MU-MIMO | 101 |

## N

| | |
|---|---|
| NAT | 33 |
| NAV | 121 |
| NDEF | 215 |
| NFC | 207, 217 |
| NIC | 17 |
| NOMA | 96 |

## O

| | |
|---|---|
| OFDMA | 94 |
| OID | 216 |
| OLSR | 158, 176 |
| Opportunistic sensing | 239 |
| OSI 参照モデル | 18 |
| OTA | 46 |

## P

| | |
|---|---|
| PAN | 16 |
| PAN コーディネータ | 186 |
| Participatory sensing | 239 |
| PDR | 229 |
| PF | 101 |
| PIE | 218 |
| PM | 75 |
| PR-ASK | 213 |
| Probe request | 246 |
| Probe response | 246 |
| Proximity | 226 |
| Proxy Mobile IPv6 | 149 |
| PSK | 75, 218 |
| PUPI | 214 |

## Q
QAM ........................... 77
QPSK .......................... 77

## R
Relative Neighborhood Graph ....... 172
RERR メッセージ .................. 168
Return Routability ............... 147
RFD ........................... 186
RFID ...................... 207, 219
RFID システム ............ 206, 209, 210
RFID タグ ...................... 209
RF タグ .......... 206, 209, 211, 243
RN16 .......................... 214
RREP メッセージ .................. 167
RREQ メッセージ .................. 165

## S
S-MAC ......................... 196
SAW ............................ 80
SDMA ........................... 96
SE ....................... 207, 220
SINR ............................ 77
SLAM .......................... 234
SNMP .......................... 216
SoC ............................ 46
SPIN .......................... 197
Spray and Wait .................. 175
SR ............................. 81
SSB-ASK ....................... 213
Stored Fare .................... 244
Suica ..................... 207, 219

## T
TBRPF ......................... 176
TC_REDUNDANCY ................. 162
TCP ............................ 26
TCP/IP 参照モデル ................. 18
TC メッセージ .................... 161
TDD ............................ 97
TDMA ........................... 92
Triangulation .................. 227
TTL ........................... 168

## U
UDP ............................ 30
UHF 帯 RF タグ ............. 208, 213
UIM ............................ 44
Unit Graph .................... 172

## V
VANET ......................... 157
VICS .......................... 240

## W
WAN ............................ 16
WEP ........................... 125
WMN ........................... 156
WPA と WPA2 ................... 125
WSN ........................... 157

## Z
ZigBee ........................ 199
ZigBee エンドデバイス ............. 199
ZigBee コーディネータ ............. 199
ZigBee ルータ ................... 199

## あ行
アクティブ型 RF タグ ............... 209
アクティブスキャン ................. 123
アドホックネットワーク .............. 236
アドホックモード .................. 118
アナログ変調 ..................... 75
アプリケーション実行環境 ............. 44
アプリケーション層 ................. 23
アプリケーションソフトウェア ......... 43
アプリケーション配信サイト ........... 44
アプリケーション群識別子 ........... 214
誤り制御 ........................ 35
誤り訂正符号 ..................... 79
アンテナダイバシティ ............... 81
位相シフトキーイング ............... 75
位相偏移変調 .................... 218
位相変調 ........................ 75
移動体網 ......................... 2
移動通信網 ....................... 2
インターネット ................... 16
インタリーバ ..................... 79
インタロゲータ ................... 209
インフラストラクチャモード ..... 118, 237
ウィンドウ制御 ................... 28
ウェアラブルコンピューティング ...... 242
ウェアラブル端末 .................. 42
ウェアラブルデバイス .............. 242
応用プロトコルデータ単位 .......... 216
奥村–秦式 ....................... 69

## か行
拡大リング探索 ................... 168
拡張現実技術 .................... 241

隠れ端末問題 .................... 121
カテゴリーコード ................ 214
カプセル化 ....................... 22
簡易的なセッション管理機能 ...... 219
環境モニタリング ................ 237
間欠接続ネットワーク ............ 157
感染型ルーティング .............. 174
基地局 ............................ 4
キャリアセンス .................. 119
協調無線伝送 .................... 103
空間ダイバシティ ................. 81
空間分割多元接続 ................. 95
グロスタイム .................... 246
経路最適化 ...................... 146
交換機 ............................ 5
公衆無線 LAN サービス ........... 131
交通系カード .................... 243
コーディネータ .................. 186
国際電気標準会議 ................ 209
国際標準化機構 .................. 209
コネクション ..................... 26

## さ行

サイクリックプレフィックス ....... 95
再送制御 ......................... 28
サブキャリア ..................... 94
参加型センシング ................ 239
山岳回折伝搬 ..................... 65
三角経路 ........................ 144
ジオグラフィックルーティング .... 169
ジオフェンシング ................ 248
時間ダイバシティ .............. 81, 83
時間分割多元接続 ................. 91
時間分割デュープレクス ........... 97
時空間符号 ....................... 87
指向性パターン ................... 56
指向性利得 ....................... 57
システムソフトウェア ............. 43
実効放射電力 ..................... 58
自動再送要求 ..................... 79
自動車アドホックネットワーク .... 157
シャドウイング ................... 69
シャドウフェージング ............. 69
自由空間伝搬 ..................... 61
周波数繰り返し ................... 94
周波数シフトキーイング ........... 75
周波数ダイバシティ ............ 81, 83
周波数分割多元接続 ............... 91
周波数分割デュープレクス ......... 97
周波数変調 ....................... 75
周波数ホッピング ............. 93, 181
受信信号対干渉雑音電力比 ......... 77

受信ダイバシティ ................. 81
巡回冗長検査 ..................... 80
瞬時変動 ......................... 68
順序制御 ......................... 28
常時接続 ......................... 50
省電力 .......................... 194
衝突防止 .................... 210, 213
消費電力 ......................... 48
上流隣接ノード .............. 165, 167
振幅シフトキーイング ............. 75
振幅偏移変調 ............... 212, 217
振幅変調 ......................... 75
スーパーフレーム ................ 188
スキャタネット .................. 181
スケーラビリティ ................ 169
制御信号 ......................... 50
制御チャネル ..................... 74
制御プレーン ..................... 74
セキュアエレメント .......... 207, 220
セクタ構成 ....................... 94
接触型 IC カード ................ 207
セルラ方式 ....................... 93
センサデータ .................... 194
センサネットワーク .......... 193, 237
センサノード .................... 194
前方誤り訂正 ..................... 79
送信ダイバシティ ................. 81
双方向トンネル .................. 146
ソースルーティング .............. 203
ソケットインタフェース ........... 23

## た行

待機時電力 ....................... 49
ダイナミック TDD ................ 98
ダイバシティ ..................... 81
タイムスロット .................. 213
多元接続方式 ..................... 91
畳込み符号 ....................... 79
多値変調方式 ..................... 77
短区間変動特性 ................... 69
単側波帯振幅偏移変調 ............ 213
遅延耐性ネットワーク ........ 157, 174
チャネルボンディング ............ 116
長区間変動特性 ................... 69
直接拡散 ......................... 92
直交周波数分割多元接続 ........... 94
直交振幅変調 ..................... 77
通信インタフェース ............... 46
通信チャネル ..................... 74
デインタリーバ ................... 79
データセントリック .............. 197
データリンク層 ................... 34

適応変調符号化 ....................... 77
デジタル変調 ......................... 75
データ記憶様式識別子 ................ 216
デッドエンド .................. 169, 171
電子タグ ............................ 209
電磁波 ............................... 37
電子マネーカード .................... 243
電磁誘導方式 ........................ 211
伝送媒体 ............................. 36
電波方式 ............................ 211
伝搬損失 ............................. 58
伝搬損失距離特性 ..................... 69
伝搬モード ........................... 56
同時双方向通信 ....................... 97
到達証明書 .......................... 175
ドメイン名 ........................... 22
トラフィックオフロード .............. 138
トランスポート層 ..................... 25
トランスポンダー .................... 209
トンネル ............................ 143
貪欲ルーティング .............. 169, 170

## な行

ネットタイム ........................ 246
ネットワーク層 ....................... 31

## は行

バーコード .................. 208, 210, 245
パーソナルエリアネットワーク ......... 12
パーソントリップ情報 ................ 249
ハーフデュープレックス ............... 99
ハイブリットARQ ..................... 81
バイポーラASK ...................... 213
パケット .......................... 3, 31
パスダイバシティ ..................... 82
バックオフ .......................... 120
バックグラウンド処理 ................. 49
パッシブ型RFタグ ................... 208
パッシブスキャン .................... 123
ハードウェアフィルタリング機能 ...... 219
パルスインターバルエンコード ........ 218
搬送波 ........................... 38, 75
ハンドオーバ ............... 2, 6, 94, 150
汎用OS .............................. 43
ピコネット .......................... 181
非接触型ICカード .............. 207, 209
非接触通信インタフェース ............. 47
非直交多元接続 ....................... 96
ファントムセルコンセプト ............ 106
フェージング ......................... 81
フェムトセル ........................ 141
負荷変調 ...................... 212, 218

複数セル間協調送受信 ................ 103
輻輳制御 ............................. 29
復調 .............................. 3, 38
符号化 ............................... 38
符号化率 ............................. 79
符号分割多元接続 ..................... 91
物理層 ............................... 36
プリコーディング ..................... 86
フリス(Friis)の伝送公式 .............. 58
フルデュープレックス ................. 99
フレーム化 ........................... 35
プロアクティブ型ルーティングプロトコル158
フロー ............................... 25
フロー制御 ........................... 29
ブロードバンド方式 ................... 38
ブロックACK ....................... 127
ブロック符号 ......................... 79
プロトコル ........................... 18
プロトコルスタック ................... 44
プロポーショナルフェアネス .......... 101
ペアリング .......................... 182
平面グラフ .......................... 171
平面大地伝搬 ......................... 62
ベースバンド方式 ..................... 38
ベンダーコード ...................... 213
変調 ......................... 3, 38, 75
ポート番号 ........................... 21
ホームメモリ .......................... 6
ホストカードエミュレーション ... 207, 220
ホストシステム ................. 206, 210
ホスト名 ............................. 22

## ま行

マクロセル環境 ....................... 69
マップマッチング .................... 231
マルチキャリア ....................... 93
マルチサイトダイバシティ ............ 100
マルチパス ....................... 37, 81
マルチパス環境 ....................... 67
マルチパスフェージング ............... 68
マルチユーザMIMO .................. 101
マルチユーザダイバシティ ........ 81, 100
無線ICタグ ........................ 209
無線LAN ........................... 155
無線PAN ........................... 179
無線アクセス方式 ..................... 73
無線センサネットワーク .............. 157
無線タグ ............................ 209
無線マルチホップネットワーク ........ 155
無線メッシュネットワーク ............ 156
無線呼出しサービス .................... 7
面ルーティング ................. 170, 172

モデム ............................. 38
モバイルアドホックネットワーク ...... 156
モバイルコンピューティング .......... 41
モバイルデバイス管理 ................ 46
モバイルネットワーク ................. 1

## や行

ユーザプレーン ...................... 74
ユビキタスコンピューティング ......... 12

## ら行

ライフログ .......................... 12
リアクティブ型ルーティングプロトコル . 164
リアルタイム OS ..................... 43
リーダ・ライタ ................ 206, 209
両側波帯振幅偏移変調 ................ 213
リンクメトリック .................... 163
ルーティング ........................ 31
ルーティングプロトコル .............. 158
レイリーフェージング ................. 68
連接符号 ............................ 79

## わ行

ワイヤレス給電技術 ................... 46

# 著者紹介

[監修者]

## 水野忠則(みずの ただのり)

略　歴：1969年3月　名古屋工業大学経営工学科卒業
　　　　1969年4月　三菱電機株式会社
　　　　1987年2月　九州大学（工学博士）
　　　　1993年4月　静岡大学 教授
　　　　2011年4月　愛知工業大学教授（2016年4月より客員教授），静岡大学名誉教授

受賞歴：2009年9月　情報処理学会功績賞ほか

主　著：『マイコンローカルネットワーク』産報出版 (1982)
　　　　『コンピュータネットワーク（第5版）』日経BP (2013)
　　　　『コンピュータ概論（未来へつなぐ デジタルシリーズ 17）』共立出版 (2013)
　　　　『組込みシステム（未来へつなぐ デジタルシリーズ 20）』共立出版 (2013)
　　　　『コンパイラ（未来へつなぐ デジタルシリーズ 24）』共立出版 (2014)
　　　　『オペレーティングシステム（未来へつなぐ デジタルシリーズ 25)』共立出版 (2014)
　　　　『コンピュータネットワーク概論（未来へつなぐ デジタルシリーズ 27)』共立出版 (2014)
　　　　『分散システム（未来へつなぐ デジタルシリーズ 31)』共立出版 (2015) ほか

学会等：情報処理学会，電子情報通信学会，IEEE, Informatics Society 各会員


## 内藤克浩(ないとう かつひろ)

略　歴：2004年3月　名古屋大学大学院工学研究科情報工学専攻 博士後期課程修了 博士（工学）
　　　　2004年4月　三重大学工学部電気電子工学科 助手
　　　　2006年4月　三重大学大学院工学研究科電気電子工学専攻 工学部 助教
　　　　2007年4月　三重大学大学院工学研究科電気電子工学専攻 助教
　　　　2011年9月　カリフォルニア大学ロサンゼルス校 客員研究員
　　　　2014年4月―現在　愛知工業大学情報科学部 准教授

学会等：電子情報通信学会，情報処理学会，IEEE 各会員


[著者]

## 北須賀輝明(きたすか てるあき) (執筆担当章　第1章)

略　歴：1995年3月　奈良先端科学技術大学院大学情報科学研究科 博士前期課程修了
　　　　1995年3月　シャープ株式会社情報システム事業本部
　　　　2001年10月　九州大学大学院システム情報科学研究院 助手
　　　　2006年3月　九州大学 博士（工学）
　　　　2007年10月　熊本大学大学院自然科学研究科 准教授
　　　　2016年10月―現在　広島大学大学院工学研究科 准教授

主　著：『組込み現場の「C」プログラミング 標準コーディングガイドライン』（共著）技術評論社 (2007)
　　　　『組込みシステム設計の基礎』（共訳）日経BP社 (2009)

学会等：情報処理学会，電子情報通信学会，IEEE 各会員

**鈴木秀和**(すずき ひでかず)　(執筆担当章　第2,9章)

略　歴：2009年3月　名城大学大学院理工学研究科 博士後期課程修了 博士（工学）
　　　　2009年4月　日本学術振興会 特別研究員 PD
　　　　2010年4月　名城大学理工学部 助教
　　　　2015年4月―現在　名城大学大学院理工学研究科 准教授

受賞歴：2012年7月　マルチメディア，分散，協調とモバイル（DICOMO2012）シンポジウム
　　　　　　　　　野口賞ほか

学会等：情報処理学会，電子情報通信学会，IEEE，ACM 各会員


**稲村　浩**(いなむら ひろし)　(執筆担当章　第3章)

略　歴：1990年3月　慶應義塾大学大学院理工学研究科 修士課程修了
　　　　1990年4月　日本電信電話株式会社
　　　　1998年12月　株式会社 NTT ドコモ 先進技術研究所 主幹研究員
　　　　2010年2月　慶應義塾大学 博士（工学）
　　　　2016年4月―現在　公立はこだて未来大学システム情報科学部 教授

受賞歴：2003年5月　情報処理学会 平成15年度業績賞

主　著：『無線技術とその応用1 モバイルマルチメディア』（共著）丸善（2004）

学会等：情報処理学会シニア会員，電子情報通信学会，ACM，IEEE 各会員


**太田　賢**(おおた けん)　(執筆担当章　第3章)

略　歴：1998年9月　静岡大学大学院理工学研究科博士課程修了 博士（工学）
　　　　1999年4月―現在　株式会社 NTT ドコモ先進技術研究所 主幹研究員

主　著：『コンピュータネットワーク第5版』（共訳）日経 BP 社（2013）

学会等：情報処理学会シニア会員，電子情報通信学会会員


**今井哲朗**(いまい てつろう)　(執筆担当章　第4章)

略　歴：1991年3月　東北大学工学部電気工学科 卒業
　　　　1991年4月　日本電信電話株式会社 入社
　　　　1992年7月　NTT 移動通信網株式会社（現　株式会社 NTT ドコモ）転籍
　　　　2002年4月　株式会社 NTT ドコモ無線ネットワーク開発部 担当課長
　　　　2002年9月　東北大学 博士（工学）
　　　　2014年10月　株式会社 NTT ドコモ先進技術研究所 5G 推進室 主任研究員
　　　　2019年9月―現在　東京電機大学工学部 教授

受賞歴：2020年6月　電子情報通信学会業績賞ほか

主　著：『電波伝搬解析のためのレイトレーシング法』コロナ社（2016）

学会等：電子情報通信学会員，IEEE 会員

**奥村幸彦**(おくむら ゆきひこ) （執筆担当章　第 5，6 章）

略　歴：1991 年 3 月　東京理科大学大学院工学研究科修士課程 修了
　　　　1991 年 4 月　日本電信電話株式会社 無線システム研究所
　　　　2006 年 3 月　東北大学　博士（工学）
　　　　2008 年 7 月　株式会社 NTT ドコモ先進技術研究所 主幹研究員
　　　　2018 年 6 月—現在　同社 5G イノベーション推進室 担当部長

受賞歴：1996 年 6 月　電子情報通信学会論文賞ほか

学会等：電子情報通信学会，IEEE 各シニア会員，情報処理学会会員


**鈴木信雄**(すずき のぶお) （執筆担当章　第 7，8 章）

略　歴：2007 年 10 月　筑波大学ビジネス科学研究科博士課程修了 博士（システムズ・マネジメント）
　　　　2011 年 2 月　株式会社 KDDI 研究所スマートワイヤレスグループ グループリーダー
　　　　2016 年 10 月　株式会社国際電気通信基礎技術研究所 適応コミュニケーション研究所 広帯域
　　　　　　　　　　　ワイヤレス研究室 室長
　　　　2019 年 4 月—現在　近畿大学産業理工学部情報学科 教授

学会等：情報処理学会シニア会員，電子情報通信学会，電気学会各会員


**吉廣卓哉**(よしひろ たくや) （執筆担当章　第 10 章）

略　歴：1998 年 3 月　京都大学工学部情報工学科卒業
　　　　2000 年 3 月　京都大学大学院情報学研究科修士課程修了
　　　　2003 年 3 月　京都大学大学院情報学研究科博士後期課程修了 博士（情報学）
　　　　2003 年 4 月　和歌山大学システム工学部 助手
　　　　2009 年 4 月　和歌山大学システム工学部 講師
　　　　2012 年 4 月—現在　和歌山大学システム工学部 准教授

主　著：『データベース（未来へつなぐ デジタルシリーズ 26）』共立出版 (2014)

学会等：情報処理学会，電子情報通信学会，日本データベース学会，IEEE 各会員

受賞歴：2019 年 6 月　情報処理学会論文賞


**森野博章**(もりの ひろあき) （執筆担当章　第 11 章）

略　歴：1999 年 3 月　東京大学大学院工学系研究科 博士課程修了　博士（工学）
　　　　1999 年 4 月　東京大学大学院工学系研究科 リサーチアソシエイト
　　　　2001 年 4 月　中央大学研究開発機構 機構助教授
　　　　2005 年 4 月　芝浦工業大学工学部 講師
　　　　2008 年 4 月　芝浦工業大学工学部 准教授
　　　　2019 年 4 月—現在　芝浦工業大学工学部 教授

受賞歴：2013 年 12 月　国際会議 IS-CANDAR 2013 Best Paper Award

学会等：電子情報通信学会，情報処理学会，IEEE 各会員

## 神崎映光 (かんざき あきみつ) (執筆担当章 第 12 章)

略　歴：2004 年 3 月　大阪大学大学院情報科学研究科 博士前期課程修了
　　　　2005 年 4 月　大阪大学大学院情報科学研究科 特任助手
　　　　2006 年 4 月　大阪大学大学院情報科学研究科 助手
　　　　2007 年 3 月　大阪大学 博士 (情報科学)
　　　　2014 年 4 月　島根大学大学院総合理工学研究科 准教授
　　　　2018 年 4 月　島根大学学術研究院理工学系 准教授
　　　　2021 年 4 月―現在　島根大学学術研究院理工学系 教授

受賞歴：2008 年 5 月　情報処理学会論文賞
　　　　2009 年 5 月　情報処理学会論文賞

学会等：情報処理学会，電子情報通信学会，日本データベース学会，IEEE，ACM 各会員

## 江原正規 (えはら まさき) (執筆担当章 第 13 章)

略　歴：2000 年 3 月　東京大学大学院農学生命科学研究科 修了
　　　　2016 年 1 月―現在　東京工科大学コンピュータサイエンス学部 実験講師

学会等：ISO/IEC JTC1 SC31 委員

## 内藤克浩 (ないとう かつひろ) (執筆担当章 第 13 章)

　　　（略歴は上掲）

## 梶　克彦 (かじ かつひこ) (執筆担当章 第 14 章)

略　歴：2007 年 3 月　名古屋大学大学院情報科学研究科 博士後期課程修了 博士 (情報科学)
　　　　2007 年 4 月　NTT コミュニケーション科学基礎研究所 リサーチアソシエイト
　　　　2010 年 4 月　名古屋大学大学院工学研究科 助教
　　　　2015 年 4 月―現在　愛知工業大学情報科学部 准教授

受賞歴：2014 年 8 月　情報処理学会山下記念研究賞ほか

主　著：『3G Evolution のすべて』(共訳) 丸善 (2009)

学会等：情報処理学会，日本ソフトウェア科学会各会員

## 村尾和哉 (むらお かずや) (執筆担当章 第 15 章)

略　歴：2010 年 3 月　大阪大学大学院情報科学研究科研究科 博士後期課程修了 博士 (情報科学)
　　　　2010 年 4 月　日本学術振興会 特別研究員 PD
　　　　2011 年 9 月　神戸大学大学院工学研究科 助教
　　　　2014 年 4 月　立命館大学情報理工学部 助教
　　　　2017 年 4 月―現在　立命館大学情報理工学部 准教授

受賞歴：2015 年 3 月　ヒューマンインタフェース学会論文賞ほか

学会等：情報処理学会，ヒューマンインタフェース学会，IEEE，ACM 各会員

**未来へつなぐデジタルシリーズ 33**
**モバイルネットワーク**

*Mobile Networks*

2016 年 3 月 10 日　初　版 1 刷発行
2022 年 2 月 25 日　初　版 3 刷発行

| | |
|---|---|
| 監修者 | 水野忠則・内藤克浩 |
| 著　者 | 北須賀輝明・鈴木秀和 |
| | 稲村　浩・太田　賢 |
| | 今井哲朗・奥村幸彦 |
| | 鈴木信雄・吉廣卓哉 |
| | 森野博章・神崎映光 |
| | 江原正規・内藤克浩 |
| | 梶　克彦・村尾和哉 |
| 発行者 | 南條光章 |
| 発行所 | 共立出版株式会社 |
| | 郵便番号 112–0006 |
| | 東京都文京区小日向 4-6-19 |
| | 電話　03-3947-2511（代表） |
| | 振替口座　00110-2-57035 |
| | URL　www.kyoritsu-pub.co.jp |
| 印　刷 | 藤原印刷 |
| 製　本 | ブロケード |

© 2016

検印廃止
NDC 547.62
ISBN 978-4-320-12353-3

一般社団法人
自然科学書協会
会員

Printed in Japan

<JCOPY>＜出版者著作権管理機構委託出版物＞
本書の無断複製は著作権法上での例外を除き禁じられています．複製される場合は，そのつど事前に，出版者著作権管理機構（ＴＥＬ：03-5244-5088，ＦＡＸ：03-5244-5089，e-mail：info@jcopy.or.jp）の許諾を得てください．

編集委員：白鳥則郎（編集委員長）・水野忠則・高橋　修・岡田謙一

# 未来へつなぐデジタルシリーズ

❶ インターネットビジネス概論 第2版
　片岡信弘・工藤　司他著‥‥‥‥208頁・定価2970円

❷ 情報セキュリティの基礎
　佐々木良一監修／手塚　悟編著‥244頁・定価3080円

❸ 情報ネットワーク
　白鳥則郎監修／宇田隆哉他著‥‥208頁・定価2860円

❹ 品質・信頼性技術
　松本平八・松本雅俊他著‥‥‥‥216頁・定価3080円

❺ オートマトン・言語理論入門
　大川　知・広瀬貞樹他著‥‥‥‥176頁・定価2640円

❻ プロジェクトマネジメント
　江崎和博・髙根宏士他著‥‥‥‥256頁・定価3080円

❼ 半導体LSI技術
　牧野博之・益子洋治他著‥‥‥‥302頁・定価3080円

❽ ソフトコンピューティングの基礎と応用
　馬場則夫・田中雅博他著‥‥‥‥192頁・定価2860円

❾ デジタル技術とマイクロプロセッサ
　小島正典・深瀬政秋他著‥‥‥‥230頁・定価3080円

❿ アルゴリズムとデータ構造
　西尾章治郎監修／原　隆浩他著 160頁・定価2640円

⓫ データマイニングと集合知 基礎からWeb、ソーシャルメディアまで
　石川　博・新美礼彦他著‥‥‥‥254頁・定価3080円

⓬ メディアとICTの知的財産権 第2版
　菅野政孝・大谷卓史他著‥‥‥‥276頁・定価3190円

⓭ ソフトウェア工学の基礎
　神長裕明・郷　健太郎他著‥‥‥202頁・定価2860円

⓮ グラフ理論の基礎と応用
　舩曳信生・渡邉敏正他著‥‥‥‥168頁・定価2640円

⓯ Java言語によるオブジェクト指向プログラミング
　吉田幸二・増田英孝他著‥‥‥‥232頁・定価3080円

⓰ ネットワークソフトウェア
　角田良明編著／水野　修他著‥‥192頁・定価2860円

⓱ コンピュータ概論
　白鳥則郎監修／山崎克之他著‥‥276頁・定価2640円

⓲ シミュレーション
　白鳥則郎監修／佐藤文明他著‥‥260頁・定価3080円

⓳ Webシステムの開発技術と活用方法
　速水治夫編著／服部　哲他著‥‥238頁・定価3080円

⓴ 組込みシステム
　水野忠則監修／中條直也他著‥‥252頁・定価3080円

㉑ 情報システムの開発法：基礎と実践
　村田嘉利編著／大場みち子他著‥200頁・定価3080円

㉒ ソフトウェアシステム工学入門
　五月女健治・工藤　司他著‥‥‥180頁・定価2860円

㉓ アイデア発想法と協同作業支援
　宗森　純・由井薗隆也他著‥‥‥216頁・定価3080円

㉔ コンパイラ
　佐渡一広・寺島美昭他著‥‥‥‥174頁・定価2860円

㉕ オペレーティングシステム
　菱田隆彰・寺西裕一他著‥‥‥‥208頁・定価2860円

㉖ データベース ビッグデータ時代の基礎
　白鳥則郎監修／三石　大他編著‥280頁・定価3080円

㉗ コンピュータネットワーク概論
　水野忠則監修／奥田隆史他著‥‥288頁・定価3080円

㉘ 画像処理
　白鳥則郎監修／大町真一郎他著‥224頁・定価3080円

㉙ 待ち行列理論の基礎と応用
　川島幸之助監修／塩田茂雄他著‥272頁・定価3300円

㉚ C言語
　白鳥則郎監修/今野将編集幹事・著 192頁・定価2860円

㉛ 分散システム 第2版
　水野忠則監修／石田賢治他著‥‥268頁・定価3190円

㉜ Web制作の技術 企画から実装，運営まで
　松本早野香編著／服部　哲他著‥208頁・定価2860円

㉝ モバイルネットワーク
　水野忠則・内藤克浩監修‥‥‥‥276頁・定価3300円

㉞ データベース応用 データモデリングから実装まで
　片岡信弘・宇田川佳久他著‥‥‥284頁・定価3520円

㉟ アドバンストリテラシー ドキュメント作成の考え方から実践まで
　奥田隆史・山崎敦子他著‥‥‥‥248頁・定価2860円

㊱ ネットワークセキュリティ
　高橋　修監修／関　良明他著‥‥272頁・定価3080円

㊲ コンピュータビジョン 広がる要素技術と応用
　米谷　竜・斎藤英雄編著‥‥‥‥264頁・定価3080円

㊳ 情報マネジメント
　神沼靖子・大場みち子他著‥‥‥232頁・定価3080円

㊴ 情報とデザイン
　久野　靖・小池星多他著‥‥‥‥248頁・定価3300円

＊続刊書名＊

・コンピュータグラフィックスの基礎と実践
・可視化

（価格，続刊署名は変更される場合がございます）

【各巻】B5判・並製本・税込価格

共立出版　　www.kyoritsu-pub.co.jp